21 世纪高等学校计算机基础教育系列教材

U0383205

大学
计算机应用基础

Windows 10+
WPS Office 2019

微课版

主 编：曾陈萍 陈世琼 钟黔川
副主编：董加强 胡金频

人民邮电出版社

北 京

图书在版编目（CIP）数据

大学计算机应用基础：Windows 10+WPS Office
2019：微课版 / 曾陈萍，陈世琼，钟黔川主编. -- 北
京：人民邮电出版社，2021.2（2023.8重印）
21世纪高等学校计算机基础教育系列教材
ISBN 978-7-115-55924-1

Ⅰ. ①大… Ⅱ. ①曾… ②陈… ③钟… Ⅲ. ①
Windows操作系统－高等学校－教材②办公自动化－应用软
件－高等学校－教材③Office 2019 Ⅳ. ①TP316.7
②TP317.1

中国版本图书馆CIP数据核字(2021)第021726号

内 容 提 要

本书全面系统地介绍了计算机的基础知识、基本操作与应用。全书共10章，主要包括信息技术与计算思维、计算机系统、操作系统、WPS 文字编辑、WPS 表格制作、WPS 演示制作、常用工具软件、网络与信息安全、计算机前沿技术等内容，最后一章为综合应用实训，旨在帮助学生对前面所学知识进行练习和巩固。本书参考了《全国计算机等级考试一级 WPS Office 考试大纲（2021 年版）》的要求，采用基础知识结合综合案例和实训的方式来锻炼学生的计算机操作能力。

本书适合作为普通高等学校计算机基础课程的教材或参考书，也可作为计算机培训班的教材或学生参加全国计算机等级考试一级 WPS Office 的自学参考书。

◆ 主　　编　曾陈萍　陈世琼　钟黔川
　　副 主 编　董加强　胡金频
　　责任编辑　刘海溧
　　责任印制　王　郁　马振武

◆ 人民邮电出版社出版发行　　北京市丰台区成寿寺路 11 号
　　邮编　100164　　电子邮件　315@ptpress.com.cn
　　网址　https://www.ptpress.com.cn
　　三河市兴达印务有限公司印刷

◆ 开本：787×1092　1/16
　　印张：17.5　　　　　　　　　2021 年 2 月第 1 版
　　字数：483 千字　　　　　　　2023 年 8 月河北第 10 次印刷

定价：49.80 元

读者服务热线：(010)81055256　印装质量热线：(010)81055316
反盗版热线：(010)81055315
广告经营许可证：京东市监广登字 20170147 号

前 言
PREFACE

如今，信息技术已成为促进经济与科技发展、社会进步的重要因素，信息技术在全社会的应用日益深化，其作用和意义也已超出了科学和技术层面，达到了社会文化的层面。随着信息技术的迅猛发展，计算机在人们的工作和生活中发挥着越来越重要的作用，已成为一种必不可少的工具。因此，能够熟练运用计算机进行信息处理是每位大学生必备的基本能力。

"大学计算机基础"作为一门普通高校的公共基础必修课程，具有很高的学习价值，对学生今后的工作和就业都有较大的帮助，使其能够自主使用计算机实现自动化办公、软硬件测试、系统日常维护、计算机常见故障分析与排除。本书综合考虑了知识传授、专业能力培养、价值观塑造的教学目标，结合目前大学计算机基础教育的实际情况和计算机技术的发展状况，以及适应《全国计算机等级考试一级WPS Office考试大纲（2021年版）》对WPS的操作要求，系统全面地讲解了计算机的基础应用，使学生在掌握计算机的基础知识并熟练应用计算机技术的同时，激发学习的兴趣，学会运用计算思维，"像科学家一样"思考和解决计算机领域或其他领域的实际问题。更重要的是，学生通过学习相关知识点，凝聚了爱国主义情怀，坚定了理想信念，增强了社会责任意识，培养了科学态度、团队合作意识、工匠精神及创新能力。

本书内容

本书深入浅出地讲解了以下5个部分的内容。

（1）计算机基础知识（第1~3章）。该部分主要讲解了计算机的诞生及发展过程、计算机的分类和应用领域及发展趋势、计算机中信息的表示和存储形式、计算思维及应用、计算机软硬件系统、微型计算机常见故障分析与排除、Windows操作系统、Windows 10基本操作与控制面板等内容。

（2）WPS Office 2019办公应用（第4~6章）。该部分主要讲解了WPS Office 2019的三大组件——WPS文字、WPS表格、WPS演示的主要功能，并通过案例详细讲解这三大组件的具体应用和操作，使学生熟练使用WPS Office 2019制作各类文档、表格和演示文稿。

（3）工具软件、网络与信息安全（第7~8章）。该部分主要讲解常用工具软件、网络应用、信息安全等内容，帮助学生学会如何使用常用工具软件对计算机进行日常维护，并掌握计算机网络应用常见知识与操作，培养信息安全的防范意识。

（4）计算机前沿技术（第9章）。该章主要介绍人工智能、5G与物联网、大数据、云计算等计算机前沿技术，使学生对计算机新兴技术有大致的了解。

（5）综合应用实训（第10章）。该章包括Windows操作、WPS办公软件应用、工具与网络应用3个部分的内容，主要包括安装操作系统、Windows 10基础操作、磁盘与系统维护、使用WPS文字编排"员工手册"文档、使用WPS表格制作"日常费用统计表"表格、使用WPS演示制作"入职培训"演示文稿、计算机安全维护、网络应用与设置等，帮助学生巩固前面所学的相关知识与操作。

本书特色

（1）强化价值引领。本书坚持知识传授与价值引领相结合，选取可以培养大学生理想信念、价值取向、社会责任的内容，全面提高大学生缘事析理、明辨是非的能力，激发大学生的爱国情怀，为培养"德才兼备、知行合一、务实创新、体健心康、尚美爱劳"的高素质应用型人才服务。

（2）知识全面系统。本书作为基础类计算机教材，知识涵盖全面，不仅系统讲解了计算机的基础应用，还探讨了计算思维、计算机的工作原理、信息安全技术、计算机前沿技术等知识。

（3）讲解深入浅出，实用性强。本书在注重系统性和科学性的基础上，突出了实用性及可操作性，对重点概念和操作技能进行详细讲解，语言流畅，深入浅出，符合计算机基础教学的规律，并满足社会人才培养的要求。

（4）提供丰富的小栏目，拓展学生知识面。本书在讲解过程中，还通过"小贴士"和"应用技巧"小栏目为学生提供更多解决问题的方法和更为全面的知识，引导学生尝试更好、更快地完成当前工作任务及类似工作任务。

（5）提供综合应用上机实训。本书在最后一章提供了丰富的上机实训内容，可作为前面章节内容的配套上机实训指导，达到学与练相结合的目的，进一步增强学生动手操作的能力。

（6）配有微课视频。本书重点操作内容均已录制视频，读者只需扫描书中提供的二维码，便可以观看视频，轻松掌握相关知识。

配套资源及分工

本书提供实例素材和效果文件、PPT课件、教学教案、教学大纲和练习题库软件等教学资源，读者可以访问人邮教育社区（www.ryjiaoyu.com）搜索本书书名，下载相关资源。

本书由曾陈萍、陈世琼、钟黔川担任主编，董加强、胡金频担任副主编，其他参编人员有（按姓氏拼音排序）：方静、高冬梅、郝红英、坤燕昌、黎华、罗爱萍、马味、秦光、魏来科、向镍锌、杨艳、叶长青、岳付强、朱洪浪等。其中，第1、4章由陈世琼编写，第2章由向镍锌、郝红英、马味、罗爱萍编写，第3、6、10章由曾陈萍编写，第5章由胡金频、坤燕昌、黎华、杨艳编写，第7章由秦光、魏来科、叶长青编写，第8章由钟黔川、岳付强、方静编写，第9章由董加强、高冬梅、朱洪浪编写。

编者

2020 年 10 月

目 录
CONTENTS

第 1 章

信息技术与计算思维

　　计算机的产生是20世纪科学技术最伟大的成就之一，其应用和发展使人类迅速步入了信息社会，给人们的生活、学习和工作带来了诸多方便。掌握计算思维和利用计算机获取、表示、存储、传输和控制信息等相关技术已成为各行业对从业人员的基本要求之一。本章我们首先了解计算机文化、信息技术和计算思维等与计算机相关的基础知识。

📡 课堂学习目标

- 了解计算机的诞生及发展过程、分类、应用领域及发展趋势。
- 认识计算机中数据的表示和存储形式。
- 了解计算思维及其应用。

1.1　计算机文化

　　计算机（电子计算机的简称）是一种能迅速、高效地自动完成信息处理的电子设备，它能按照程序对信息进行加工、处理和存储。在高速发展的信息社会，计算机无处不在，它改变着人们的生产和生活方式，是人类活动不可或缺的工具，也是现代文化的重要组成部分。要学习计算机的各种应用操作，首先应对计算机有一个全面的了解，包括计算机的诞生及发展过程、计算机的分类、计算机的应用领域以及计算机的发展趋势。

1.1.1　计算机的诞生及发展过程

　　计算工具的演化经历了由简单到复杂、从低级到高级的不同阶段，如从结绳记事中的绳结到算筹、算盘，再到计算尺、机械计算机等发展阶段。它们在不同的历史时期发挥了各自的历史作用，同时也启发了现代电子计算机的研制思想。下面我们就来了解计算机的诞生及发展过程。

1. 计算机的诞生

　　20世纪初，电子技术飞速发展。1904年，英国电气工程师弗莱明研制出真空二极管；1906年，美国科学家福雷斯特发明真空三极管，为计算机的诞生奠定了硬件基础。

图1-1 世界上第一台通用电子计算机——ENIAC

随后，西方国家的工业技术得到迅猛发展，相继出现了雷达和导弹等高科技产品，而原有的计算工具难以满足大量高科技产品复杂计算的需要，因此迫切需要在计算技术上有所突破。

1946年，美国为计算弹道轨迹，由宾夕法尼亚大学研制的世界上第一台通用电子计算机——电子数字积分计算机（Electronic Numerical Integrator And Computer，ENIAC）诞生了，如图1-1所示。

ENIAC（埃尼阿克）重约30吨，占地面积约170平方米，运算速度为每秒5000次（每秒可完成5000次加法运算）。虽然ENIAC的功能还比不上如今普通的一台计算机，但在当时，它的计算速度和计算精确度却是史无前例的。ENIAC的诞生也宣告了一个新时代——计算机时代的开始。

ENIAC诞生后，美籍匈牙利数学家冯•诺依曼提出了新的设计思想，在20世纪40年代末期研制出离散变量自动电子计算机（Electronic Discrete Variable Automatic Computer，EDVAC），其主要设计理论是采用二进制代码和存储程序工作方式。人们把该理论称为冯•诺依曼体系结构，冯•诺依曼也被誉为"现代电子计算机之父"。虽然计算机技术发展迅速，但冯•诺依曼体系结构至今仍然是计算机内在的基本工作原理，是我们理解计算机系统功能与特征的基础。

2. 计算机的发展过程

从第一台通用电子计算机ENIAC诞生至今，计算机技术以惊人的速度发展。计算机的发展过程实际上也是计算机不断进化与完善的历程。根据计算机所采用的电子元件，计算机的发展过程可划分为4个阶段，如表1-1所示。

表 1-1 计算机发展的 4 个阶段

阶段	划分年代	采用的电子元件	运算速度（每秒指令数）	主要特点	应用领域
第一代计算机	1946—1956年	电子管	几千条	主存储器采用磁鼓，体积庞大、耗电量大、运行速度慢、可靠性较差、内存容量小	国防及科学研究工作
第二代计算机	1957—1964年	晶体管	几万至几十万条	主存储器采用磁芯，开始使用高级程序及操作系统，运算速度提升、体积减小	工程设计、数据处理
第三代计算机	1965—1970年	中小规模集成电路	几十万至几百万条	主存储器采用半导体存储器，集成度高、功能增强、价格下降	工业控制、数据处理
第四代计算机	1971年至今	大规模、超大规模集成电路	上千万至万亿条	计算机走向微型化，性能大幅度提升，软件也越来越丰富，为网络化创造了条件。同时计算机逐渐走向人工智能化，并采用了多媒体技术，具有听、说、读和写等多种功能	工业、生活等各个方面

3. 我国计算机的发展过程

华罗庚教授是我国计算技术的奠基人和最主要的开拓者之一。1952年，在他任所长的中国科学院数学研究所内建立了我国第一个电子计算机科研小组。1956年，在筹建中国科学院计算技术研究所时，华罗庚教授担任筹备委员会主任。

虽然我国计算机的发展起步较晚，但是发展速度十分迅速。我国的计算机发展过程也经历了以下4个阶段。

（1）第一代电子管计算机（1958—1964年）

1957年，我国开始研制通用数字电子计算机。1958年，我国成功研制出第一台电子计算机（103机），该计算机可以表演短程序运行。1964年，我国第一台自行设计的大型通用数字电子管计算机（119机）研制成功，其平均浮点运算速度为每秒5万次，用于我国研制第一颗氢弹的计算任务。

（2）第二代晶体管计算机（1965—1972年）

我国在研制第一代电子管计算机的同时，已开始研制晶体管计算机。1965年，我国成功研制出第一台大型晶体管计算机（109乙机）。两年后，在对109乙机加以改进的基础上推出109丙机。第一批晶体管计算机的运算速度为每秒10万~20万次。

（3）第三代中小规模集成电路计算机（1973年—20世纪80年代初）

1970年初期我国开始陆续推出大、中、小型采用集成电路的计算机。1973年，北京大学与北京有线电厂等单位合作，成功研制出了运算速度为每秒100万次的大型通用计算机。

20世纪80年代，我国高速计算机，特别是向量计算机有新的发展。1983年我国成功研制出第一台大型向量机（757机），运算速度达到每秒1000万次。同年，"银河-I"巨型计算机研制成功，不仅填补了国内亿次巨型计算机的空白，还成功缩小了我国与国外的差距。

（4）第四代超大规模集成电路计算机（20世纪80年代中期至今）

和国外一样，我国第四代计算机的研制也是从微型计算机（简称"微机"）开始的。1980年初我国不少单位也开始采用Z80、X86和M6800芯片研制微机。1983年，我国成功研制出与IBM个人计算机兼容的DJS-0520微机。20世纪90年代以来，我国微型计算机形成了大批量、高性能的生产局面，并且发展迅速。

1992年，我国研制成功"银河-II"巨型机，峰值速度达每秒4亿次浮点运算（相当于每秒10亿次基本运算操作），总体上达到20世纪80年代中后期国际先进水平。1997年，我国成功研制出"银河-III"百亿次巨型机，峰值速度每秒达130亿次浮点运算，总体上达到20世纪90年代中期国际先进水平。

1997—1999年，我国先后推出具有机群结构的曙光1000A、曙光2000-I、曙光2000-II的巨型机。其中，曙光2000-II巨型机峰值速度突破每秒1000亿次浮点运算。2000年推出每秒浮点运算速度为4032亿次的曙光3000巨型机。2004年上半年推出浮点运算速度每秒10万亿次的曙光4000-A巨型机。

2009年，我国成功研制出"天河一号"超级计算机，如图1-2所示，其峰值速度达每秒千万亿次。"天河一号"的诞生，是我国高性能计算机发展史上新的里程碑，是我国战略高新技术和大型基础科技装备研制领域取得的又一重大创新成果，实现了我国自主研制超级计算机能力从百万亿次到千万亿次的跨越，使我国成为继美国之后世界上第二个能够研制千万亿次超级计算机系统的国家。2014年，国际TOP500组织公布了全球超级计算机500强排行榜榜单，中国国防科学技术大学研制的"天河二号"超级计算机位居榜首。"天河二号"超级计算机如图1-3所示。

2016年，我国自主研发的"神威·太湖之光"超级计算机问世，"神威·太湖之光"是全球首台运行速度超过每秒10亿亿次的超级计算机，峰值速度达每秒12.54亿亿次。"神威·太湖之光"超级计算机一分钟计算能力相当于70亿人用计算器不间断计算32年，其浮点运算速度为每秒9.3亿亿次，其效率比之前的"天河二号"超级计算机提高将近三倍。

图1-2 "天河一号"超级计算机

图1-3 "天河二号"超级计算机

纵观我国60余年计算机的研制过程，从103机到"神威·太湖之光"，走过了一段不平凡的历程。目前，我国在高性能计算机的研制领域仍保持着较高水平。

1.1.2 计算机的分类

根据计算机的用途，计算机可分为专用计算机和通用计算机两种。其中，专用计算机是指为适应某种特殊需要而设计的计算机，如计算导弹弹道的计算机等。因为这类计算机都强化了计算机的某些特定功能，忽略了一些次要功能，所以具有高速度、高效率、使用面窄和专机专用的特点。而通用计算机则广泛适用于一般科学运算、学术研究、工程设计和数据处理等领域，具有功能多、配置全、用途广和通用性强等特点。目前市场上销售的计算机大多属于通用计算机。

按计算机的性能、规模和处理能力，计算机可分为巨型机、大型机、中型机、小型机和微型机5类，具体介绍如下。

●**巨型机：** 巨型机也称超级计算机或高性能计算机，图1-4所示是我国自主研发的"神威·太湖之光"超级计算机。巨型机是速度最快、处理能力最强的计算机之一。巨型机多用于国家高科技领域和尖端技术研究，是一个国家科研实力的体现，现有的巨型机运算速度大多可以达到每秒1万亿次以上。

●**大型机：** 大型机也称大型主机，如图1-5所示。大型机的特点是运算速度快、存储量大和通用性强，主要针对计算量大、信息流通量大和通信需求大的用户，如政府部门和大型企业等。目前，生产大型机的公司主要有IBM、DEC和富士通等。

图1-4 巨型机

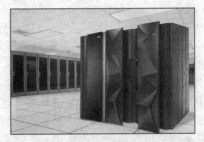
图1-5 大型机

●**中型机：** 中型机的性能低于大型机，其特点是处理能力强，常用于中小型企业。

●**小型机：** 小型机是指采用精简指令集处理器，性能和价格介于微型机和大型机之间的一种高性能64位计算机。小型机的特点是结构简单、可靠性高和维护费用低，常用于中小型企业。随着微型机的飞速发展，小型机被微型机取代的趋势已非常明显。

●**微型机：** 微型机简称微机，是目前应用最普遍的机型。微型机价格便宜、功能齐全，被广泛应用于机关、学校、企业、事业单位和家庭等领域。微型机按结构和性能可以划分为单片机、单板机、个人计算机（Personal Computer，PC）、工作站和服务器等。其中个人计算机又可分为台式计算机（见图1-6）和便携式计算机（如笔记本电脑）（见图1-7）两类。

图1-6　台式计算机

图1-7　便携式计算机

工作站是一种高端的通用微型机，它可以提供比个人计算机更强大的性能，通常配有高分辨率的大屏、多屏显示器及大容量的内存储器和外存储器，并具有极强的信息功能和高性能的图形图像处理功能，主要用于图像处理和计算机辅助设计领域。服务器是提供计算服务的设备，它可以是大型机、小型机或高档微型机。在网络环境下，根据服务的类型，可将服务器分为文件服务器、数据库服务器、应用程序服务器和Web服务器等。

1.1.3　计算机的应用领域

在计算机诞生初期，其主要应用于科研和军事等领域，工作内容主要是大型的高科技研发活动。近年来，随着社会发展和科技进步，计算机的功能不断扩展，计算机在社会各个领域都得到了广泛的应用。

计算机的应用领域可以概括为以下7个方面。

● **科学计算**：科学计算即数值计算，是指利用计算机来完成科学研究和工程设计中提出的数学问题的计算。计算机不仅能进行数字运算，还可以解答微积分方程以及不等式。由于计算机运算速度较快，以往人工难以完成甚至无法完成的数值计算，都可以通过计算机来完成，如气象资料分析和卫星轨道测算等。目前，基于互联网的云计算，甚至可以达到每秒10万亿次的超强运算速度。

● **数据处理和信息管理**：数据处理和信息管理是指利用计算机来完成对大量数据的分析、加工和处理等工作。这些数据不仅包括"数"，还包括文字、图像和声音等数据形式。现代计算机运算速度快、存储容量大，因此其在数据处理和信息管理方面的应用十分广泛，如企业的财务管理、事务管理、资料和人事档案的文字处理等。计算机数据处理和信息管理方面的应用，为实现办公和管理自动化创造了有利条件。

● **过程控制**：过程控制也称实时控制，是指利用计算机对生产过程或其他过程进行自动监测和实现自动控制设备工作状态的一种控制方式，被广泛应用于各种工业环境中。计算机作业可以取代人在危险、有害的环境中作业，并且不受疲劳等因素的影响，可完成大量有高精度和高速度要求的操作，从而节省大量的人力、物力，大大提高经济效益。

● **人工智能**：人工智能（Artificial Intelligence，AI）是指设计智能的计算机系统，让计算机具有智能特性，如"学习""识别图形和声音""推理过程""适应环境"等。目前，人工智能主要应用于智能机器人、机器翻译、医疗诊断、故障诊断、案件侦破和经营管理等方面。

● **计算机辅助**：计算机辅助也称计算机辅助工程应用，是指利用计算机协助人们完成各种设计工作。计算机辅助是目前正在迅速发展并不断取得成果的重要应用领域，主要包括计算机辅助设计（Computer Aided Design，CAD）、计算机辅助制造（Computer Aided Manufacturing，CAM）、计算机辅助工程（Computer Aided Engineering，CAE）、计算机辅助教学（Computer Aided Instruction，CAI）和计算机辅助测试（Computer Aided Testing，CAT）等。

● **网络通信**：网络通信是指利用通信设备和线路将地理位置不同、功能独立的多个计算机系统连接起来，从而形成一个计算机网络。随着互联网技术的快速发展，人们可以通过计算机网络在不同地区和国家间进行信息的传递，并进行各种商务活动。

● **多媒体技术**：多媒体技术（Multimedia Technology）是指利用计算机对文字、数据、图形、图像、动画和声音等多种媒体信息进行综合处理和管理，使用户可以通过多种感官与计算机进行实时信息交互的技术。多媒体技术拓宽了计算机的应用领域，使计算机被广泛应用于教育、广告宣传、视频会议、服务和文化娱乐等领域。

1.1.4 计算机的发展趋势

下面从计算机的发展方向和未来新一代计算机芯片技术两个方面对计算机的发展趋势进行介绍。

1. 计算机的发展方向

为了满足人们的各种需要，计算机未来将向着巨型化、微型化、网络化和智能化4个方向发展。

● **巨型化**：巨型化是指计算机的计算速度更快、存储容量更大、功能更强和可靠性更高。巨型化计算机的应用领域主要包括天文、天气预报、军事和生物仿真等。这些领域需进行大量的数据处理和运算，而这些数据处理和运算只有性能强的计算机，即巨型化计算机才能完成。

● **微型化**：随着超大规模集成电路的进一步发展，个人计算机将更加微型化。膝上型、书本型、笔记本型和掌上型等微型化计算机将不断涌现，并将越来越受到用户的喜爱。

● **网络化**：随着计算机的普及，计算机网络也逐步深入人们的工作和生活。人们通过计算机网络可以连接全球分散的计算机，然后共享各种分散的计算机资源。计算机网络逐步成为人们工作和生活中不可或缺的事物，它可以让人们足不出户就获得大量的信息，并能与世界各地的人进行网络通信、网上贸易等。

● **智能化**：早期的计算机只能按照人的意愿和指令去处理数据，而如今智能化的计算机能够代替人进行脑力劳动，具有类似人的智能，如能听懂人类的语言，能看懂各种图形，可以自己学习等。智能化的计算机可以进行知识的处理，从而代替人类做部分工作。未来的智能化计算机将会代替甚至超越人类在某些方面的脑力劳动。

2. 未来新一代计算机芯片技术

计算机的核心部件是芯片，计算机芯片技术的不断发展也推动了计算机的发展。几十年来，计算机芯片的集成度严格按照摩尔定律发展，但该技术的发展并不是无限的。计算机采用电流作为数据传输的载体，而电流主要靠电子的迁移产生。由于晶体管计算机存在物理极限，因而世界上许多国家在很早的时候就开始了各种非晶体管计算机的研究，如DNA生物计算机、光计算机、量子计算机等。这类计算机也被称为第五代计算机或新一代计算机，这也是目前世界各国计算机技术研究的重点。

●**DNA计算机**：DNA计算机以脱氧核糖核酸（DeoxyriboNucleic Acid，DNA）作为基本的运算单元，通过控制DNA分子间的生化反应来完成运算。DNA计算机具有体积小、存储量大、运算快、耗能低、并行性的优点。

●**光计算机**：光计算机是以光作为载体来进行信息处理的计算机。光计算机具有以下优点：光器件的带宽非常大，信息传输和处理量大；信息传输中畸变和失真小，信息运算速度快；光传输和转换时的能量消耗极低等。

●**量子计算机**：量子计算机是遵循物理学的量子规律来进行多数计算和逻辑计算，以及信息处理的计算机。量子计算机具有运算速度快、存储量大、功耗低的优点。

1.2 信息技术基础

计算机的应用和发展使人类步入了信息社会。在信息社会中，越来越多的人从事信息技术工作，而信息处理需要信息技术的支持。信息技术主要有计算机技术、通信技术和控制技术，其中，计算机技术是信息技术的核心。

利用计算机技术可以采集、存储和处理各种用户信息，也可将这些用户信息转换成用户可以识别的文字、声音或图像进行输出。然而，这些信息在计算机内部又是如何表示的呢？该如何对信息进行量化呢？只有学习好这方面的知识，才能更好地认识和使用计算机。

1.2.1 认识"0"和"1"

在计算机中，各种信息都是以数据的形式呈现的。计算机中的数据可分为数值数据和非数值数据（如字母、汉字和图形等）两大类，无论什么类型的数据，在计算机内部都是以二进制数的形式存储和运算的，而二进制数只有"0"和"1"两个数码。

1. 计算机内部采用二进制数的原因

计算机内部采用二进制数主要有以下4点原因。

●**容易实现**：二进制数中的"0"和"1"两个数码，易于表示两种相对的物理状态。如电路的"断电"和"通电"两种状态分别用"0"和"1"表示；电压的"低"和"高"两种状态分别用"0"和"1"表示；电脉冲的"无"和"有"两种状态分别用"0"和"1"表示。一切有两种对立稳定状态的器件（即双稳态器件），均可以用二进制数"0"和"1"表示。

●**运算简单**：二进制运算法则简单，简化了计算机运算结构的设计。

●**可靠性强**：在计算机中实现双稳态器件的电路简单，而且两种状态的代表数码"0"和"1"在数据传输和处理中不容易出错，计算机工作的可靠性更强。

●**逻辑性强**：计算机的工作是建立在逻辑运算基础上的，逻辑代数则是逻辑运算的理论依据。而二进制中"0"和"1"两个数码可以用来代表逻辑代数中的"真（True）"与"假（False）"，或"是（Yes）"与"否（No）"，这为计算机在程序中的逻辑运算和逻辑判断提供了方便。

尽管计算机内部采用二进制数来表示各种信息，但在与外部交流时仍采用人们熟悉和便于阅读的形式，如十进制数据、文字表达和图形显示等，它们之间的转换，则由计算机系统的软硬件来完成。

2. 二进制的运算

由于二进制的运算简单，所以可以方便地利用逻辑代数来分析和设计计算机的逻辑电路等。下面将对二进制的算术运算和逻辑运算进行简要介绍。

（1）二进制的算术运算

二进制的算术运算也就是通常所说的四则运算，包括加、减、乘、除，其具体运算规则如下。

● **加法运算**：加法运算按"逢二进一"法向高位进位。其运算规则为：0+0=0、0+1=1、1+0=1、1+1=10。例如，$(10011.01)_2+(100011.11)_2=(110111.00)_2$。

● **减法运算**：减法运算实质上是加上一个负数，主要应用于补码运算。其运算规则为：0-0=0、1-0=1、0-1=1（向高位借位，结果本位为1）、1-1=0。例如，$(110011)_2-(001101)_2=(100110)_2$。

● **乘法运算**：乘法运算与常见的十进制数运算规则类似。其运算规则为：$0×0=0$、$1×0=0$、$0×1=0$、$1×1=1$。例如，$(1110)_2×(1101)_2=(10110110)_2$。

● **除法运算**：除法运算也与十进制数运算规则类似。其运算规则为：$0÷1=0$、$1÷1=1$，而$0÷0$和$1÷0$是无意义的。例如，$(1101.1)_2÷(110)_2=(10.01)_2$。

（2）二进制的逻辑运算

计算机采用的二进制数"1"和"0"可以代表逻辑运算中的"真"与"假"、"是"与"否"、"有"与"无"。二进制的逻辑运算包括"与""或""非""异或"4种，具体介绍如下。

● **"与"运算**："与"运算又被称为逻辑乘，通常用符号"×""∧""·"来表示。其运算规则为：$0∧0=0$、$0∧1=0$、$1∧0=0$、$1∧1=1$。该运算规则表明，当两个参与运算的数中有一个数为0时，其逻辑结果也为0，此时是没有意义的。只有当数中的数值都为1，其结果也为1，即所有的条件都符合时，逻辑结果才为肯定值。

● **"或"运算**："或"运算又被称为逻辑加，通常用符号"+"或"∨"来表示。其运算规则为：$0∨0=0$、$0∨1=1$、$1∨0=1$、$1∨1=1$。该运算规则表明，只要有一个数为1，则运算结果为1。例如，假定某一个公益组织规定加入该组织的成员可以是女性或慈善家，那么只要符合其中任意一个条件或两个条件都符合即可加入该组织。

● **"非"运算**："非"运算又被称为逻辑否运算，通常在逻辑变量上加上画线来表示，如变量为A，则其非运算结果用$\overline{A}$表示。其运算规则为：$\overline{0}=1$、$\overline{1}=0$。例如，假定变量A表示男性，$\overline{A}$就表示非男性，即女性。

● **"异或"运算**："异或"运算通常用符号"⊕"表示。其运算规则为：$0⊕0=0$、$0⊕1=1$、$1⊕0=1$、$1⊕1=0$。该运算规则表明：当逻辑运算中变量的值不同时，结果为1；当变量的值相同时，结果为0。

1.2.2 常用数制及其转换

数制是指用一组固定的数字符号和统一的规则来表示数值的方法。在日常生活中，人们常用的是十进制，而计算机则采用二进制。任何信息都要先转换成二进制数据后才能由计算机进行处理。

1. 进位计数制

按照进位方式计数的数制称为进位计数制。除了二进制和十进制，常用的进位计数制还包括八进制和十六进制等。在计算机中书写程序时一般采用八进制或十六进制。顾名思义，二进制就是逢二进一的数制；以此类推，十进制就是逢十进一的数制，八进制就是逢八进一的数制等。

进位计数制中，每个数码的数值大小不仅取决于数码本身，还取决于该数码在数中的位置，如十进制数828.41，整数部分的第1个数码"8"处在百位，表示800，第2个数码"2"处在十位，表示20，第3个数码"8"处在个位，表示8，小数点后第1个数码"4"处在十分位，表示0.4，小数点后第2个数码"1"处在百分位，表示0.01。也就是说，同一数码处在不同位置所代表的数值是不同的。数码在一个数中的位置称为数制的数位，数制中数码的个数称为数制的基数，十进制数有0~9共10个数码，其基数（R）为10；八进制数有0~7共8个数码，其基数为8，八进制与十进制的关系是"0~7"对应"0~7"；十六进制数有0~9和A~F共16个字符，其基数为16，十六进制与十进制的关系是"0~9"对应"0~9"，"A~F"对应"10~15"。每个数位上的数码符号代表的数值等于该数位上的数码乘以一个固定值，该固定值称为数制的位权数，数码所在的数位不同，其位权数也有所不同。

无论用何种进位计数制，数值都可写成按位权展开的形式，如十进制数828.41可写成828.41=8×100+2×10+8×1+4×0.1+1×0.01或者828.41=$8×10^2+2×10^1+8×10^0+4×10^{-1}+1×10^{-2}$。

上式中10^i称为十进制数的位权数，其基数为10，使用不同的基数，便可得到不同的进位计数制。设R表示基数，则称为R进制，使用R个基本的数码，R^i就是位权，其加法运算规则是"逢R进一"，则任意一个R进制数都可以表示为"按位权展开"的多项式之和，该表达式就是数的一般展开表达式，如下所示。

$$(D)_R \sum_{i=-m}^{n-1} K_i \times R^i$$

上式中的K_i为第i位的系数，可以为0, 1, 2, …, $R-1$中的任何一个数，R^i表示第i位的权。

2. 数制的表示方法

在计算机中为了区分不同进制数，可以用括号加数制基数下标的方式来表示不同数制的数。例如，$(492)_{10}$表示十进制数，$(1001.1)_2$表示二进制数，$(101)_8$表示八进制数，$(4A9E)_{16}$表示十六进制数；也可以用带有字母的形式分别将其表示为$(492)_D$、$(1001.1)_B$、$(101)_O$和$(4A9E)_H$。在程序设计中，常在数字后直接加英文字母后缀来区别不同进制数，如492D、1001.1B等。

3. 数制的转换

下面介绍二进制数、八进制数、十进制数和十六进制数之间的转换方法。

微课：进制间转换

（1）非十进制数转换成十进制数

将非十进制数转换成十进制数时，按位权展开成多项式求和的方法即可得到对应的结果。即用该数制的各位数乘以各自对应的位权数，然后将乘积相加。如将二进制数10110转换成十进制数，可先将二进制数10110按位权展开，然后将乘积相加，转换过程如下。

$$(10110)_2=(1×2^4+0×2^3+1×2^2+1×2^1+0×2^0)_{10}=(16+4+2)_{10}=(22)_{10}$$

又如，将八进制数232转换成十进制数，先将八进制数232按位权展开，然后将乘积相加，转换过程如下。

$$(232)_8=(2×8^2+3×8^1+2×8^0)_{10}=(128+24+2)_{10}=(154)_{10}$$

（2）十进制数转换成其他进制数

将十进制数转换成其他进制数时，可先将数值分成整数和小数并分别转换，然后再进行拼接。

如将十进制数转换成二进制数时，要将整数部分和小数部分分别转换。整数部分采用"除2取余倒读"法，即将该十进制数除以2，要得到一个商和余数（K_0），再将商数除以2，又得到一个新的商和余数（K_1）；如此反复，直到商为0时得到余数（K_{n-1}）。然后将得到的各次余数，以最后余数为最高位，最初余数为最低位依次排列，即$K_{n-1}\cdots K_1 K_0$，这就是该十进制数对应的二进制数的整数部分。

小数部分采用"乘2取整正读"法，即将十进制的小数乘以2，取乘积中的整数部分作为相应二进制数小数点后最高位K_{-1}，取乘积中的小数部分反复乘以2，逐次得到K_{-2}，K_{-3}，$\cdots$，K_{-m}，直到乘积的小数部分为0或位数达到所需的精确度要求为止，然后把每次乘积所得的整数部分由上而下（即从小数点后自左往右）依次排列起来（$K_{-1} K_{-2}\cdots K_{-m}$），即为所求的二进制数的小数部分。图1-8展示了将十进制数285.125转换成二进制数的过程。

同理，将十进制数转换成八进制数时，整数部分除以8取余，小数部分乘以8取整。将十进制数转换成十六进制数时，整数部分除以16取余，小数部分乘以16取整。

$$(285.125)_{10}=(100011101.001)_2$$

整数部分				小数部分		
2	285	余 1	低位	0.125		
2	142	余 0		× 2	取整	高位
2	71	余 1		0.250	0	
2	35	余 1		× 2		
2	17	余 1		0.500	0	
2	8	余 0		× 2		
2	4	余 0		1.000	1	低位
2	2	余 0				
2	1	余 1	高位			

图1-8　十进制数转换为二进制数

在进行小数部分的转换时，有些十进制小数不能转换为有限位的二进制小数，此时只有用近似值表示。例如，$(0.57)_{10}$不能用有限位二进制数表示，如果要求5位小数近似值，则得到$(0.57)_{10}\approx(0.10010)_2$。

（3）二进制数转换成八进制数或十六进制数

由于二进制、八进制和十六进制之间存在特殊关系：$8^1=2^3$、$16^1=2^4$，即1位八进制数相当于3位二进制数，1位十六进制数相当于4位二进制数，因此二进制数与八进制数、十六进制数之间的转换非常简单。

二进制数转换成八进制数所采用的转换原则是"3位分一组"，即以小数点为界向左右两边分组，每3位为一组，两头不足3位补0，然后按照顺序写出每组二进制数对应的八进制数即可。同理，二进制数转换成十六进制时，采用"4位分一组"的转换原则，即以小数点为界向左右两边分组，每4位为一组，两头不足4位补0。

例如，将二进制数1101001.101转换为八进制数，转换过程如下。

$$(1101001.101)_2= \frac{(\overline{001}\ \overline{101}\ \overline{001.101})_2}{1\ \ \ 5\ \ \ 1\ .\ 5}=(151.5)_8$$

将二进制数1011100110000111011转换为十六进制数，转换过程如下。

$$(1011100110000111011)_2= \frac{(\overline{0010}\ \overline{1110}\ \overline{0110}\ \overline{0011}\ \overline{1011})_2}{2\ \ \ E\ \ \ 6\ \ \ 3\ \ \ B}=(2E63B)_{16}$$

（4）八进制数或十六进制数转换成二进制数

八进制数或十六进制数转换成二进制数时，只需将1位八进制数或十六进制数转换为3位或4位二进制数即可。

例如，将八进制数162.4转换为二进制数，转换过程如下。

$$(162.4)_8 = (\underset{001}{1}\ \underset{110}{6}\ \underset{010}{2}.\underset{100}{4})_8 = (001110010.100)_2$$

将十六进制数3B7D转换为二进制数，转换过程如下。

$$(3B7D)_{16} = (\underset{0011}{3}\ \underset{1011}{B}\ \underset{0111}{7}.\underset{1101}{D})_{16} = (0011101101111101)_2$$

1.2.3 数据的表示与存储

二进制数是计算机中数据最基本的形式，在计算机中所有的数据都是以二进制数的形式存储的。那么，这些数据在计算机中是怎样表示和存储的呢？下面进行简要说明。

1. 数据的表示

在数学中通常在一个数字的前面添加符号"+"和"-"来表示这个数是正数还是负数。而在计算机中，无法识别符号"+"和"-"，解决办法是用数字信息化来表示数的正负，规定将数的最高位设置为符号位，用"0"代表"+"，用"1"代表"-"。在计算机内部，数字和符号都是用二进制代码表示的，两者合在一起构成计算机内部数的表示形式，称为机器数，而把原来的数称为机器数的真值（带符号位的机器数对应的真正十进制的数值）。

根据小数点位置固定与否，机器数又可以分为两种常用的数据表示格式：定点数和浮点数。如果一个数中小数点的位置是固定的，则为定点数；如果一个数中小数点的位置是浮动的，则为浮点数。

（1）定点数

通常，计算机中的定点数表示整数。定点数规定计算机中所有数据的小数点位置是固定的。通常把小数点固定在整数数值部分的最后面，小数点"."在计算机中是不表示出来的，而是事先约定在固定的位置。对于一台计算机，一旦确定了小数点的位置就不再改变。

整数可以分为无符号整数和有符号整数两类。无符号整数的所有二进制位全部用来表示数值的大小；有符号整数用最高位表示数的正负号，而其他位表示数值的大小。如十进制整数-65在计算机中可以表示为"11000001"，其中首位的"1"数码表示符号"-"，"1000001"则表示数值"65"。

上面采用的是原码表示法，它虽然简单易懂，但由于加法运算与减法运算的规则不统一，当两个数相加时，如果符号相同，则数的绝对值相加，符号不变；如果符号相异，则必须使用两个数的绝对值相减，并且还要比较这两个数，确定哪个数的绝对值大，哪个数是被减数，并据此进一步确定结果符号。要完成这些操作，需要分别使用不同的逻辑电路，这样会增加CPU（Central Processing Unit，中央处理器）的成本和计算机的运算时间。为此，有符号数在计算机中不止采用"原码"这种表示方法，另外还有"反码"和"补码"两种表示方法。正数的原码、反码和补码相同，因此其表示方法只有一种。下面分别介绍负数的反码和补码表示。

● 负数的反码表示：在原码的基础上，符号位不变，即为"1"。数值部分的数码与原码中的数码相反，即"1"为"0"，"0"为"1"。如$(-53)_原=(1110101)_2$，则$(-53)_反=(1001010)_2$。

● 负数的补码表示：负数的反码就是它的反码在最低位（即末位）加"1"，如$(-53)_原=(1110101)_2$，$(-53)_反=(1001010)_2$，则$(-53)_补=(1001011)_2$。

（2）浮点数

通常，计算机中的浮点数表示实数，实数是既有整数又有小数的数，如125.21、1234.12、-12.12、0.003等都是实数。整数和纯小数则可以看作实数的特例。

一个实数可以表示成一个纯小数和一个幂之积。如$-123.123=10^3×(-0.123\ 123)$，其中指数部分用来指出实数中小数点的位置，括号中是一个纯小数。二进制数的表示完全类同。如$101.101=2^{011}×(0.101101)$。需要注意是，其中的指数"011"是一个二进制数，其大小为3。可见，任何一个实数，在计算机内部都可以用"指数"（称为阶码，是一个整数）和"尾数"（纯小数）等来表示，指数和尾数均可正可负，其表达结构如下。

$$N=±R^{±E}×M$$

其中，N为实数，R为阶码底，E为阶码，M为尾数，这种用指数和尾数来表示实数的方法叫作"浮点表示法"。尾数的位数决定数的精度，指数的位数决定数的范围。浮点数的长度可以是32位、64位等，长度越长，表示数的范围越大，精度越高。

一般来说，定点数可表示数值的范围有限，但其对处理硬件的要求比较简单。而浮点数可表示的数值范围很大，但其对处理硬件的要求比较复杂。采用定点数表示法的计算机称为定点计算机，采用浮点数表示法的计算机称为浮点计算机。定点计算机构造简单、造价较低，但在使用上不够方便，一般微型机和单片机大多采用定点数表示法。浮点计算机使用方便，但其构造复杂、造价较高，在相同的条件下浮点运算比定点运算速度慢。目前，一般大、中型计算机及高档微型机都采用浮点数表示法，或同时具有定点数和浮点数两种表示方法。

2. 数据的存储

计算机的存储空间可以分为内存和外存两部分。应用程序一般在计算机的内存中运行，可对各种数据进行操作。下面对数据存储的相关知识进行简要介绍。

微课：数据的
存储

（1）数据单位

在计算机中存储和运算数据时，通常涉及的数据单位有以下3种。

● **位（bit）**：计算机中的数据都以二进制代码来表示，二进制代码只有"0"和"1"两个数码。在计算机中经常会采用多个数码（0和1的组合）来表示一个数，其中每一个数码称为一位，位是计算机中最小的数据单位。

● **字节（Byte）**：字节是计算机中信息组织和存储的基本单位，也是计算机体系结构的基本单位。在对二进制数据进行存储时，以8位二进制代码为一个单元存放在一起，称为1字节，即1Byte = 8bit。在计算机中，通常用B（字节）、KB（千字节）、MB（兆字节）、GB（吉字节）或TB（太字节）为单位来表示存储器（如硬盘和U盘等）的存储容量或文件大小。所谓存储容量，是指存储器中能够容纳的字节数。存储单位之间的换算关系是：1B=8bit，1KB=1024B，1MB=1024KB，1GB=1024MB，1TB=1024GB。

● **字（word）**：一个字通常由一个字节或若干个字节组成，是计算机进行数据处理时一次存取、加工和传送的数据长度，用来存放一条指令或一个数据。

（2）内存单元

日常的文件一般都存储在硬盘等外存中，当文件或应用程序执行时，将被加载到计算机内存中。因此，没有内存，任何应用程序和文件都不能被执行。

在计算机的内存中，每个字节类型的存储单元都具有唯一的编号，称为地址（Address），通过这个地址可对内存中的数据进行保存和读取操作。

在计算机中，内存地址主要按照字节顺序依次编码。这样便于程序寻址和数据读写。计算机的外存也是按照相同的方法来存储的。

（3）数据存储

在计算机内部，位（bit）是最基本的存储单元。不同类型的数据都需要转换成二进制数后，再存放到内存中。

● **数值数据的存储**：一般来说，计算机中用2个字节来存放整数，用4个字节来存放实数。

● **字符数据的存储**：每个字符变量被分配一个字节的内存空间，字符数据以ASCII的形式存放在变量的内存单元之中。

1.2.4　信息编码

在计算机处理的数据中，除了数值数据外，日常生活中还经常使用字符这类不可做算术运算的数据，包括字母、数字、汉字、符号、语音和图形等。由于计算机以二进制编码的形式存储和处理数据，为了能够对字符进行识别和处理，字符同样要用二进制编码表示。

1. 西文字符的编码

西文字符的编码主要采用ASCII编码。ASCII即"美国信息交换标准代码"（American Standard Code for Information Interchange），是基于拉丁字母的一套编码系统。该标准被国际标准化组织（International Organization for Standardization，ISO）指定为国际标准（ISO 646标准），是目前使用非常广泛的一种字符编码。

标准ASCII使用7位二进制编码来表示所有的大写和小写字母、数字0～9、标点符号，以及在美式英语中使用的特殊控制字符，共有2^7=128个不同的编码值，可以表示128个不同字符的编码。其中，低4位编码$b_3b_2b_1b_0$用作行编码，高3位$b_6b_5b_4$用作列编码。在128个不同字符的编码中，95个编码对应计算机键盘上的符号或其他可显示或打印的字符，另外33个编码被用作控制码，用于控制计算机某些外部设备的工作特性和某些计算机软件的运行情况。在这些字符中，0～9、A～Z、a～z都是顺序排列的，方便字符编码的记忆，如数字字符"0"的编码为0110000，对应的十进制数是48，则"1"的编码值为49；小写字母"a"的编码为1100001，对应的十进制数是97，则"b"的编码值为98。计算机系统中一个字节有8位，要想在计算机内部用一个字节存放一个7位ASCII，ASCII中每个字符用7位二进制编码表示并存入一个字节的低7位，最高位置为"0"。

表1-2所示为标准7位ASCII表。另外，在ASCII中，除了大小写字母和符号以外，其他控制符的含义与作用如表1-3所示。

2. 汉字的编码

要想在计算机中处理汉字信息，同样也要对汉字进行编码。汉字编码体系结构包括国标码、区位码、输入码、机内码和字形码等。

（1）国标码

我国于1981年颁布了国家汉字编码标准GB 2312—1980，全称是《信息交换用汉字编码字符集》，其二进制编码称为国标码（GB码）。国标码用两个字节代码长度的一个编码表示一个汉字字符，并且规定每个字节最高位恒为"0"，其余7位用于组成各种不同的码值。

GB 2312—1980汉字编码标准收入了6763个汉字，其字符集由3部分组成：第一部分为字母、数字和各种符号，共682个；第二部分为一级常用汉字，按汉语拼音排列，共3755个；第三部分为二级常用汉字，按偏旁部首排列，共3008个。GB 2312—1980字符集由一个94行和94列的代码表构成，代码表的行数和列数从0开始编号，其中的行号称为区号，列号称为位号，区号和位号的组成为区位码。例如，"文"字的区号是46，位号是36，所以它的区位码是4636，即它位于第46行、第36列。

表 1-2 标准 7 位 ASCII 表

低位	高位							
	000	001	010	011	100	101	110	111
0000	NUL	DLE	SP	0	@	P	`	p
0001	SOH	DC1	!	1	A	Q	a	q
0010	STX	DC2	"	2	B	R	b	r
0011	ETX	DC3	#	3	C	S	c	s
0100	EOT	DC4	$	4	D	T	d	t
0101	ENQ	NAK	%	5	E	U	e	u
0110	ACK	SYN	&	6	F	V	f	v
0111	BEL	ETB	'	7	G	W	g	w
1000	BS	CAN	(	8	H	X	h	x
1001	HT	EM	)	9	I	Y	i	y
1010	LF	SUB	*	:	J	Z	j	z
1011	VT	ESC	+	;	K	[	k	{
1100	FF	FS	,	<	L	\	l	|
1101	CR	GS	–	=	M	]	m	}
1110	SO	RS	.	>	N	^	n	~
1111	SI	US	/	?	O	_	o	DEL

表 1-3 控制符及其含义与作用对照表

控制符缩写	含义与作用	控制符缩写	含义与作用	控制符缩写	含义与作用
NUL	空	FF	走纸控制	CAN	作废
SOH	标题开始	CR	回车	EM	媒介结束
STX	正文开始	SO	移位输出	SUB	换置
ETX	正文结束	SI	移位输入	ESC	换码
EOT	传输结束	DLE	数据链换码	FS	文件分隔符
ENQ	请求	DC1	设备控制 1	GS	组分隔符
ACK	收到通知	DC2	设备控制 2	RS	记录分隔符
BEL	报警	DC3	设备控制 3	US	单元分隔符
BS	退格	DC4	设备控制 4	SP	空格
HT	横向列表	NAK	拒绝接收	DEL	删除
LF	换行	SYN	空转同步		
VT	纵向列表	ETB	信息组传送结束		

区位码是一个4位十进制数，前两位是区号，后两位是位号，国标码是一个4位十六进制数，两者有一种简单的转换关系。其转换的具体方法是，将汉字区位码中的十进制区号和位号分别转换成十六进制数，再分别加上$(20)_H$，就可以得到该汉字的国标码。例如，"中"字的区号为54、位号为48，对应的十六进制数分别为36、30，分别加上$(20)_H$，其国标码即为$(5650)_H$。二进制表示为：$(0011011000110000)_B + (0010000000100000)_B = (0101011001010000)_B$。

 由于GB 2312—1980汉字编码标准字符集的汉字有限，一些汉字无法表示。我国对GB 2312—1980汉字编码标准字符集进行了扩充，形成了GB 18030国家标准。GB 18030完全包含了GB 2312—1980，共有7万余个汉字。

（2）输入码

输入码也称为外码，是利用计算机标准键盘按键的不同排列组合来对汉字的输入进行编码，包括音码、形码、音形码、手写输入或扫描输入等方式。对于同一个汉字，输入法不同，其输入码也不同。但不管使用何种输入法，当用户向计算机输入汉字时，最终存入计算机的始终是它的输入码，与输入法无关。

（3）机内码

在计算机内部进行存储与处理所使用的代码，称为机内码。对汉字系统来说，汉字机内码规定在汉字国标码的基础上，每字节的最高位置为"1"，每字节的低7位为汉字信息。将国标码的两字节编码分别加上$(80)_H$［即$(10000000)_B$］，便可以得到机内码，如汉字"中"的机内码为$(D6D0)_H$。

（4）字形码

字形码，又称为字型码、字模码，属于点阵代码的一种。为了将汉字在显示器或打印机上输出，把汉字按图形符号设计成点阵图，即可得到相应的点阵代码（字形码）。也就是用"0""1"表示汉字的字形，将汉字放入n行$\times n$列的正方形点阵内，该正方形共有n^2个小方格，每个小方格用一位二进制代码表示，凡是笔画经过的方格值为1，未经过的方格值为0。

显示一个汉字一般采用16×16点阵、24×24点阵或48×48点阵。已知汉字点阵的大小，可以计算出存储一个汉字所需占用的字节空间。如用24×24点阵表示一个汉字，就是将每个汉字用24行、每行24个点表示，一个点需要1位二进制代码，24个点需用24位二进制代码（即3个字节）表示，共24行，所以需要24行×3字节=72字节，即用24×24点阵表示一个汉字，字形码需用72字节。因此，字节数=点阵行数×（点阵列数÷8）。

为了将汉字的字形显示或打印输出，汉字信息处理系统还要配有汉字字形库，也称字模库，简称字库，它集中了汉字的字形信息。字库按输出方式可分为显示字库和打印字库。用于显示输出的字库称为显示字库，工作时需调入内存；用于打印输出的字库称为打印字库，工作时无须调入内存。

3．其他编码

其他常用的编码还有GBK、UCS、Unicode等编码方式，下面分别进行介绍。

●**GBK编码**：GBK编码（GBK即"国标"汉语拼音的第一个字母与"扩展"中"扩"字汉语拼音的第一个字母的组合）全称《汉字内码扩展规范》，于1995年制定并发布。GBK编码是在GB 2312—1980基础上的内码扩展规范，共收录了21 003个汉字，完全兼容GB 2312—1980标准，支持国际标准ISO/IEC10646-1和国家标准GB 13000—1中的全部中、日、韩汉字，并包含了BIG5编码中的所有汉字。

● **UCS编码**：UCS编码是国际标准化组织为各种语言字符制定的编码标准，是所有其他字符集标准的一个超集。它保证与其他字符集是双向兼容的，包含了用于表达所有已知语言的字符，即不仅包含字母文字、音节文字，还包含中文、日文和韩文等。

● **Unicode编码**：Unicode编码是另一种国际标准编码，采用两个字节编码，因此允许表示65 536个字符，能表示世界上绝大部分书写语言中可能用于计算机通信的文字和其他符号。Unicode编码为每种语言中的每个字符设定了唯一的二进制编码，便于统一地表示世界上的主要文字，以满足跨语言、跨平台进行文本转换和处理的要求，目前，Unicode编码在网络、Windows操作系统和大型软件中得到广泛应用。

4. 声音和图像的数字化

除了字母、数字、文字、符号，常见的信息内容还有声音和图像等。这些信息在计算机内部同样要被转换成为用0和1表示的数字化信息，并以不同文件类型进行存储与处理，然后通过计算机输出界面向人们展示丰富多彩的声像信息。

微课：声音和图像的数字化

（1）声音的数字化

声音用电表示时，声音信号是在时间和幅度上都连续的模拟信号，而计算机只能存储和处理时间和幅度上都离散的数字信号。将连续的模拟信号变成离散的数字信号就是声音的数字化过程，主要包括采样、量化和编码3个环节。

● **采样**：采样是将时间上连续的模拟信号在时间轴上离散化的过程，即以固定的时间间隔在声音波形上获取一个幅度值，将时间上连续的信号变成离散的信号。相邻两个采样点的时间间隔称为采样周期，采样周期的倒数称为采样频率。采样频率可用每秒采样次数表示，如44.1kHz表示将1s的声音用44 100个采样点数据表示。显然，采样频率越高，数字化音频的质量越高，声音的还原度就越高，声音就越真实，但需要的存储空间也越大。

● **量化**：量化就是将每个采样点得到的幅度值以数字存储。幅度值量化过后的样本是用二进制数表示的，其二进制位数被称为量化位数（又称精度），它是决定数字音频质量的另一重要参数，一般为8位、16位、32位等。量化位数越大，精度越高，声音的质量就越好，需要的存储空间也就越大。

● **编码**：声音的模拟信号经过采样、量化之后，为了方便计算机的储存和处理，还需要对它进行编码，将量化结果用二进制数的形式表示，以减少数据量。编码常用的基本技术是脉冲编码调制（Pulse Code Modulation，PCM）。音频数据量可按如下公式计算：数据量=采样频率×量化位数×声道数×持续时间÷8。如一张CD唱片上音乐的采样频率为44.1kHz，量化精度为16位，双声道，计算1小时的数据量，根据公式可得到结果 $44.1kHz \times 16bit \times 2 \times 3\ 600s \div 8 = 635\ 040\ 000B \approx 605.6MB$。

（2）图像的数字化

图像是自然景物的客观反映，可使人们产生视觉感受。照片、剪贴画、书法作品、传真、卫星云图、影视画面、X光片、脑电图、心电图等都是图像。图像一般有静止和活动两种表现形式，静止的图像称为静态图像，活动的图像称为动态图像。

● **静态图像的数字化**：图像数字化的目的是把真实的图像转换为计算机能够接受的存储格式。图像数字化包括采集和量化两个步骤，一幅图像可以看成是由许许多多的点组成的，这些点称为像素，图像数字化就是采集组成一幅图像的点，再将采集到的点进行量化，量化指要使用多大范围的值来表示图像采样的每个点，最后编码为二进制。这个数值范围包括了图像上所能使用的颜色总数，例如，以4bit存储一个点，表示图像只能有16种颜色，数值范围越大，表示图像的颜色越多，其效果更加细致，同样存储空间也会越大。

●**动态图像的数字化**：动态图像是将静态图像以每秒*n*幅的速度播放，当*n*≥25时，显示在人眼中的就是连续的画面。动态图像可以分为视频和动画。习惯上将通过光学镜头拍摄得到的动态图像称为视频，而用计算机或绘画的方法生成的动态图像称为动画。

 声音或图像数字化之后，其数据量往往是比较大的，为了解决音频、图像信号数据的大容量存储和实时传输问题，除了提高计算机本身的性能及通信信号的带宽外，在编码时也常使用压缩的方式来减少存储并提高传输效率。

1.3　计算思维

2006年3月，美国卡内基梅隆大学周以真（Jeannette M. Wing）教授在美国计算机权威期刊《Communications of the ACM》上首次提出"计算思维（Computational Thinking）"的概念。这一概念的提出引起了国内外很多研究者、教育机构和业界公司的关注。我国学者朱亚宗指出计算思维、实验思维和理论思维是人类三大科学思维方式。下面我们将对计算与计算思维的相关概念和应用进行简要介绍。

1.3.1　计算与计算思维

当今信息社会，计算机的应用是人们必备的技能之一。人们学习计算机应用可以改变工作和生活习惯更好地适应社会发展。在学习计算机应用之前，应该先了解计算思维，学习科学家进行问题求解的思维方式。下面我们首先来了解计算和计算思维的基本概念。

1. 计算的概念

计算思维中的"计算"是基于规则的、符号集的变换过程，即从一个按照规则组织的符号集合开始，再按照既定的规则一步步地改变这些符号集合，最后通过有限步骤之后得到一个确定的结果。广义的计算就是执行信息变换，即对信息进行加工和处理。

如简单计算：7+5=12，5-3=2，9×6=54，指"数据"在"运算符"的操作下，按"计算规则"进行的数据转换。这里，我们通过各种运算符的计算规则及其组合应用，得到了正确的结果。计算规则可以学习和训练，若知道计算规则，但超出人的计算能力，可能无法人为完成计算时可由机器自动完成，借助机器获得计算结果，这也是计算（即机器计算）。利用机器计算，需要设计一些计算规则，让机器通过执行规则完成计算，也就是使用机器来代替人进行自动计算，如圆周率计算等。

计算规则如果用人们理解的符号描述，就是人们的解题步骤；如果用二进制指令描述，就是计算机程序。

2. 计算思维的概念

计算思维是一直存在的科学思维方式，计算机的出现和应用促进了计算思维的发展和应用。周以真教授认为：计算思维是运用计算机科学的基础概念进行问题求解、系统设计、以及人类行为理解等涵盖计算机科学之广度的一系列思维活动。她在《Communications of the ACM》杂志上发布的文章中指出，计算思维是所有人都应具备的如同"读、写、算"能力一样的基本思维能力，计算思维建立在计算过程的能力和限制之上，由人或机器执行。

周以真教授为了让人们更易于理解计算思维，对计算思维进一步地做出了更详细的描述，以下7点内容是表达计算思维的一些重要概念和方法。

●计算思维是通过约简、嵌入、转化和仿真等方法，把一个困难问题重新阐释成一个我们知道怎样解决问题的思维方法。

●计算思维是一种递归思维，是一种并行处理，并把代码译成数据又能把数据译成代码的方法，也是一种多维分析推广的类型检查方法。

●计算思维是一种采用抽象和分解来控制庞杂的任务或进行巨大复杂系统设计的思维方法，是基于关注分离的方法（SoC方法）。

●计算思维是一种选择合适的方式去陈述一个问题，或对一个问题的相关方面建模，使其易于处理的思维方法。

●计算思维是按照预防、保护及通过冗余、容错、纠错的方式，从最坏情况进行系统恢复的一种思维方法。

●计算思维是利用启发式推理寻求解答，即在不确定情况下的规划、学习和调度的思维方法。

●计算思维是利用海量数据来加快计算，在时间和空间之间，在处理能力和存储容量之间进行折中的思维方法。

 美国离散数学与理论计算机科学研究中心提出：计算思维中包含了计算效率提高，选择恰当的方法来表示数据，做估值，使用抽象、分解、测量和建模等因素。

3. 计算思维的特征

周以真教授以计算思维"是什么"和"不是什么"的描述形式对计算思维的特征进行了总结，如表1-4所示。

表 1-4　计算思维的特征

特征	描述
计算思维是概念化，不是程序化	计算机科学不是计算机编程。像计算机科学家那样去思维意味着远不止能为计算机编程，还要求能够在抽象的多个层次上思维
计算思维是根本的，不是刻板的技能	根本技能是每一个人在现代社会中发挥职能所必须掌握的技能。刻板技能意味着机械地重复
计算思维是数学和工程思维的互补与融合，不是空穴来风	计算机科学在本质上源自数学思维和工程思维。基本计算设备的限制迫使计算机学家必须计算性地思考，不能只是数学性地思考
计算思维是类人的思维方式，不是计算机的思维方式	计算思维是人类求解问题的一条途径，但绝非要使人类像计算机那样思考。计算机枯燥且沉闷，人类聪颖且富有想象力，是人类赋予了计算机激情，配置了计算设备，并用自己的智慧去解决那些在计算机时代之前不敢尝试的问题
计算思维是思想，不是人造物	不只是人类生产的软硬件等人造物以物理形式到处呈现并时时刻刻触及我们的生活，更重要的是还有人类用以接近和求解问题、管理日常生活、与他人交流和互动的计算概念
计算思维面向所有的人、所有地方，不局限于计算学科	当计算思维真正融入人类活动的整体时，将会作为一个解决问题的有效工具，因此，计算思维人人都应当掌握，处处都会被使用

1.3.2 计算思维的应用

计算思维有助于产生创新想法，并将创新想法变为现实。计算思维的应用领域主要有以下5个方向。

● **生物学**：计算思维在生物学中的应用研究，如从各种生物的DNA数据中挖掘DNA序列自身规律和DNA序列进化规律，可以帮助人们从分子层面认识生命的本质及其进化规律。其中，DNA序列实际上是一种用4种字母表达的"语言"。

● **脑科学**：脑科学是研究人脑结构与功能的综合性学科，它以揭示人脑高级意识功能为宗旨，与心理学、人工智能、认知科学和创造学等学科交叉渗透，是计算思维的重要体现。

● **化学**：计算思维已经深入化学研究的方方面面，如化学中的数值计算、数据处理、图形显示、模式识别、化学数据库及检索、化学专家系统等，都需要计算思维的支撑。

● **计算机艺术**：计算机艺术是科学与艺术相结合的一门新兴的交叉学科，它包括绘画、音乐、舞蹈、影视、广告、书法模拟、服装设计、图案设计以及电子出版等众多领域，都是计算思维的重要体现。

● **计算机课程教学**：高等院校的各专业大学生，接受计算机课程的培养不仅要学会应用计算机，而且要在学习和实践过程中不断体会、理解设计的计算系统并运用计算思维。技术与知识是创新的支撑，而计算思维是创新的源头。理解计算系统的核心概念，培养计算思维模式，这对于各学科学生建立复合型的知识结构，进行各种新型计算手段研究以及基于新型计算手段的学科创新都有重要的意义。我国教育科研工作者陈国良教授设计了大学计算思维课程的总体框架，基本框架包含计算理论、算法和通用程序设计语言、计算机硬件和软件最小知识集等，具体内容规划包括计算思维基础知识、计算理论和计算模型、算法基础、通用程序设计语言、计算机硬件基础、计算机软件基础等。

计算思维中递归是一种典型的思维方法。下面我们通过典型案例"汉诺塔问题"具体说明计算思维递归的应用。"汉诺塔问题"来源于一个印度传说，概括而言，即一块黄铜板上插着3根宝石针，在其中一根针上从上到下穿好了由大到小的64片金片，按以下法则移动这些金片：一次只移动一片，不管在哪根针上，小片必须在大片上面。按移动一次金片花费1s计算，需要多久才能完成移动金片的任务。

在该问题中，如果仅考虑把64片金片由一根针上移到另一根针上，并且始终保持上小下大的顺序。这需要移动多少次呢？此时可以使用递归算法进行推演。

假设金片有n片，移动次数是$f(n)$，显然$f(1)=1$、$f(2)=3$、$f(3)=7$，按此规律推导可得：$f(k+1)=2\times f(k)+1$。不难证明$f(n)=2^n-1$，当$n=64$时，$f(64)=2^{64}-1=18\ 446\ 744\ 073\ 709\ 551\ 616$。一年有31 536 000s，如果1s移动一次金片，则18 446 744 073 709 551 616/31 536 000≈5 849亿，即需要约5 845亿年才能完成金片移动任务。这样的问题在现实中几乎是无法实现的，但我们可以借用计算机的超高速计算能力，在计算机中模拟实现。由此可见，借助现代计算机超强的计算能力，有效地利用计算思维，就能解决之前人类望而却步的很多大规模计算问题。

此外，计算机中文件夹的复制也是一个递归问题，因为文件夹是多层次的，复制文件夹时需要读取每一层文件夹中的文件进行复制。扫雷游戏中也有递归问题，当单击四周没有雷的点时往往会打开一片区域，没有雷的四周区域也没有雷，因此它的四周也会被打开，以此类推，就能打开一片区域。这些问题用递归的思维方法实现既清晰易懂，还能通过较为简单的程序代码实现。

1.4 章节实训——键盘分区与指法练习

键盘是计算机中最重要的输入设备之一，因此用户必须掌握键盘中按键的作用和指法，才能达到快速输入的目的。

微课：键盘
分区与指法练习

1. 键盘分区

以常用的107键键盘为例，按照各键功能和功能键盘区可将键盘分为主键盘区、编辑键区、小键盘区、状态指示灯区、功能键区5个部分，如图1-9所示。

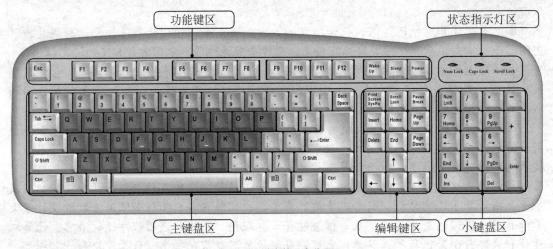

图1-9 键盘的5个分区

● **主键盘区**：主键盘区用于输入文字和符号，包括字母键、数字键、符号键、控制键和Windows功能键，共5排61个键。其中，字母键【A】～【Z】用于输入26个英文字母；数字键【0】～【9】用于输入相应的数字和符号。每个数字键由上下两种字符组成，因此又称双字符键。单独按数字键，将输入下档字符，即数字；如果按住【Shift】键不放再按数字键，将输入上档字符，即特殊符号；符号键中除了 ` 键位于主键区的左上角外，其余都位于主键盘区的右侧。与数字键一样，每个符号键也由上下两种不同的符号组成。

● **编辑键区**：编辑键区主要用于在编辑过程中控制光标。如按【Page Up】键可以翻到上一页，按【Page Down】键可以翻到下一页；按【Home】键使光标快速移至当前行的行首，按【End】键则使光标移至当前行的行尾；按【←】、【→】、【↑】、【↓】键，光标将向箭头方向相应移动一个字符，注意，这里只移动光标，不移动字符。

● **小键盘区**：小键盘区主要用于快速输入数字及移动光标。在使用小键盘区输入数字时，应先按小键盘区左上角的【Num Lock】键，此时状态指示灯区第一个指示灯亮，表示此时为数字状态，然后输入即可。

● **状态指示灯区**：状态指示灯区主要用来提示小键盘工作状态、大小写状态及滚屏锁定键的状态。

● **功能键区**：功能键区位于键盘的顶端，其中【Esc】键用于取消已输入的命令或字符，在一些软件中常起到退出的作用；【F1】～【F12】键称为功能键，在不同的软件中，各个键的功能有所不同，一般在程序窗口中按【F1】键可以获取该程序的帮助信息；【Power】键、【Sleep】键和【Wake Up】键分别用来控制电源、进入睡眠状态和唤醒睡眠状态。

2. 指法练习

正确的打字姿势可以提高打字速度，减轻疲劳程度，这点对于初学者来说非常重要。正确的打字姿势为：身体坐正，双手自然放在键盘上，腰部挺直，上身微前倾；双脚脚尖和脚跟自然地放在地面上，大腿自然平直；座椅的高度与计算机键盘、显示器的放置高度相适应，一般以双手自然垂放在键盘上时肘关节略高于手腕为宜；显示器的放置高度则以操作者坐下后，其目光水平线处于屏幕上的2/3处为宜。

准备打字时，将左手的食指放在【F】键上，右手的食指放在【J】键上，这两个键下方各有一个凸起的小横杠，用于左右手的定位，其他手指（除大拇指外）按顺序分别放置在相邻键位上，双手的大拇指放在空格键上，如图1-10所示。8个基准键位是指主键盘区第二排按键中的【A】、【S】、【D】、【F】、【J】、【K】、【L】、【；】8个键。打字时键盘的指法分区是：除大拇指外，其余8个手指各有一定的活动范围，把字符键划分成8个区域，每个手指负责输入该区域的字符，如图1-11所示。

图1-10　准备打字时手指在键盘上的位置

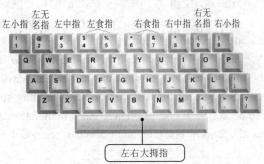

图1-11　键盘的指法分区

下面将手指轻放在键盘基准键位上，固定手指位置后，在记事本中练习输入以下字符。

A cover for British Vogue quickly followed and a new supermodel was born. One of the hardest-working models in the Nineties, Christensen regularly featured in ads for Armani and Karl Lagerfeld.

⚠ **提示**

（1）在桌面单击鼠标右键，在弹出的快捷菜单中选择【新建】/【文本文档】命令，可启动记事本程序并在桌面新建记事本文档。

（2）如果是大小写字母混合输入的情况，当大写字母在右手控制区内时，左小指按住【Shift】键不放，右手按字母键，然后同时松开并返回基准键位。同样，如果输入的大写字母在左手控制区，则用右小指按住【Shift】键不放，左手按字母键，然后回到基准键位即可。

（3）为了提高字符输入速度，一般要求不看键盘，将手指轻放在键盘基准键位上，固定手指位置。将视线集中于文稿，养成科学合理的"盲打"习惯。在练习键位时可以一边打字一边默念，便于快速记忆各个键位。

🧠 **思考·感悟**

从古代的算筹、算盘到今天的超级计算机，中华民族智慧成果传承不息，新时代青年大学生应积极传承中华优秀传统文化。

微课：计算机基础概述

课后练习

1. 简述计算机发展一共经历了几个阶段，每个阶段的计算机有何特点和功能。
2. 简述计算机的未来发展趋势以及未来各种类型计算机的特色。
3. 二进制、十进制和十六进制数制各由哪些数码表示，其计数规则又是怎样的？
4. 用二进制数表示十进制数55和75。
5. 计算二进制数111+1、101+1的结果。
6. 将八进制数540转换为二进制数，将十六进制数将5A8D转换为二进制数。
7. 将二制数11011010101、1011100110、101110111010转换为十六进制数。
8. 用二进制分别写出-36的原码、反码和补码。
9. 计算8TB等于多少MB，多少KB。
10. 启动记事本程序，按基准键位和指法分区的要求输入以下字符。

desf ftft ihwe qint vcew bgbg rtiw mnbj wein fiwn aane eiwn
jkln xsdo vgft iorm 1245 /.oim 147q klns 147w sonc 89ds wom2
fap;q 341[winq zp;3 /;p9 zpRR 34dn nxd5 -/p;q z\lw dqpz p;az

There was once a prince who wished to marry a princess; but then she must be a real princess. He travelled all over the world in hopes of finding such a lady; but there was always something wrong. Princesses he found in plenty; but whether they were real princesses it was impossible for him to decide, for now one thing, now another, seemed to him not quite right about the ladies.

CHAPTER

第2章
计算机系统

随着计算机的普及，使用计算机的人越来越多，但很多人在使用计算机时，并不了解计算机的工作原理，对计算机系统知之甚少。那么计算机系统包括哪些部分呢？计算机系统由硬件系统和软件系统组成，硬件系统是计算机赖以工作的实体，软件系统是计算机的精髓，两者协作运行可以解决实际问题。

本章将介绍计算机的工作原理、计算机的硬件系统、计算机的软件系统和微型计算机系统的相关知识，使读者对计算机系统有较深入的认识。

课堂学习目标

- 了解计算机的工作原理。
- 掌握计算机的硬件系统和软件系统。
- 掌握微型计算机系统。
- 学会连接计算机的硬件。

2.1 计算机的工作原理

随着计算机技术的快速发展，计算机的功能越来越强大，应用范围不断扩展，计算机系统也越来越复杂，但其工作原理和组成是大致相同的。计算机的原理主要分为存储程序和程序控制，即"存储程序控制"原理。这一原理最初由美籍匈牙利数学家冯·诺依曼提出，故称为冯·诺依曼原理。这一原理为计算机的逻辑结构设计奠定了基础，已成为计算机设计的基本原则。

冯·诺依曼原理具有以下3个核心要点。
- 采用二进制形式表示数据和指令。
- 将控制计算机操作的指令序列（程序）和数据预先存放在主存储器中（程序存储），使计算机在工作时能够高速地自动从存储器中读取数据和指令，并加以分析、处理和执行（程序控制）。

● 计算机硬件体系结构由控制器、运算器、存储器、输入设备、输出设备五大部件组成。

> 指令是指挥计算机进行基本操作的指示和命令，是计算机能够识别的一组二进制代码。通常一条指令对应一种基本操作。每条指令由操作码和操作数组成。操作码表示运算性质，即规定计算机要执行的基本操作类型；操作数指参加运算的数据及其所在的单元地址。程序则是对计算任务的处理对象和处理规则的描述，是按照一定顺序执行的、能够完成某一任务的指令集合。计算机之所以能够自动而连续地完成预定的操作，就是运行特定程序的结果。

2.2 计算机的硬件系统

尽管各种计算机在性能和用途等方面都有所不同，但其基本结构都遵循冯·诺依曼体系结构，因此人们便将符合这种体系结构的计算机称为冯·诺依曼计算机。

符合冯·诺依曼体系结构的计算机主要由控制器、运算器、存储器、输入设备和输出设备5个部分组成，这5个组成部分的逻辑关系如图2-1所示。

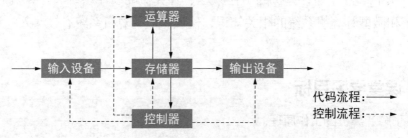

图2-1　计算机基本组成部分的逻辑关系

下面对计算机硬件系统各组成部分的功能进行简要介绍。

● 控制器：控制器是计算机的指挥中心，它可以根据程序执行每一条指令，并向存储器、运算器以及输入/输出设备发出控制信号，以达到控制计算机，使其有条不紊地进行工作的目的。控制器通常由一套复杂的电子电路组成，现在普遍采用的是超大规模集成电路。

● 运算器：运算器可以在控制器的控制下对存储器提供的数据进行各种算术运算（加、减、乘、除）、逻辑运算（与、或、非、异或）和其他处理（存数、取数等）。运算器的核心部件是加法器和高速寄存器，前者用于实时运算，后者用于存放参与运算的各类数据和运算结果。运算器与控制器都集成在一块大规模或超大规模的芯片中，共同构成了中央处理器（Central Processing Unit，CPU），中央处理器是整个计算机系统的核心，它被称为"计算机的心脏"。

● 存储器：存储器是计算机的记忆装置，它以二进制代码的形式存储程序和数据，分为内存储器和外存储器。内存储器是影响计算机运行速度的主要因素之一，外存储器主要有光盘、硬盘和U盘等，存储器中能够存放的最大信息数量称为存储容量，常见的存储单位有KB、MB、GB和TB等。

● 输入设备：输入设备是向计算机输入数据和信息的设备，是用户和计算机系统之间进行信息交换的主要装置，用于将数据、文本和图形等转换为计算机能够识别的二进制代码并将其输入计算机。

●**输出设备**：输出设备的功能与输入设备相反，它将计算机处理的结果以人们可以识别的数字、字符、图像和声音等形式输出。

由计算机的工作原理和计算机的硬件系统组成部件的逻辑关系，可以得出计算机的具体工作过程如下。

第一步，将指令和数据通过输入设备送入存储器。

第二步，启动运行后，计算机从存储器中取出指令运送到控制器中识别，分析该指令需要执行的操作。

第三步，控制器根据指令发出相应的命令（如加法、减法），将存储单元中存放的操作数据取出送往运算器进行运算，再把运算结果送回存储器指定的单元中。

微课：计算机
工作过程

第四步，当运算任务完成后，就可以根据指令将结果通过输出设备输出。

总结起来，计算机的工作过程就是顺序执行程序中包含的指令，即不断重复"取出指令、分析指令、执行指令"这一过程，直到程序的所有指令序列全部执行完毕，最后将计算的结果放入指令指定的存储器地址中，就完成了程序的运行，实现了相应的功能。

2.3　计算机的软件系统

计算机软件（Computer Software）简称软件，是指计算机系统中的程序及其文档（对程序进行描述的文本称为文档）。计算机软件系统和硬件系统相互依存，软件依赖于硬件的物质条件，硬件也只有在软件支配下，才能有条不紊地工作。

计算机之所以能够按照用户的要求运行，是因为计算机采用了程序设计语言（计算机语言），该语言是人与计算机沟通时需要使用的语言，用于编写计算机程序。计算机可通过该程序控制计算机的工作流程，从而完成特定的设计任务。可以说，程序设计语言是计算机软件的基础和组成部分。

计算机软件总体分为系统软件和应用软件两大类。

2.3.1　系统软件

系统软件是指控制和协调计算机及其外部设备，支持应用软件开发和运行的系统。其主要功能是调度、监控和维护计算机系统，同时负责管理计算机系统中各种独立的硬件，协调硬件之间的工作。系统软件是应用软件运行的基础，所有应用软件都是在系统软件上运行的。

系统软件主要分为操作系统、语言处理程序、数据库管理系统和系统辅助处理程序等，具体介绍如下。

●**操作系统**：操作系统（Operating System，OS）是计算机系统的指挥调度中心，它可以为各种程序提供运行环境。常见的操作系统有Windows和Linux等，如本书第3章所讲解的Windows 10就是一种操作系统。

●**语言处理程序**：语言处理程序是为用户设计的编程服务软件，用来编译、解释和处理各种程序所使用的计算机语言，是人与计算机相互交流的一种工具，包括机器语言、汇编语言和高级语言3种。由于计算机只能直接识别和执行机器语言，因此要在计算机上运行高级语言程序就必须配备语言翻译程序，不同的高级语言都有相应的语言翻译程序。

●**数据库管理系统**：数据库管理系统（Database Management System，DBMS）是一种操作和管理数据库的大型软件，它位于用户和操作系统之间，也是用于建立、使用和维护数据库的数据管理软件。数据库管理系统可以组织不同性质的数据，以便能够有效地查询、检索和管理这些数据。常用的数据库管理系统有SQL Server、Oracle和Access等。

●**系统辅助处理程序**：系统辅助处理程序也称软件研制开发工具或支撑软件，主要有编辑程序、调试程序等，该程序的作用是维护计算机的正常运行，如Windows操作系统中自带的磁盘整理程序等。

2.3.2　应用软件

应用软件是指一些具有特定功能的软件，即为解决各种实际问题而编制的程序，包括各种程序设计语言，以及用各种程序设计语言编制的应用程序。计算机中的应用软件种类繁多，这些软件能够帮助用户完成特定的任务，如编辑文章、制作报表可以使用WPS Office或Microsoft Office，这些软件都属于应用软件。常见的应用软件种类有办公、图形处理与设计、图文浏览、翻译与学习、多媒体播放和处理、网站开发、程序设计、磁盘分区、数据备份与恢复和网络通信等。

2.4　微型计算机系统

微型计算机简称"微型机""微机"，俗称电脑，是如今使用最广泛的计算机之一。微型计算机系统（简称"微机系统"）则是由微型计算机、显示器、输入/输出设备、电源及控制面板等组成的计算机系统，并配有操作系统、高级语言和多种工具性软件等。

下面将从微型计算机系统的发展、组成，微型计算机的基本结构、性能指标及常见故障的诊断与排除5个方面，全面介绍微型计算机系统的相关知识。

2.4.1　微型计算机系统的发展

微型计算机系统的主要核心部件是微处理器，因此微型计算机系统一般以微处理器来划分档次。下面将以微处理器的字长标准介绍其发展大致经历的几个阶段。

1．第一代（1971—1973年）

1971年，Intel公司成功研制出4位微处理器Intel 4004，标志着第一代微处理器问世，拉开了微型计算机时代的序幕。该阶段的微处理器多用于家电和简单控制场合，其基本特点是采用PMOS工艺，集成度低，系统结构和指令系统都比较简单，指令数目较少。

2．第二代（1974—1977年）

第二代微处理器始于1974年Intel公司推出的8位微处理器Intel 8080，典型的微处理器产品有Intel公司的Intel 8085、Motorola公司的M6800及Zilog公司的Z80等。该阶段微处理器的基本特点是采用NMOS工艺，指令系统比较完善，集成度和运算速度有显著提高。

3．第三代（1978—1984年）

第三代微处理器诞生于1978年，该年Intel公司推出了16位微处理器Intel 8086，典型的微处理器产品有Intel公司的8088、80286，Motorola公司的M68000，Zilog公司的Z8000等。该阶段微处理器的特点是采用HMOS工艺，指令系统更加丰富、完善，集成度和运算速度都比第二代微处理器提高了一个数量级。

这一时期的著名微型计算机产品是IBM的个人计算机。1981年IBM推出了以8088微处理器为核心的个人计算机IBM-PC；1984年IBM推出了以80286微处理器为核心的16位增强型个人计算机IBM-PC/AT。

4. 第四代（1985—2000 年）

第四代微处理器始于1985年Intel公司推出32位的80386微处理器。1989年Intel公司又推出了80486微处理器。这时期的典型微处理器产品有Motorola公司的M68030/68040，AMD公司的80386/80486等。这些微处理器的特点是采用HMOS或CMOS工艺，具有32位地址线和32位数据总线，每秒可完成600万条指令。这一时期微型计算机的功能已经达到甚至超过超级小型计算机，完全可以胜任多任务、多用户的作业。微型计算机的应用扩展到很多的领域，如商业办公和计算、工程设计和计算、数据中心、个人娱乐等。

1993年、1997年和1999年，Intel公司分别推出了高性能的32位奔腾（Pentium）系列微处理器——Pentium、Pentium II 和Pentium III。2000年，Intel公司推出了Pentium III 1GHz的微处理器，使个人计算机上微处理器的主频突破了千兆赫兹。以奔腾为代表的微处理器内部采用了超标量指令流水线结构，并具有相互独立的指令和数据高速缓存，使微型计算机的发展在网络化、多媒体化和智能化等方面跨上了更高的台阶。

5. 第五代（2001 年至今）

2001年Intel公司发布了64位的安腾（Itanium）微处理器。2003年4月，AMD公司推出了基于64位运算的皓龙（Opteron）微处理器。2003年9月，AMD公司的速龙（Athlon）微处理器问世，64位计算机逐渐普及。

微处理器的发展基本遵循了摩尔定律。摩尔定律认为微处理器的性能通常18~24个月便能增加一倍。微处理器之后的发展都是在32位和64位微处理器的基础上，采用更先进的制造工艺，进一步降低微处理器的功耗，以及优化微处理器的电路尺寸和性能。

2.4.2 微型计算机系统的组成

从外观上看，微型计算机系统主要由主机、显示器、鼠标和键盘等部分组成。主机背面有许多插孔和接口，用于接通电源和连接键盘、鼠标等输入设备；而主机箱内则包含微处理器、主板、内存储器和硬盘等硬件。图2-2所示为微型计算机系统的外观组成和主机内部的主要硬件。

微课：微机组装演示

图2-2 微型计算机系统的外观组成和主机内部的主要硬件

下面将按类别对微型计算机系统的主要硬件进行详细介绍。

1. 微处理器

微处理器是由一片或少数几片大规模或超大规模集成电路组成的中央处理器，这些电路执行控制部件和算术逻辑部件。微处理器既是计算机的指令中枢，又是系统的最高执行单位，其外观如图2-3所示。微处理器主要负责执行指令，是微型计算机系统的核心组件，也是影响计算机系统运算速度的重要因素。目前，微处理器的生产厂商主要有Intel、AMD、威盛（VIA）和龙芯（Loongson）等，市场上主要销售的微处理器产品大多是由Intel和AMD公司生产的。

图2-3 微处理器的外观

2. 主板

主板（Main Board）也称为"主机板"或"系统板（System Board）"，从外观上看，主板是一块方形的电路板，如图2-4所示，主板上布满了各种电子元器件、插座、插槽和各种外部接口，它可以为微型计算机的所有部件提供插槽和接口，并通过其中的线路统一协调所有部件的工作。

随着主板制板技术的发展，主板已经能够集成很多计算机硬件，如微处理器、显卡、声卡、网卡、BIOS（Basic Input/Output System，基本输入/输出系统）芯片和南北桥芯片等，这些硬件都可以以芯片的形式集成到主板上。其中，显卡主要用于计算机中图形与图像的处理和输出，数字信号通过显卡转换成模拟信号后显示器才能显示图像；声卡的主要功能是转换麦克风、光盘等原始声音信号，然后将其输出到耳机、音响等声音设备中；网卡又称网络适配器，是用于在网络和计算机之间接收和发送数据信息的设备；BIOS芯片是一块矩形的存储器，里面存有与该主板搭配的基本输入/输出系统程序，能够让主板识别各种硬件，并设置引导系统的设备和调整微处理器外频等；南北桥芯片通常由南桥芯片和北桥芯片组成，南桥芯片主要负责硬盘等存储设备和PCI（Peripheral Component Interconnect，外设部件互连标准）总线之间的数据流通，北桥芯片主要负责处理微处理器、内存储器和显卡三者间的数据交流。

图2-4 主板的外观

除了主板集成显卡、声卡和网卡外，还有独立显卡、声卡和网卡，即独立的板卡，需要插在主板的显卡、声卡和网卡相应的接口上。独立网卡和集成网卡区别不大，而独立显卡和声卡的性能一般优于集成显卡和声卡。

3. 总线

总线（Bus）是微型计算机各种功能部件之间传送信息的公共通信干线，主机的各个部件通过总线相连接，外部设备通过相应的接口电路与总线相连接，从而形成了微型计算机的硬件系统，因此，总线被形象地比喻为"高速公路"。微型计算机系统的总线按功能可分为数据总线、地址总线和控制总线，分别用来传输数据、地址信息和控制信号。

● **数据总线**：数据总线用于在微处理器与随机存储器（Random Access Memory，RAM）之间来回传送需处理、存储的数据。

● **地址总线**：地址总线用于传送CPU向存储器、输入/输出接口设备发出的地址信息。

● **控制总线**：控制总线用于传送控制信号，这些控制信号包括微处理器对内存储器和输入/输出接口的读写信号、输入/输出接口对微处理器提出的中断请求等信号，以及微处理器对输入/输出接口的回答与响应信号、输入/输出接口的各种工作状态信号和其他各种功能控制信号。

目前，常见的总线标准有工业标准结构（Industry Standard Architecture，ISA）总线、外设部件互连标准（Peripheral Component Interconnect，PCI）总线和扩展工业标准结构（Extended Industry Standard Architecture，EISA）总线等。

4. 存储器

微型计算机系统中的存储器包括内存储器和外存储器两种，其中，内存储器简称"内存"，也叫主存储器，是计算机用来临时存放数据的地方，也是微处理器处理数据的中转站，内存的容量和存取速度直接影响微处理器处理数据的速度。图2-5所示为两款不同的DDR4内存储器。

图2-5 两款不同的DDR4内存储器

从工作原理上说，内存一般采用半导体存储单元，包括随机存储器、只读存储器（Read-Only Memory，ROM）和高速缓冲存储器（Cache）。平常所说的内存通常是指随机存储器，既可以从中读取数据，又可以写入数据，当计算机断电时，存于其中的数据会丢失。只读存储器一般只能读取数据，不能写入数据，即使计算机断电，这些数据也不会丢失，如BIOS ROM。高速缓冲存储器是指介于微处理器与内存之间的高速存储器，通常由静态随机存取存储器（Static Random Access Memory，SRAM）构成。

外存储器简称"外存"，是指除计算机内存及微处理器缓存以外的存储器，一般来说，计算机断电后此类存储器仍然能保存数据，常见的外存储器有硬盘和可移动存储设备（如U盘）等。

● **硬盘**：硬盘是计算机中最大的存储设备，通常用于存放永久性的数据和程序。目前，硬盘有机械硬盘和固态硬盘两种。机械硬盘如图2-6所示，其内部结构比较复杂，主要由主轴电机、盘片、磁头和传动臂等部件组成。在机械硬盘中，通常将磁性物质附着在盘片上，并将盘片安装在主轴电机上，当硬盘开始工作时，主轴电机将带动盘片一起转动，盘片表面的磁性物质将在电路和传动臂的控制下移动，并将指定位置的数据读取出来，或将数据存储到指定的位置。硬盘容量是选购机械硬盘的主要性能指标之一，包括总容量、单片容量和盘片数3个参数。其中，总容量是机械硬盘能够存储数据量的一项重要指标，通常以TB为单位，目前主流机械硬盘容量为1TB～10TB。固态硬盘（Solid State Drive，SSD）是目前最热门的硬盘类型之一，如图2-7所示，是用固态电子存储芯片阵列制成的硬盘，其优点是数据读写速度都非常快；缺点是容量较小；价格较为昂贵。

●**可移动存储设备：**可移动存储设备包括移动USB（Universal Serial Bus）盘（简称"U盘"，如图2-8所示）和移动硬盘等。这类设备即插即用，容量也能满足人们的需求，是计算机常用的附属配件。

图2-6　机械硬盘　　　　　　图2-7　固态硬盘　　　　　　图2-8　U盘

5. 电源

电源是微型计算机系统的"心脏"，一台微型计算机的正常运行离不开一个稳定的电源为其提供所需的能源。常见电源的外观如图2-9所示。

图2-9　电源的外观

6. 输入设备

鼠标、键盘、扫描仪、摄像头、光笔、手写输入板、游戏杆和语音输入装置等都属于输入设备。下面介绍常用的3种输入设备。

●**鼠标：**鼠标是微型计算机的主要输入设备之一，因为其外形与老鼠类似，所以被称为"鼠标"。根据鼠标按键的数量可以将鼠标分为三键鼠标和两键鼠标；根据鼠标的工作原理可以将鼠标分为机械鼠标和光电鼠标。另外，还有无线鼠标和轨迹球鼠标等类型。

●**键盘：**键盘是微型计算机的另一种主要输入设备，是用户和计算机进行交流的工具，用户可以通过键盘直接向计算机输入各种字符和命令，简化计算机的操作。不同生产厂商生产出的键盘型号不同，目前常用的键盘有107个键位。

●**扫描仪：**扫描仪是利用光电技术和数字处理技术，以扫描的方式将图形或图像信息转换为数字信号的设备，其主要功能是对文字和图像进行扫描与输入。

7. 输出设备

常见的输出设备有显示器、打印机、绘图仪、影像输出系统、语音输出系统和磁记录设备等。下面介绍常用的5种输出设备。

●**显示器：**显示器是微型计算机的主要输出设备，其作用是将显卡输出的信号（模拟信号或数字信号）以肉眼可见的形式表现出来。目前主要有两种显示器，一种是液晶显示器（Liquid Crystal Display，LCD），如图2-10所示；另一种是阴极射线管（Cathode Ray Tube，CRT）显示器，如图2-11所示。液晶显示器是目前市场上的主流显示器，具有辐射低、屏幕不会闪烁、工作电压低、功耗小、重量轻和体积小等优点，但该显示器的画面颜色还原度不及阴极射线管显示器。显示器的常见尺寸包括17英寸（1英寸=2.54厘米）、19英寸、20英寸、22英寸、24英寸、26英寸、29英寸等。

图2-10 液晶显示器

图2-11 CRT显示器

● 打印机：打印机也是微型计算机常见的输出设备，在办公中经常用到，其主要功能是对文字和图像进行打印输出。

● 投影仪：投影仪又称投影机，是一种可以将图像或视频投射到幕布上的设备。投影仪可以通过特定的接口与微型计算机相连接并播放相应的图像或视频信号，是一种负责输出的微型计算机周边设备。

● 音箱：音箱在音频设备中的作用类似于显示器，可直接连接声卡的音频输出接口，并将声卡传输的音频信号输出为人们可以听到的声音。需要注意的是，音箱是整个音响系统的终端，只负责声音输出。音响则通常是指声音产生和输出的一整套系统，音箱是音响的一部分。

● 耳机：耳机是一种音频设备，它接收媒体播放器或接收器发出的信号，利用贴近耳朵的扬声器将其转化成人们可以听到的音波。

2.4.3 微型计算机的基本结构

微型计算机的基本结构和基本功能与计算机大致相同，但由于微型计算机一般采用了超大规模集成电路组件及特定的总线结构，使其具有了更简单、更规范的系统结构和易于扩充的特点。

典型的微型计算机的基本结构包括微处理器、存储器和输入/输出子系统（包括输入/输出接口和输入/输出设备）三个主要部分，它们三者由系统总线连接，构成一个有机的整体。图2-12所示为微型计算机的基本结构。

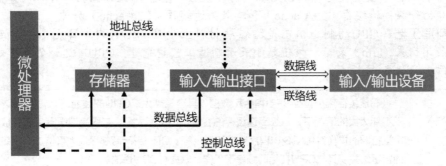

图2-12 微型计算机的基本结构

2.4.4 微型计算机的性能指标

微型计算机的性能指标主要是指各硬件设备的性能指标。下面对微型计算机主要硬件设备的性能指标进行介绍。

1. CPU 的性能指标

CPU的性能指标主要体现在字长、内核、主频、前端总线频率、缓存和制造工艺等方面，下面分别进行介绍。

●**字长**：字长是CPU能同时在单位时间内一次性处理的二进制数的位数，所以能处理字长为32位的CPU为32位CPU，相应地，配置有32位CPU的微型计算机也称为32位机，即这台微型计算机用32个二进制位（4个字节）表示一个字。字长是衡量微型计算机性能的一个重要指标，字长越长，数据所包含的位数越多，微型计算机的数据处理速度越快。

●**内核**：CPU内核即CPU核心，是CPU中间的核心芯片。它是由单晶硅以一定的生产工艺制造出来的，CPU所有的计算、接收/存储命令和处理数据都由内核完成。目前CPU的发展方向已经转到多核（即1个CPU内部有2个或多个核心）和性能功耗比上，采用多核设计，CPU的性能功耗比将得到显著改善。未来的CPU将不仅仅增加处理核心，还会加入面对不同应用的专用核心，如压缩、语音识别和物理运算等都可由专用的核心负责，每个核心之间采用交错式连接结构，以提升CPU的运行效率。

●**主频**：CPU的主频是指微型计算机运行时的工作频率。它代表了CPU的实际数据处理速度，单位有Hz、KHz、MHz和GHz。理论上CPU的频率越高，在一个时钟周期内处理的指令数也就越多，CPU的运算速度也就越快，其性能越高。CPU的实际频率与其外频和倍频的计算公式：实际频率＝外频×倍频。

外频是CPU的基准频率，是CPU与微型计算机的其他部件（主要是主板）之间同步运行的速度。外频速度越快，CPU就可在同一时间内处理更多来自其他部件的数据。倍频是CPU的实际频率与外频之间的换算系数。在外频不变的情况下，倍频越大，CPU的实际频率就越高，运算速度也就越快。

●**前端总线频率**：前端总线频率直接影响CPU与内存交换数据的速度。数据传输的最大带宽取决于所有同时传输的数据宽度和前端总线频率。其计算公式为：数据带宽＝（前端总线频率×数据位宽）÷8，如前端总线频率为800MHz，CPU的位宽为32位，则CPU与主板的数据交换速度为：800×32÷8＝3 200（MB/s）。

●**缓存**：缓存（Cache）又称为高速缓存，它是数据进行高速传输的存储器，其大小也是CPU的重要指标之一。由于CPU运行速度远高于内存和硬盘等存储器，因此有必要将常用的指令和数据等放进缓存，让CPU在缓存中直接读取，以提升微型计算机的性能。CPU的缓存分为一级高速缓存（L1 Cache）和二级高速缓存（L2 Cache）两种。

●**制造工艺**：CPU的制造工艺是指在硅材料上生产CPU时内部各元器材的连接线宽度，一般用微米（μm）表示。该值越小表示制造工艺越先进，CPU可达到的频率越高，集成的晶体管就越多。

一级高速缓存用于暂存CPU指令和数据，其容量越大，CPU的性能越高，但在CPU管芯面积不能太大的情况下，一级高速缓存的容量也不可能太大。二级高速缓存用于存放微型计算机运行时的操作系统指令、程序数据和地址等。CPU生产商都尽最大可能加大二级高速缓存的容量，并使其与CPU在相同频率下工作，以提高CPU性能。

2. 主板的性能指标

主板的性能指标主要体现在内存的支持类型、CPU的支持类型、CPU的温度检测和BIOS技术等方面，下面分别进行介绍。

- **内存的支持类型**：主板的内存插槽的类型表现了主板内存的支持类型，一般内存插槽的线数与内存条的引脚数是对应的，同时内存插槽的数量也表现了主板的扩展性能。随着计算机系统软件和应用软件的升级换代，计算机对内存容量的要求也越来越高，而各主板对内存所支持的频率和容量不尽相同，目前主流主板所支持的内存容量为2GB~24GB。

- **CPU的支持类型**：通常CPU插座的类型是区分主板类型的主要标志，不同的主板类型虽然结构相似，但必须要与对应的CPU搭配才能使用。由于CPU只有在相应主板的支持下才能达到其额定频率，而CPU的外频由其自身决定，加上技术的限制，主板支持的倍频也有限，这样就使得主板支持的CPU最高主频也受到限制。因此，主板必须能支持所选的CPU，并且要预留一定的升级空间。

- **CPU的温度检测**：主板一般具有CPU温度检测报警功能。CPU温度过高会导致系统工作不稳定或者死机，甚至损坏CPU，所以对CPU的温度检测相当重要，它会在CPU温度超出安全范围时发出警告检测。一般温度的探头有两种，一种集成在CPU之中，依靠BIOS的支持；另一种安装在主板上面，通常是一颗热敏电阻，这两种探头都通过温度的改变来改变自身的电阻值，让温度检测电路探测到电阻的改变。

- **BIOS技术**：目前大多数主板都采用了快闪存储器（Flash ROM），它是一种电子式可清除程序化只读存储器的形式，允许在操作中被多次擦或写的存储器，用户可以更改其中的内容以便随时升级。但是这使得BIOS容易受到病毒的攻击，而BIOS一旦受到攻击，主板将不能工作，于是各大主板厂商对BIOS采用了各种防病毒的保护措施。因此，BIOS是否能方便升级，以及是否具有较好的防病毒功能是主板的重要性能指标之一。

3. 内存的性能指标

内存的性能指标主要包括容量、频率、数据宽度和带宽等，下面分别进行介绍。

- **容量**：内存容量受到主板支持最大容量的限制，就目前主流微型计算机而言，该限制仍是阻碍。单条内存的容量通常为2GB、4GB和8GB等，内存的容量由其芯片的容量大小决定。

- **频率**：内存频率用来表示内存的运行速度，以MHz为计量单位。内存频率越高，其运行的速度就越快。内存发展至今，已经来到了DDR4时代。从2 133MHz、2 400MHz的入门级频率到3 000MHz、3 600MHz的主流频率，再到4 000MHz甚至更高的频率，多种多样的频率极大地丰富了人们的选择。

- **数据宽度和带宽**：内存的数据宽度是指内存同时传输数据的位数，以bit为单位；数据带宽是指内存一次性能处理的数据宽度，也就是一次性能处理数据的位数。30线内存条的数据带宽是8bit，72线内存条为32bit，168线内存条可达到64bit。

4. 显卡的性能指标

显卡性能主要指芯片能够提供的图形函数计算能力，显卡的性能指标主要包括显存（显卡内存）位宽、显存容量、显存速度和显示芯片等，下面分别介绍。

- **显存位宽**：显存位宽是显存在一个时钟周期内所能传送数据的位数，位数越大则瞬间所能传输的数据量越大，数据的吞吐量越大，显卡的性能也就越好。

- **显存容量**：显存担负着微型计算机系统与显卡之间数据交换以及显示芯片运算3D图形时的数据缓存，因此，显存的大小决定了显示芯片处理的数据量大小，如当其他性能相同时，显存容量越大，则显卡性能就越好。

●**显存速度**：目前的显存类型主要有DDR2、DDR3、DDR4和DDR5这4种，其速度取决于显存的运行频率和时钟周期，影响着显存每次处理数据需要的时间。显存芯片的工作速度越快，单位时间内交换的数据量也就越大，在同等条件下显卡处理图形图像的性能也将明显提高。显存的运行频率以MHz为计量单位，时钟周期则以ns（纳秒）为计量单位。其计算公式为：运行频率＝1÷时钟周期×1 000。

●**显示芯片**：显示芯片的性能直接决定了显卡的定位，显示芯片在显卡中的作用就相当于CPU在微型计算机中的作用。目前，普通功能的显卡一般采用单芯片设计的方式，而专业的工作站显卡采用的是多个显示芯片组合的方式。

5. 声卡的性能指标

声卡的性能指标决定了声音的输出效果，其中音频处理芯片的性能直接影响声卡的性能，可以说音频处理芯片的性能指标就是声卡的性能指标，其具体性能指标介绍如下。

●**声音采样位数和采样频率**：对音频信息进行录制与回放是声卡的主要功能之一，在这个过程中音频的采样位数和采样频率决定了音频的质量。采样位数是声卡处理音频的解析度，该数值越大，解析度就越高，录制和回放的声音就越真实。采样频率是录音设备每秒采样音频信号的次数，其值越高，声音的还原就越真实、自然，主流声卡的采样频率有22.05kHz、44.1kHz和48kHz等。

●**数字/模拟转换器**：微型计算机所能处理的都是数字信号，所以声卡上必须备有数字/模拟转换器，也称为DAC（Digital-to-Analog Converter）。从结构上分，声卡可分为模数转换电路和数模转换电路两部分。模数转换电路负责将麦克风等录音输入设备采集到的模拟声音信号转换为计算机能处理的数字信号；而数模转换电路负责将数字声音信号转换为音箱等设备能使用的模拟信号。因此，DAC的品质也就决定了整个声卡的音质输出品质。

●**声道数量**：声道数量是判断声卡性能的一个重要标志，表示声卡能模拟的声音源的具体个数。支持的声道数量越多，再配合相应的音箱，可使用户获得身临其境的听觉感受。目前常见的有2.0声道（双声道立体声）、4.1声道（4声道+超重低音声道）、5.1声道（5声道+超重低音声道）和7.1声道（7声道+超重低音声道）等。

6. 网卡的性能指标

网卡的性能指标主要体现在传输速率、总线类型和电缆接口类型3个方面，下面分别进行介绍。

●**传输速率**：网卡的传输速率是指网卡每秒接收或发送数据的能力，单位是Mbit/s（兆位/秒）。由于存在多种规范的以太网，所以网卡也存在多种传输速率，以适应它所兼容的以太网。目前网卡在标准以太网中速率为10Mbit/s，在快速以太网中速率为100Mbit/s，在千兆以太网中速率为1 000Mbit/s，另外还有万兆以太网。

●**电缆接口**：目前常见的网卡电缆接口类型主要有以太网的RJ-45接口、同轴电缆的BNC接口、粗同轴电缆的AUI接口、FDDI接口和ATM接口等。RJ-45接口是目前最常见，也是应用最广泛的接口类型之一。

●**总线类型**：微型计算机中常见的网卡总线类型有ISA、EISA、VESA、PCI和PCMCIA等。在服务器上通常使用PCI或EISA总线的智能型网卡，工作站则可采用PCI或ISA总线的普通网卡，笔记本电脑则采用PCMCIA总线的网卡或并行接口的便携式网卡。目前PC基本上已不再支持ISA连接，多使用PCI网卡。

7. 硬盘的性能指标

硬盘的性能主要由硬盘的容量、缓存、转速、平均访问时间和传输速率等因素决定,下面分别进行介绍。

● **容量**:作为微型计算机系统的数据存储器,硬盘最主要的参数是容量。硬盘的容量以吉字节(GB)或太字节(TB)为单位,1TB=1 024GB。但硬盘厂商在标称硬盘容量时通常取1TB=1 000GB,因此在BIOS中或格式化硬盘时所看到的容量会比厂家的标称值要小。目前的主流硬盘容量为500GB~2TB。

● **缓存**:缓存(Cache Memory)是硬盘控制器上的一块内存芯片,具有极快的存取速度,它是硬盘内部存储和外界接口之间的缓冲器。由于硬盘的内部数据传输速度和外界介面传输速度不同,缓存在其中起一个缓冲的作用。缓存的大小与速度是影响硬盘传输速度的重要因素,它能够大幅度地提升硬盘整体性能。目前主流SATA硬盘的缓存有16MB、32MB和64MB。

● **转速**:转速(Rotational Speed 或 Spindle Speed)是硬盘内主轴电机的旋转速度,也就是硬盘盘片在一分钟内所能完成的最大转数。它是决定硬盘内部传输速率的关键因素之一,在很大程度上直接影响到硬盘的存取速度。硬盘转速以每分钟多少转来表示,单位为r/min(即转/分)。转速的值越大,内部传输速率就越快,访问时间就越短,硬盘的整体性能也就越好。目前大多数台式计算机硬盘的转速为7 200r/min~10 000r/min,而笔记本电脑硬盘的转速一般为5 400r/min。

● **平均访问时间**:平均访问时间(Average Access Time)是指磁头从起始位置到达目标磁道位置,并且从目标磁道上找到要读写的数据扇区所需的时间。平均访问时间体现了硬盘的读写速度,它包括了硬盘的寻道时间和等待时间两个变量,即:平均访问时间=平均寻道时间+平均等待时间。平均寻道时间(Average Seek Time)是指硬盘在盘面上移动磁头至指定磁道寻找目标数据所用的时间,它表现了硬盘读/写数据的能力,单位为ms。目前硬盘的平均访问时间通常在8ms~12ms,而SCSI硬盘则应小于或等于8ms。

● **传输速率**:硬盘的传输速率(Data Transfer Rate)是指硬盘读写数据的速度,单位为兆字节每秒(MB/s)。硬盘传输速率又包括内部传输速率和外部传输速率两种。内部传输速率是指硬盘磁头与缓存之间的数据传输速率,外部传输速率是系统总线与硬盘缓冲区之间的数据传输速率,也就是计算机通过硬盘接口从缓存中将数据读出交给相应控制器的速率。

8. 电源的性能指标

电源的性能指标主要包括抗干扰性、散热性、保护性和低噪声等,下面分别进行介绍。

● **抗干扰性**:电磁对电网的干扰会对电子设备造成不良影响,也会给人体健康带来危害。国际标准化组织对电磁干扰和射频干扰都制定了若干标准,标准要求电子设备的生产厂商使产品的辐射和传导干扰必须达到一个可接受的范围。若电源没有抗干扰的性能,将会对微型计算机内部部件造成损害。

● **散热性**:充分排散电源内产生的大量热量,可以延长电源的寿命。

● **保护性**:当直流电流过大、电压过大、空载或负载发生短路时,能够自动切断电源,保持截流状态,在故障消失后,还能自动恢复正常供电功能。

● **低噪声**:电源风扇运转稳定,工作时不发出噪声。而多数噪声较大的电源是构件震动、风扇的扇叶不平衡和转轴偏心等原因造成的。

2.4.5 微型计算机常见故障的诊断与排除

造成微型计算机故障的原因很多,但并不是任何故障都需找专业的修理人员处理。对于一些简单的问题，用户可自行解决。下面从硬件故障处理、软硬件安装故障处理和使用故障处理3方面，详细介绍微型计算机常见故障的诊断与排除。

1. 硬件故障处理

硬件是支持微型计算机运行的基础，如果出现故障，可能导致微型计算机无法有效运行。因此，了解常见的硬件故障处理为用户使用微型计算机正常工作提供了保证。下面将对一些简单、常见的硬件故障及故障诊断排除方法进行介绍。

（1）CPU散热故障

故障表现：CPU的散热故障主要表现为黑屏、重启或死机等，严重的甚至会烧毁CPU。

故障诊断与排除：此类故障原因包括散热风扇停转、散热器与CPU接触不良以及CPU超频导致发热量过大等。可根据具体情况更换CPU风扇、在散热器和CPU之间涂抹硅脂或将CPU恢复到正常状态停止超频等。

（2）风扇故障导致微型计算机不断重启

故障表现：使用微型计算机时，开机使用不到几分钟就自动重启，并且会不断重启，关闭微型计算机等待一段时间后再开机使用的时间稍长一些，但是几分钟后又会重复出现自动重启现象。

故障诊断与排除：在其他部件都没问题的情况下，从故障表象分析，应该是散热问题，可能是主板侦测到CPU温度过高时采取的自动保护措施。可先不安装机箱挡板，接通电源启动微型计算机，若CPU风扇没有转动，可更换一个新的散热风扇。

现在CPU的运算速度越来越快，对散热风扇的要求也越来越高，所以用户如有组装微型计算机的需要应选择质量过硬的CPU风扇，避免因散热问题导致CPU烧毁。

（3）主板无法识别内存条

故障表现：微型计算机使用一直正常，突然开机后系统提示内存条无法被主板识别。

故障诊断与排除：要处理该故障，可分别从内存条和主板内存插槽两方面考虑，下面分别进行介绍。

●替换内存条：将一根正常的内存条安装在该主板上，如果故障消失，说明内存条损坏，更换一根正常的内存条即可。如果还是出现相同的故障，可以判定不是内存条的问题，初步判定故障可能由主板内存插槽引起。

●检查主板内存插槽：查看主板内存插槽，并用万用表进行测量，如果内存插槽上的引脚与对应芯片之间出现断路，将断点重新焊接后可排除故障。

（4）内存损坏导致启动微型计算机时报警

故障表现：启动微型计算机时听到的不是"嘀"的一声，而是"嘀、嘀、嘀"的声音连续响起，显示器也没有图像显示。

故障诊断与排除：出现这种故障大多数是微型计算机的使用环境差，湿度过大，在长时间使用微型计算机的过程中，内存的金手指表面氧化，造成内存金手指与内存插槽的接触电阻增大，阻碍电流通过，因而出现内存自检错误。故障表现为每次启动微型计算机就会一直出现"嘀嘀"的声音，也就是通常所说的"内存报警"。排除该故障的方法很简单，取下内存，使用橡皮擦将内存两面的金手指仔细擦除干净，再插回内存插槽即可。

（5）虚拟内存不足

故障表现：在运行多个应用程序时，微型计算机出现反应迟缓的现象，之后出现"虚拟内存不足"的提示。

故障诊断与排除：在Windows操作系统中，虚拟内存主要用于动态管理运行时的交换文件，当内存容量不够时，系统会将一些暂时存储的数据写入硬盘的空闲空间，当需要时再以交换文件的形式读取这些数据，这个硬盘的空闲空间就称为"虚拟内存"。下面将介绍手动修改虚拟内存的数值解决虚拟内存不足的故障，其具体操作如下。

步骤1： 在桌面的"此电脑"图标上单击鼠标右键，在弹出的快捷菜单中选择"属性"命令，打开"系统"窗口，在左侧窗格中单击"高级系统设置"超链接。

步骤2： 在打开的对话框中选择"高级"选项卡，在"性能"栏中单击"设置"按钮。

步骤3： 打开"性能选项"对话框的"高级"选项卡，在"虚拟内存"栏中单击"更改"按钮。

步骤4： 打开图2-13所示的"虚拟内存"对话框，取消选中"自动管理所有驱动器的分页文件大小"复选框，单击选中"自定义大小"单选项。在"初始大小"和"最大值"文本框中输入较大数值。

步骤5： 依次单击"确定"按钮。

（6）显示器显示图像闪烁

故障表现：显示器的图像有严重闪烁现象。

故障诊断与排除：这种故障可能是微型计算机当前的分辨率超出了显卡和显示器支持的范围而造成的，只需将分辨率设置为显卡和显示器支持的范围之内即可。下面将介绍设置分辨率的方法，其具体操作如下。

步骤1： 在桌面空白处单击鼠标右键，在弹出的快捷菜单中选择"显示设置"命令。

步骤2： 打开"设置"窗口的"显示"界面，如图2-14所示，在"显示分辨率"下拉列表框中选择显卡和显示器支持范围内的分辨率，一般可选择系统推荐的分辨率选项。

图2-13 "虚拟内存"对话框　　　　　图2-14 "显示"窗口

2．软硬件安装故障处理

在使用微型计算机时，为了实现某种功能或添加某种设备，会安装相应的软件和硬件，但在进行这些操作时可能会遇到各种安装问题，下面介绍5种常见的软硬件安装问题的诊断与排除。

（1）无法安装软件

在微型计算机中安装软件时，会因为不同的情况造成无法正常安装软件的问题，下面对常见的无法安装软件问题的处理办法进行简单介绍。

●**安装程序损坏：** 在安装软件时，若提示软件已被损坏或无法进入安装向导进行安装，则需更换安装程序再进行软件的安装。保证安装程序的完好和不被病毒感染是软件安装的首要事项。

●**硬件要求**：当微型计算机硬件达不到软件安装的要求时同样会造成软件无法安装和使用。这时可使用升级硬件或更换对硬件要求低的软件解决问题。

●**病毒感染**：如果微型计算机因病毒感染而无法安装软件，可以先使用杀毒软件查杀病毒，然后重新安装软件。

●**程序冲突**：如果微型计算机因程序冲突而无法安装软件，可通过"Windows任务管理器"减少系统实时运行的程序或卸载冲突的程序。

（2）无法进入安装界面安装软件

故障表现：在Windows操作系统中安装软件时，安装界面总是一闪而过，导致无法进行软件的安装。

故障诊断与排除：安装软件时，系统首先会执行自解压操作。一般来说，安装文件会解压到系统默认的临时文件夹中，正式进行安装时要从这些临时文件夹中再次解压。这样，解压所需要的磁盘空间可能大于系统盘（C盘）剩余空间而导致无法安装软件。此时可把这些临时文件设置到其他磁盘（如D盘）中，其具体操作如下。

步骤1：在桌面上的"此电脑"图标上单击鼠标右键，在弹出的快捷菜单中选择"属性"命令，打开"系统"窗口，在左侧窗格中单击"高级系统设置"超链接。

步骤2：切换至"系统属性"对话框的"高级"选项卡，单击"环境变量"按钮。

步骤3：打开"环境变量"对话框，如图2-15所示，在"ASUS的用户变量"列表框中选择"TEMP"选项。

步骤4：单击"编辑"按钮。

步骤5：打开"编辑用户变量"对话框，如图2-16所示，在"变量值"文本框中输入"D:\Temp"。

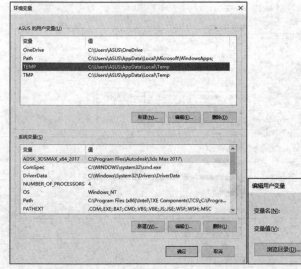

图2-15 "环境变量"对话框

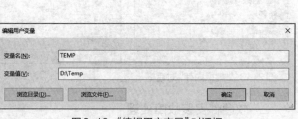

图2-16 "编辑用户变量"对话框

步骤6：单击"确定"按钮。

（3）无法运行软件

有时用户成功地安装了软件，但是却无法运行软件，下面对无法运行软件的常见故障进行介绍。

●**程序冲突**：软件的运行同样受程序冲突的影响，当存在与之相冲突的程序，导致无法运行该软件时，应减少系统实时运行的程序或关闭冲突程序。

●**内存不足**：在内存不足且运行程序过多时运行软件，如出现无法打开软件的情况，可关闭一些不重要的程序。

●**硬件配置过低**：硬件配置过低会影响软件的运行，对于这种情况可以升级系统硬件配置。

●**病毒感染**：当软件被病毒感染后会导致其无法运行，这时可使用杀毒软件对病毒进行查杀，然后重新安装软件使其正常运行。

（4）硬件无法被识别

为微型计算机添加新硬件后，发现新硬件无法被系统识别，出现这种故障可以从以下4方面进行分析。

●**检查硬件的好坏与接触性**：对硬件的检查应首先通过替换法确定该硬件有无损坏，再确认硬件是否正确安装在相应的主板插槽中；为确保硬件与插槽接触良好，可将其重新插拔。

●**更新主板BIOS设置**：硬件无法被识别可能与主板的BIOS有关，可检查是否需要更新主板BIOS，其设置是否正确。

●**病毒**：病毒同样会影响硬件设备的使用，可将杀毒软件升级到最高版本，再进行全面查杀。

●**删除设备重新识别**：可将操作系统中相应的设备删除，重启微型计算机，让系统对该硬件重新进行识别。

（5）硬件安装后无法正常使用

在微型计算机中安装了新的硬件后，发现无法正常使用，对于这种情况需从重装驱动程序、重新识别硬件和升级补丁程序等方面考虑，下面分别进行介绍。

●**重装驱动程序**：重装硬件驱动程序，如果故障依旧，可再安装该硬件厂商提供的最新驱动程序。

●**重新识别硬件**：在操作系统中将相应的硬件设备删除，然后重启微型计算机，使微型计算机对硬件进行重新识别。

●**升级补丁程序**：安装硬件厂商提供的补丁程序或相关软件的升级补丁程序。

3．使用故障处理

在使用微型计算机的过程中，经常会遇到不能启动、黑屏、蓝屏、死机和自动关机等故障，下面进行具体介绍。

（1）开机显示异常

故障表现：启动微型计算机后，发现显示器显示异常，如上下抖动、颜色不正常等现象。

故障诊断与排除：出现这种状况可以通过调节显示器、检查显示器与显卡的兼容性两方面来排除故障，下面分别进行介绍。

●**调节显示器**：调节显示器的亮度、对比度和色彩等选项，查看显示器是否正常，如果仍然显示异常，则应立即关闭显示器，以免造成更大的损坏。

●**检查显示器与显卡的兼容性**：检查显示器与显卡的兼容性，并把显示器接入另一台正常的主机查看是否显示正常，如果故障还是无法解决，则说明显示器可能已损坏，需更换一台显示器。

（2）开机无显示

故障表现：微型计算机开机启动后发现显示器没有任何显示。

故障诊断与排除：对于这种状况，可从电源和显示器、显卡与插槽、主板和内存等方面来分析并做出判断，下面分别进行介绍。

● 电源和显示器设置问题：检查显示器是否打开、主机指示灯是否变亮，如果主机指示灯变亮，则说明电源没有问题，再调节显示器的亮度，如果故障依旧，说明显示器的内部硬件可能发生故障。

● 显卡与插槽接触问题：如果启动微型计算机时听到"一长三短"的报警声，则表示显卡存在故障，这时应检查显卡与插槽之间的接触是否良好，再通过替换法检测显卡是否损坏。

● 主板问题：如果听到连续短响的报警声，则应该检查主板是否损坏。

● 内存问题：内存的问题很常见，一般为与插槽接触不良，或者内存已损坏。

（3）微型计算机开机蓝屏

故障表现：安装Windows操作系统的微型计算机，启动微型计算机进入操作系统时出现蓝屏甚至死机的现象。

故障诊断与排除：微型计算机在使用时出现蓝屏现象，其可能是病毒感染、硬件的兼容性和注册表的设置等方面的问题，下面对其检查方法分别进行介绍。

● 重装系统：如微型计算机中病毒后蓝屏，可能是病毒修改了注册表或破坏了系统文件，可将系统盘格式化后重装操作系统。

● 检查硬件设备：如果微型计算机是由于硬件兼容性而导致蓝屏，可采用替换法逐一检测硬件设备，通常是内存出现损坏或兼容性问题，应换上与主板兼容性好的内存。

● 查杀病毒：使用杀毒软件对硬盘进行查杀病毒操作后，判断其是否是因病毒感染而导致的故障。

● 检查硬件和驱动程序：查看"设备管理器"中的硬件是否发生冲突，或驱动程序是否有损坏，如果驱动程序损坏可重装驱动程序。

（4）间断性死机

故障表现：更换风扇后，微型计算机使用一段时间就会出现死机，且每次死机的时间长短不一，格式化系统盘并重新安装操作系统后故障依旧。

故障诊断与排除：由于对系统盘进行格式化并重新安装了操作系统，可排除其是由软件引起的故障，此时可以使用插拔法对硬件设备进行检查。首先打开机箱，重新插拔各部件后再启动，然后查看CPU风扇的位置是否影响微型计算机的运行，由于故障在更换风扇后出现，因此需仔细查看风扇是否离内存条太近，将内存条重新插在离风扇较远的插槽后再开机，看能否解决故障。

（5）微型计算机黑屏故障

微型计算机黑屏故障虽然没有任何显示，但是用户可以通过故障表现出的现象进行判断，不同的黑屏故障，它所表现的故障现象也会不同，表2-1所示为微型计算机黑屏的现象或故障原因，以及故障排除的汇总。

表2-1 微型计算机黑屏故障判断和处理

现象或故障原因	故障排除
一直发出"嘀嘀"声，内存条接触不良或损坏	重插或更换
发出"嗡嗡"声，电源损坏	更换电源
电源风扇不转，电源损坏	更换电源
电源风扇时转时不转，电源功率不够	更换大功率的电源

续表

现象或故障原因	故障排除
显示器指示灯呈橘黄色	逐个替换显卡、内存、主板、CPU，检查部件是否有问题
显示器灯不亮，显示器的保险丝断	替换显示器
显示器灯不亮，显示器损坏	替换显示器
风扇在转无显示，显卡接触不良	重新插拔一次显卡，将其插紧
风扇在转无显示，显卡损坏	替换显卡
显示器灯亮，主板、CPU 或内存损坏	用替换法逐个替换，检查部件是否有问题

（6）查杀病毒后微型计算机频繁死机

故障表现：对操作系统进行查杀病毒操作后，微型计算机频繁死机。

故障诊断与排除：出现这种现象的原因有两个：一是硬盘存在故障，如果可以使用光驱启动微型计算机，并且微型计算机能够正常工作，说明硬盘存在故障，此时更换硬盘即可；二是硬盘的分区可能感染了病毒，此时可执行格式化硬盘操作，彻底清除病毒，再对硬盘进行扫描，以修复或者排除坏道扇区，最后重新安装操作系统排除故障。

（7）进入系统后立即自动关机

故障表现：安装Windows操作系统的微型计算机在进入系统后，时常出现关机蓝屏的现象。

故障诊断与排除：如按【Ctrl+Alt+Delete】组合键没有反应，则可以检查该操作系统的版本是否安装补丁程序，如未安装，一般下载并安装好该补丁程序即可排除故障。

2.5 章节实训——连接个人计算机的外部设备

本次实训将连接个人计算机的外部设备，即将键盘、鼠标、显示器等外部设备与主机连接。完成后的整机效果如图2-17所示。

微课：连接个人计算机的外部设备

图2-17 个人计算机的整机效果

⚠️ **提 示**

（1）将计算机各组成部分放在电脑桌的相应位置，首先将PS/2键盘连接线插头对准主机后的键盘接口并插入，如图2-18所示，然后将鼠标连接线插头对准主机后的鼠标接口并插入。

 注意连接鼠标的PS/2插孔是绿色的，键盘的PS/2插孔是紫色的。除了PS/2接口外，还有USB接口的键盘和鼠标，其连接方法与其他USB设备的连接方法相同。

（2）将显示器包装箱中配置的数据线的VGA插头插入显卡的VGA接口中（如果显示器的数据线是DVI或HDMI插头，对应连接主机后的接口即可），然后拧紧插头上的两颗固定螺丝，如图2-19所示。

图2-18　连接键盘

图2-19　连接显卡

（3）将显示器数据线的另外一个插头插入显示器后面的VGA接口上，并拧紧插头上的两颗固定螺丝，再将显示器包装箱中配置的电源线插入显示器电源接口中，如图2-20所示。

（4）检查前面安装的各种连线，确认连接无误后，将主机电源线连接到主机电源接口，如图2-21所示。

图2-20　连接显示器

图2-21　连接主机电源线

（5）将显示器电源插头插入电源插线板中，如图2-22所示，再将主机电源线插头插入电源插线板中，完成连接个人计算机的外部设备操作。

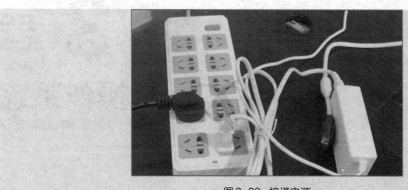

图2-22 接通电源

思考·感悟

从依赖进口到自主研发，在我国芯片自主化道路上，中国制造必须迎难而上。

微课：计算机
硬件

课后练习

1. 简述计算机的工作原理和工作过程。
2. 计算机硬件系统由哪些部件组成，各部件的主要功能是什么？
3. 什么是微处理器，其主要性能指标有哪些？
4. 打开"中关村在线"网站，进入CPU专区，在"排行榜"中查看目前市场中热门的CPU类型及主要的性能参数，对CPU做进一步的了解。
5. 使用绘制工具或使用WPS Office绘制微型计算机的基本结构。
6. 连接计算机的外部设备。

第 3 章

操作系统

操作系统（Operating System，OS）是计算机软件进行工作的平台。由Microsoft公司开发的Windows 10操作系统是当前主流的计算机操作系统之一，Windows 10操作系统为计算机的操作带来了变革性升级，它具有操作简单、启动速度快、安全性高和连接方便等特点。本章首先了解操作系统的基本概念、基本功能和分类，然后介绍Windows 10操作系统的基本操作和其控制面板的使用方法。

课堂学习目标

● 了解操作系统。

● 掌握Windows 10操作系统的基本操作。

● 掌握Windows 10操作系统控制面板的使用方法。

3.1 操作系统基础

在安装和使用操作系统之前，需要先了解操作系统的基础知识，对操作系统的概念、功能和分类有一个大致的认识。

3.1.1 操作系统基本概念

操作系统是一种系统软件，用于管理计算机系统的硬件与软件资源、控制程序的运行、改善人机工作界面、为其他应用软件提供支持等，可使计算机系统中的所有资源最大限度地发挥作用，并为用户提供方便、有效的工作界面。操作系统是一个庞大的管理控制程序，它直接运行在计算机硬件上，是最基本的系统软件，也是计算机系统软件的核心，同时还是靠近计算机硬件的第一层软件，其地位如图3-1所示。

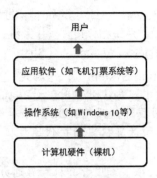

图3-1 操作系统的地位

3.1.2 操作系统基本功能

通过操作系统的基本概念可以看出，操作系统的基本功能是通过控制和管理计算机的硬件资源和软件资源，提高计算机的利用率，便于用户使用。具体来说，操作系统具有以下6个方面的基本功能。

●**进程与处理机管理**：通过操作系统处理机管理模块来确定处理机的分配策略，实施进程或线程的调度和管理。进程与处理机管理包括调度（作业调度、进程调度）、进程控制、进程同步和进程通信等内容。

●**存储管理**：存储管理的实质是对存储空间的管理，即对内存的管理。操作系统的存储管理负责将内存单元分配给需要内存的程序以便让它执行，在程序执行结束后再将程序占用的内存单元收回以便再次使用。此外，存储管理还要保证各用户进程之间互不影响，保证用户进程不破坏系统进程，并提供内存保护。

●**设备管理**：设备管理指对硬件设备的管理，包括对各种输入/输出设备的分配、启动、完成和回收。

●**文件管理**：文件管理又称为信息管理，指利用操作系统的文件管理子系统，为用户提供方便、快捷、共享和安全的文件使用环境，包括文件存储空间管理、文件操作、目录管理、读写管理和存取控制等。

●**网络管理**：随着计算机网络功能的不断增强，网络应用不断深入人们生活的各个方面，因此操作系统必须具备计算机与网络进行数据传输和网络安全防护的功能，即网络管理功能。

●**提供良好的功能界面**：操作系统是计算机与用户之间的桥梁，为了方便用户操作，操作系统必须为用户提供良好的功能界面。

3.1.3 操作系统分类

下面分别对计算机的操作系统和智能手机的操作系统做一个简单的介绍。

1. 计算机的操作系统

计算机的操作系统可以从以下3个角度分类。

①从用户角度分类，操作系统可分为3种：单用户、单任务操作系统（如DOS），单用户、多任务操作系统（如Windows 9x），多用户、多任务操作系统（如Windows 10）。

②从硬件规模的角度分类，操作系统可分为4种：微型机操作系统、小型机操作系统、中型机操作系统和大型机操作系统。

③从系统操作方式的角度分类，操作系统可分为6种：批处理操作系统、分时操作系统、实时操作系统、PC操作系统、网络操作系统和分布式操作系统。

目前微机上常见的操作系统有DOS、Windows、UNIX、Linux等，下面分别进行介绍。

● **DOS**：DOS（Disk Operating System），意思是"磁盘操作系统"。DOS实际上是一个大型程序，一般存储在硬盘中。每次开机时，计算机会自动将DOS调入内存中，使其帮助计算机硬件运行其他的应用程序。没有DOS，计算机不能正常运行。DOS是在计算机中运行的第一个操作系统。由于计算机更新换代速度极快，DOS逐渐淡出了普通用户的视线。

● **Windows操作系统**：目前，很多家用计算机和普通办公计算机上安装的都是Microsoft（微软）公司推出的Windows操作系统。Windows系列操作系统包括Windows XP、Windows 7、Windows 8、Windows 10等。本书在Windows 10操作系统的基础上对计算机的应用基础知识进行介绍。Windows 10操作系统相较于之前的版本在易用性和安全性方面有了极大的提升，除了针对云服务、智能移动设备等新技术进行融合外，还对固态硬盘、生物识别、高分辨率屏幕等硬件进行了优化完善与支持。

● **UNIX操作系统**：UNIX操作系统相对于Windows操作系统具有更好的稳定性和可靠性，在用来提供各种Internet服务的计算机运行的操作系统中占很大比例的是UNIX及UNIX类操作系统。目前在微机上较为常见的UNIX类操作系统有BSD UNIX、Solaris x86和SCO UNIX等。

● **Linux操作系统**：Linux是一套免费使用和自由传播的类UNIX操作系统，也是一个基于POSIX和UNIX的多用户、多任务、支持多线程和多CPU的操作系统。Linux操作系统以高效性和灵活性著称，能运行主要的UNIX工具软件、应用程序和网络协议，并支持32位和64位硬件。Linux继承了UNIX以网络为核心的设计思想，是性能稳定的多用户网络操作系统，主要用于基于Intel x86系列CPU的计算机。

2. 智能手机的操作系统

智能手机具备计算机的大部分功能，与普通的微型计算机相似。因此，要实现智能手机的资源管理也需要安装操作系统。智能手机的操作系统是一种运算能力和功能都非常强大的操作系统，具有便捷安装或删除第三方应用程序、用户界面良好、应用扩展性强等特点。目前使用最多的手机操作系统有安卓操作系统（Android OS）、iOS等。

● **安卓操作系统**：安卓操作系统是Google公司以Linux为基础开发的开放源代码操作系统，包括操作系统、用户界面和应用程序，是一种融入了全部Web应用的单一平台，它具有触摸使用、高级图形显示和可联网等功能，且具有界面强大等优点。

● **iOS**：iOS原名为iPhone OS，其核心源自Apple Darwin，主要应用于iPad、iPhone和iPod touch。它以Darwin为基础，系统架构分为核心操作系统层、核心服务层、媒体层、可轻触层4个层次。iOS采用全触摸设计，娱乐性强，第三方软件较多，但该操作系统较为封闭，与其他操作系统的应用软件不兼容。

3.2 Windows 10的基本操作

Windows 10操作系统（以下简称Windows 10）的界面类似Windows Phone的界面，各类应用图标都以Title贴片的形式出现，在Windows 10中被称作磁贴，方便用户触摸操作。下面对Windows 10的基本操作进行介绍。

微课：
Windows 10
的基本操作

3.2.1 启动与退出 Windows 10

在计算机上安装Windows 10后，启动计算机便可进入Windows 10桌面。

1. 启动 Windows 10

开启计算机显示器和主机的电源开关，Windows 10将载入内存，并对计算机的主板和内存等进行检测，系统启动完成后将进入Windows 10欢迎界面。若只有一个用户且没有设置用户密码，则直接进入系统桌面；若系统存在多个用户且设置了用户密码，则需要选择用户并输入正确的密码才能进入系统桌面。

2. 认识 Windows 10 桌面

启动Windows 10后，屏幕上将显示Windows 10桌面。Windows 10有7种不同的版本，如家庭版、专业版、企业版等，并且每个版本的桌面样式各有不同，但在默认情况下，Windows 10桌面都包括桌面图标、桌面背景和任务栏这3个主要的组成部分，如图3-2所示。

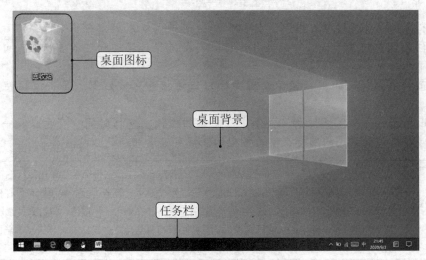

图3-2　Windows 10的桌面

（1）桌面图标

桌面图标是用户打开程序的快捷途径，双击桌面图标，可以打开相应的操作窗口或应用程序。桌面图标包括系统图标、快捷方式图标和文件/文件夹图标3种。默认情况下，桌面只有"回收站"一个系统图标。安装新软件后，桌面上一般会增加相应软件的快捷方式图标，如"腾讯QQ"的快捷方式图标为，"WPS Office"的快捷方式图标为。将文件/文件夹存储至桌面即可生成相应的文件/文件夹图标。

（2）桌面背景

桌面背景是指应用于桌面的图像或颜色。根据个人的喜好可以将喜欢的图片或颜色设置为桌面背景，丰富桌面内容，美化工作环境。

（3）任务栏

默认情况下，任务栏位于桌面的最下方，主要由"开始"按钮、任务区、"显示桌面"按钮和通知区域4部分组成。

● **"开始"按钮**："开始"按钮位于任务栏最左侧，单击"开始"按钮，将打开"开始"菜单，如图3-3所示，"开始"菜单左侧为菜单列表，右侧为"开始"屏幕。菜单列表框中的选项和"开始"屏幕中的磁贴可帮助用户打开计算机中的应用程序和设置窗口。

在菜单列表框中的应用程序选项上单击鼠标右键，在弹出的快捷菜单中选择"固定到'开始'屏幕"命令，可将该程序的启动选项添加到"开始"屏幕。

图3-3 "开始"菜单

● **任务区**：任务区位于"开始"按钮右侧，用于切换各个打开的窗口。用户每打开一个窗口，任务区中就显示该窗口的任务图标，将鼠标指针移动到任务图标上，可以在该图标的上方显示对应窗口的预览图。

● **"显示桌面"按钮**："显示桌面"按钮位于任务区最右侧，单击该按钮将切换至桌面。

● **通知区域**：通知区域位于"显示桌面"按钮左侧，包括时间、音量以及一些告知特定程序和计算机设置状态的图标，单击相应的图标可查看相应的信息。

"Cortana"和"任务视图"是Windows 10的新增功能。在任务栏中单击鼠标右键，在弹出的菜单中分别选择"显示Cortana图标"选项和"显示'任务视图'按钮"，可在任务栏中显示"Cortana"按钮和"任务视图"按钮。单击"Cortana"按钮，将打开搜索界面，在该界面中可以通过文字输入或语音输入的方式快速打开应用，也可以实现聊天、看新闻、设置提醒等操作。单击"任务视图"按钮，可以让一台计算机同时拥有多个桌面。

---

3. 退出 Windows 10

计算机操作结束后需要退出Windows 10，其方法为：保存文件或数据，关闭所有打开的应用程序；单击"开始"按钮，在打开的"开始"菜单中单击"电源"按钮，然后在打开的列表框中选择"关机"选项，如图3-4所示。

图3-4 退出 Windows 10

3.2.2 调整"开始"菜单中磁贴的大小

Windows 10"开始"菜单右侧的"开始"屏幕上包含很多磁贴,这些磁贴的大小并不是固定不变的,用户可自行进行调整。其方法为:在磁贴上单击鼠标右键,在弹出的快捷菜单中选择"调整大小"命令,再在弹出的子菜单中选择相应的命令,如图3-5所示。

 在"开始"屏幕中不仅可以调整磁贴大小,还可以对磁贴的位置进行调整。其方法为:在磁贴上按住鼠标左键拖动。另外在磁贴上单击鼠标右键,在弹出的快捷菜单中选择"从'开始'屏幕取消固定"则可删除磁贴。

图3-5 调整磁贴大小

3.2.3 将应用程序固定到任务栏中

在"开始"菜单的菜单列表的应用程序选项上,或者在"开始"屏幕应用程序的磁贴上单击鼠标右键,在弹出的快捷菜单中选择【更多】/【固定到任务栏】命令,如图3-6所示,便可以将应用程序固定到任务栏中,如图3-7所示。对于经常使用的应用程序,可将其固定到任务栏中,便于下次使用该应用程序时,通过任务栏中的程序图标快速启动应用程序。另外,启动应用程序后,在任务栏的程序图标上单击鼠标右键,在弹出的快捷菜单中选择"固定到任务栏"命令也可以将该应用程序固定到任务栏中。

图3-6 将应用程序固定到任务栏中

图3-7 将应用程序固定到任务栏中的效果

3.2.4 添加桌面图标

根据桌面图标的分类，可将添加桌面图标分为添加系统图标和添加快捷方式图标，下面分别进行介绍。

1. 添加系统图标

安装Windows 10后，桌面上只默认显示"回收站"系统图标。为了便于使用计算机，用户可以自行添加一些高频使用的系统图标，如"计算机"和"控制面板"系统图标。添加系统图标的具体操作如下。

步骤1： 在桌面空白处单击鼠标右键，在弹出的快捷菜单中选择"个性化"命令。

步骤2： 打开个性化设置窗口，在窗口左侧选择"主题"选项，在右侧"相关的设置"栏中单击"桌面图标设置"超链接，如图3-8所示。

图3-8 单击"桌面图标设置"超链接

步骤3： 打开"桌面图标设置"对话框，首先在底部单击选中"允许主题更改桌面图标"复选框，然后在上方的"桌面图标"栏中分别单击选中"计算机"和"控制面板"复选框，最后单击"确定"按钮，如图3-9所示。

步骤4： 在桌面上可看到添加的"计算机"（Windows 10中默认添加的"计算机"系统图标显示为"此电脑"）和"控制面板"系统图标，如图3-10所示。

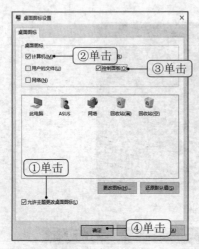

图3-9 添加系统图标

图3-10 添加图标后的显示效果

2. 添加快捷方式图标

添加快捷方式图标主要是将应用程序的快捷方式图标添加到桌面上，方便用户在桌面上双击该快捷方式图标以快速启动应用程序。例如，可将腾讯QQ的快捷方式图标添加到桌面上，其具体操作如下。

步骤1： 单击"开始"按钮，打开"开始"菜单，在菜单列表的顶部单击"最近添加"命令。

步骤2： 打开拼音搜索面板，单击与"腾讯"文本拼音首字母对应的"T"选项，如图3-11所示。

图3-11　搜索应用程序

步骤3： 菜单列表快速显示拼音首字母为"T"的应用程序选项或应用程序所在的文件夹选项。

步骤4： 单击展开"腾讯软件"文件夹，在"腾讯QQ"应用程序选项上单击鼠标右键，在弹出的快捷菜单中选择【更多】/【打开文件位置】命令，如图3-12所示。

图3-12　打开应用程序的文件位置

应用技巧

如果要在桌面上为文件/文件夹添加快捷方式图标，首先需要打开文件/文件夹的保存位置，在其上单击鼠标右键，在弹出的快捷菜单中选择"创建快捷方式"命令，即可在当前窗口为文件/文件夹创建快捷方式图标，然后将创建的快捷方式图标移动或复制到桌面即可。另外，将桌面上的快捷方式图标删除后，并不影响原有的文件/文件夹。

步骤5：打开应用程序快捷方式图标的文件位置，默认将选中该快捷方式图标，如图3-13所示，将其移动或复制到桌面，即可为该应用程序在桌面上添加快捷方式图标。

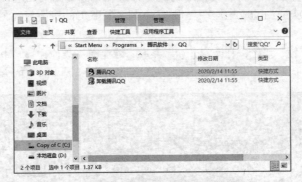

图3-13　应用程序快捷方式图标的文件位置

3.3　Windows 10的控制面板

微课：Windows 10
的控制面板

控制面板是Windows的控制中心，它集桌面外观设置、硬件设置、用户账户以及程序管理等功能于一体，是控制计算机运行的一个重要窗口，因此用户在使用计算机的过程中经常需要接触控制面板。在Windows 10中可通过以下两种方式打开控制面板的窗口：在桌面上双击"控制面板"图标，或者在"开始"菜单中选择【Windows 系统】/【控制面板】命令。

控制面板有"类别""大图标""小图标"3种查看方式，并以这3种查看方式进行显示，图3-14所示为大图标显示方式。

图3-14　以大图标显示的控制面板

3.3.1　Windows 10 文件管理

文件管理是Windows操作系统中较基本的操作，同时也是学习和工作中使用计算机时经常要进行的操作。下面将详细介绍Windows 10文件管理的相关知识和操作。

1.　文件管理的相关概念

管理文件的过程中，会涉及以下5个相关概念。

●**硬盘分区与盘符**：硬盘分区实质上是对硬盘的一种格式化，是指将硬盘划分为几个独立的区域，以便于用户存储和管理数据。格式化可以将硬盘划分为用来存储数据的单位，一般在安装系统时才会对硬盘进行分区。盘符是Windows系统对磁盘存储设备的标识符，一般使用26个英文字符加上一个冒号"："来标识，如"本地磁盘(C:)"中的"C"即为该盘的盘符。

●**文件**：文件是指保存在计算机中的各种信息和数据，计算机中的文件类型很多，如文档、表格、图片、音乐和应用程序等。默认情况下，文件在计算机中以图标形式显示，由文件图标、文件名称和文件扩展名3部分组成，如表示一个Word文件，文件名称为"作息时间表"，其文件扩展名为".docx"。

●**文件夹**：文件夹用于保存和管理计算机中的文件，其本身没有任何内容，但可放置多个文件和子文件夹，让用户能够快速地找到需要的文件。文件夹一般由文件夹图标和文件夹名称两部分组成。

●**文件路径**：用户在对文件进行操作时，除了需要知道文件名外，还需要知道文件所在的盘符和文件夹，即文件在计算机中的位置，称为文件路径。文件路径包括相对路径和绝对路径两种。其中，相对路径以"."（表示当前文件夹）、".."（表示上级文件夹）或文件夹名称（表示当前文件夹中的子文件名）开头；绝对路径是指文件或目录在硬盘上存放的绝对位置，如"D:\图片\标志.jpg"表示"标志.jpg"文件在D盘的"图片"文件夹中。

●**文件资源管理器**：文件资源管理器是管理文件资源的重要场所，它是"此电脑"窗口和各类文件夹窗口的容器。在"开始"菜单列表框中选择"文件资源管理器"命令可以启动文件资源管理器；或者通过双击桌面的"此电脑"图标，打开"此电脑"窗口的方式启动文件资源管理器。文件资源管理器主要由导航窗格、地址栏和资源列表框3部分组成，如图3-15所示。其中导航窗格用于切换文件路径，依次单击展开相应选项即可；地址栏用于显示文件路径，同时单击 ▶ 按钮也可进行文件路径的切换；资源列表框用于显示切换到的文件路径下的文件资源。此外，在资源列表框中双击硬盘分区图标或文件夹图标可打开硬盘分区窗口或文件夹窗口。

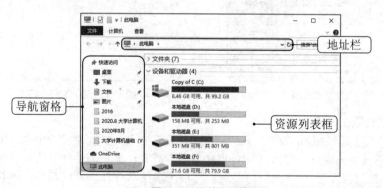

图3-15 文件资源管理器

2. 文件和文件夹的基本操作

文件和文件夹的基本操作包括选择、新建、重命名、移动与复制、删除与还原、隐藏和搜索等，下面将结合前面的任务要求讲解操作方法。

（1）选择文件或文件夹

在对文件或文件夹进行操作前，要先选择文件或文件夹，主要有以下5种方法。

●**选择单个文件或文件夹**：单击文件或文件夹图标即可完成选择，被选择的文件或文件夹图标的周围将呈蓝色透明状显示。

● **选择多个相邻的文件和文件夹**：可在文件或文件夹窗口的空白处按住鼠标左键不放，然后拖动鼠标框选需要的多个相邻文件和文件夹，框选完毕再释放鼠标即可。

● **选择多个连续的文件或文件夹**：用鼠标选择第一个文件或文件夹，按住【Shift】键不放，再单击选择最后一个文件或文件夹，即可选择两个对象中间的所有文件或文件夹。

● **选择多个不连续的文件或文件夹**：按住【Ctrl】键不放，依次单击所要选择的文件或文件夹，即可选择多个不连续的文件或文件夹。

● **选择所有文件和文件夹**：按【Ctrl+A】组合键可选择窗口中的所有文件和文件夹。

（2）新建文件或文件夹

新建文件是指根据计算机中已安装的程序类别，新建一个相应类型的空白文件，新建后可以双击打开该文件并编辑文件内容。新建文件夹是指将一些文件分类整理在一个文件夹中以便日后管理。如在E盘中新建"公司简介.txt"文件和"办公"文件夹，其具体操作如下。

步骤1：双击桌面上的"此电脑"图标，打开"此电脑"窗口，双击E盘图标，打开E盘窗口。

步骤2：在E盘窗口的空白处单击鼠标右键，在弹出的快捷菜单中选择【新建】/【文本文档】命令。此时将新建一个名为"新建文本文档"的文件，且文件名呈可编辑状态，如图3-16所示。

步骤3：切换到中文输入法输入"公司简介"文本，然后单击窗口空白处或按【Enter】键即可为该文件命名。

步骤4：在窗口空白处单击鼠标右键，在弹出的快捷菜单中选择【新建】/【文件夹】命令，此时将新建一个空白文件夹，且文件夹名称呈可编辑状态，输入"办公"文本，如图3-17所示，然后按【Enter】键，完成文件夹的新建和命名。

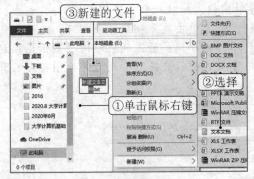
图3-16　新建文本文档

图3-17　输入文件夹名称

（3）重命名文件或文件夹

在文件或文件夹上单击鼠标右键，在弹出的快捷菜单中选择"重命名"命令，输入新的名称后按【Enter】键或单击窗口空白区域即可重命名文件或文件夹。需要注意的是，重命名文件时不要修改文件的扩展名，一旦修改将可能导致文件无法正常打开，若误修改，可将扩展名重新修改为正确模式便可重新打开。此外，文件名可以包含字母、数字和空格等，但不能有"?、*、/、\、<、>、:"等符号。

（4）移动与复制文件或文件夹

移动文件是将文件移动到另一个文件夹中，复制文件相当于为文件做一个备份，即原文件夹下的文件仍然存在。移动与复制文件的操作也适用于文件夹。

● **移动文件或文件夹**：选择需移动的文件或文件夹，单击鼠标右键，在弹出的快捷菜单中选择"剪切"命令，或按【Ctrl+X】组合键；切换到目标窗口，在窗口空白处单击鼠标右键，在弹出的快捷菜单中选择"粘贴"命令，或按【Ctrl+V】组合键即可。

● **复制文件或文件夹**：选择需复制的文件或文件夹，单击鼠标右键，在弹出的快捷菜单中选择"复制"命令，或按【Ctrl+C】组合键；切换到目标窗口，在窗口空白处单击鼠标右键，在弹出的快捷菜单中选择"粘贴"命令，或按【Ctrl+V】组合键即可。

应用技巧　将选择的文件或文件夹拖动到同一硬盘分区下的其他文件夹中或拖动到左侧导航窗格中的某个文件夹选项上，也可移动文件或文件夹，在拖动过程中按住【Ctrl】键不放，可复制文件或文件夹。

（5）删除与还原文件或文件夹

选择所需文件或文件夹，单击鼠标右键，在弹出的快捷菜单中选择"删除"命令，或按【Delete】键，即可删除选择的文件或文件夹。被删除的文件或文件夹实际上是移动到了"回收站"中，若误删文件或文件夹，还可以通过还原操作找回来，其方法为：双击桌面上的"回收站"图标，打开"回收站"窗口，在需要还原的文件或文件夹上单击鼠标右键，在弹出的快捷菜单中选择"还原"命令，如图3-18所示，即可将其还原到被删除前的位置。

　选择文件或文件夹后，按【Shift+Delete】组合键可直接将文件从计算机中删除，而不再移动至"回收站"中。将文件或文件夹放入回收站后，仍然会占用磁盘空间，而在桌面的"回收站"图标上单击鼠标右键，在弹出的快捷菜单中选择"清空回收站"命令，则可以彻底删除回收站中的全部文件。

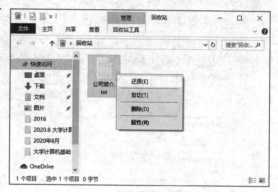

图3-18　还原文件

（6）隐藏文件或文件夹

隐藏文件或文件夹是保护文件或文件夹的一种手段，其方法为：在需要隐藏文件或文件夹上单击鼠标右键，在弹出的快捷菜单中选择"属性"命令，打开文件或文件夹的属性对话框，单击选中"隐藏"复选框后，再单击"确定"按钮，如图3-19所示。

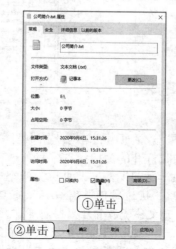

图3-19　隐藏文件

（7）搜索文件或文件夹

如果用户不知道文件或文件夹的保存位置，可以使用Windows 10的搜索功能进行搜索。如果在"此电脑"窗口的搜索框中搜索，其范围为搜索计算机硬盘中的所有文件或文件夹；如果在文件夹窗口的搜索框中搜索，其范围为搜索该文件夹中的文件或子文件夹。搜索时如果不记得文件或文件夹的名称，可以使用模糊搜索功能，如用通配符"*"来代表任意数量的任意字符，使用"?"来代表某一位置上的任意字母或数字，

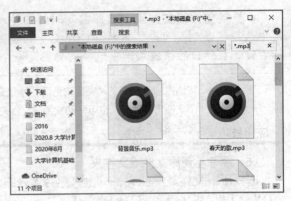

图3-20　搜索".mp3"格式的文件

如"*.mp3"表示搜索当前位置下所有类型为".mp3"格式的文件，而"pin?.mp3"则表示搜索当前位置下前3位是字母为"pin"、第4位是任意字符的".mp3"格式的文件。图3-20所示为在F盘中搜索所有类型为".mp3"格式的文件。

3. 文件资源管理器选项设置

设置文件资源管理器主要指，通过"文件资源管理器选项"对话框来设置文件资源管理器的外观，以及在文件资源管理器中查看或搜索文件夹的方式等。

在控制面板中单击"文件资源管理器选项"超链接即可打开"文件资源管理器选项"对话框，图3-21、图3-22所示分别为该对话框的"常规"选项卡和"查看"选项卡的设置页面。

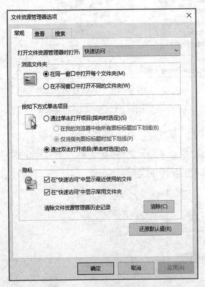

图3-21　"常规"选项卡

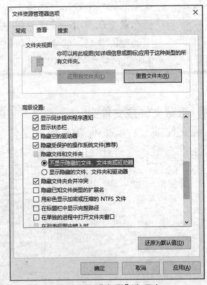

图3-22　"查看"选项卡

下面对"文件资源管理器选项"对话框中的常用设置进行简要说明。

●设置打开文件资源管理器时打开的窗口："常规"选项卡的"打开文件资源管理器时打开"下拉列表框中包括"快速访问"和"此电脑"两个选项。选择"快速访问"选项表示打开文件资源管理器时打开"快速访问"窗口，该窗口显示最近使用的文件和文件夹；选择"此电脑"选项表示打开文件资源管理器时打开"此电脑"窗口。

●设置浏览文件夹的方式："常规"选项卡的"浏览文件夹"栏中包括"在同一窗口中打开每个文件夹""在不同窗口中打开不同的文件夹"两个单选项。"在同一窗口中打

开每个文件夹"表示打开的每个文件夹将在同一个窗口中显示;"在不同窗口中打开不同的文件夹"表示打开不同的文件夹将在不同的窗口中显示。

● **不显示隐藏的文件、文件夹和驱动器**:在"查看"选项卡的"高级设置"列表框中单击选中"不显示隐藏的文件、文件夹或驱动器"单选项,在"文件资源管理器"窗口中将不显示设置"隐藏"属性的文件或文件夹,起到有效保护文件和文件夹的作用。

● **取消隐藏已知文件类型的扩展名**:在"查看"选项卡的"高级设置"列表框中单击取消选中"隐藏已知文件类型的扩展名"复选框,将显示文件的扩展名,方便用户查看文件类型。

3.3.2 Windows 10 系统管理

系统管理的内容非常丰富,如账号管理、软硬件的安装管理、系统维护等,下面将对系统管理中经常使用或实用的功能设置进行详细介绍。

1. 设置账户登录密码

用户在使用计算机时,可设置账户登录密码,防止他人在未经自己同意的情况下进入计算机,避免信息泄露或文件被篡改。设置账户登录密码的具体操作如下。

步骤1: 在控制面板中单击"用户账户"超链接。

步骤2: 打开"用户账户"窗口,单击"在电脑设置中更改我的账户信息"超链接,如图3-23所示。单击其他超链接,还可以更改账户名称、更改账户类型和管理其他账户等。

图3-23 单击"在电脑设置中更改我的账户信息"超链接

步骤3: 打开"设置"窗口,在左侧选择"登录选项"选项,在右侧单击展开"密码"选项,在展开的内容中单击"添加"按钮,如图3-24所示。

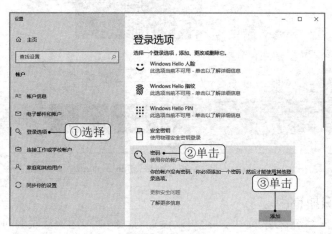

图3-24 添加密码

步骤4：打开"创建密码"对话框，在"新密码"和"确认密码"文本框中输入相同密码，在"密码提示"文本框中酌情填写信息，单击"下一步"按钮，如图3-25所示。

步骤5：在打开的对话框中单击"完成"按钮，完成登录密码设置。此时"设置"窗口中"密码"选项的"添加"按钮将显示为"更改"按钮，单击该按钮可更改密码。

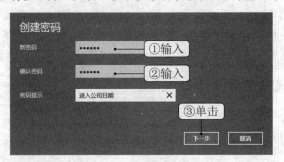

图3-25 "创建密码"对话框

在Windows 10中取消登录密码，首先在"开始"菜单的菜单列表框中选择【Windows 系统】/【运行】命令，打开"运行"对话框，输入"netplwiz"命令，单击"确定"按钮，打开"用户账户"对话框。然后在该对话框的"用户"选项卡中单击取消选中"要使用本计算机，用户必须输入用户名称和密码"复选框，单击"确定"按钮，打开"自动登录"对话框，在该对话框中输入设置的密码，单击"确定"按钮后重启计算机即可。

2．设置桌面背景

在桌面空白处单击鼠标右键，在弹出的快捷菜单中选择"个性化"命令，打开"设置"窗口，在左侧选择"背景"选项，在右侧"背景"页面的"选择图片"栏中可将系统内置的图片设置为桌面背景，如图3-26所示，单击"浏览"按钮，在打开的对话框中可将计算机中保存的图片设置为桌面背景。

图3-26 "背景"页面

3．设置系统日期和时间

用户可以自定义系统日期和时间，也可以设置与系统所在区域互联网同步的时间，具体操作如下。

步骤1: 在控制面板中单击"日期和时间"超链接。

步骤2: 打开"日期和时间"对话框,如图3-27所示,切换到"日期和时间"选项卡,单击"更改日期和时间"按钮,在打开的"日期和时间设置"对话框中可手动设置系统日期和时间。

步骤3: 在"时间和日期"对话框中切换到"Internet时间"选项卡,单击"更改设置"按钮。

步骤4: 打开"Internet 时间设置"对话框,如图3-28所示,单击选中"与Internet 时间服务器同步"复选框。

步骤5: 单击"立即更新"按钮,单击"确定"按钮。

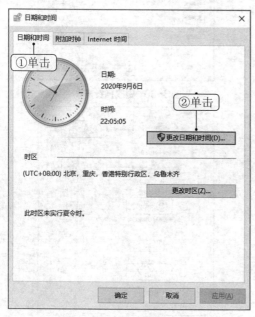

图3-27 "日期和时间"对话框

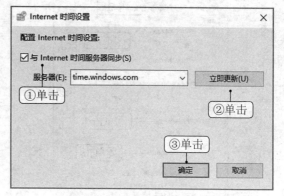

图3-28 "Internet 时间设置"对话框

4. 设置鼠标

鼠标是计算机中重要的输入设备,用户可以根据需要设置其参数。设置鼠标主要包括调整双击鼠标的速度、更换鼠标指针样式以及设置鼠标指针选项等。

下面设置鼠标指针样式的方案为"Windows标准(大)(系统方案)",调节鼠标的双击速度和移动速度,并设置移动鼠标指针时会产生"移动轨迹"效果,其具体操作如下。

步骤1: 在控制面板中单击"鼠标"超链接。

步骤2: 打开"鼠标 属性"对话框,在"双击速度"栏中拖动滑块设置双击速度,如图3-29所示。

步骤3: 单击"指针"选项卡,在"方案"下拉列表框中选择"Windows标准(大)(系统方案)"选项,如图3-30所示。

步骤4: 单击"指针选项"选项卡,在"移动"栏中拖动滑块调整鼠标指针的移动速度;在"可见性"栏中单击选中"显示指针轨迹"和"在打字时隐藏指针"复选框,如图3-31所示。

步骤5: 单击"滑轮"选项卡,在"垂直滚动"栏中单击选中"一次滚动下列行数"单选项,并在其下方的数值框中输入滚动行数为"3";在"水平滚动"栏中的数值框中输入水平滚动的字符为"3",单击"确定"按钮,如图3-32所示。

图3-29　调整双击速度

图3-30　更改指针方案

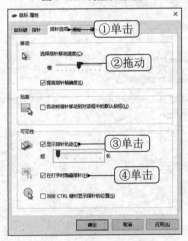

图3-31　设置指针选项属性

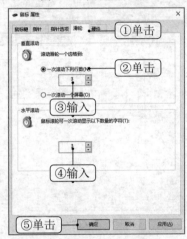

图3-32　设置鼠标滚动参数

5. 安装与卸载应用程序

要在计算机上安装应用程序，应先获取该应用程序的安装程序，其文件扩展名一般为".exe"。一般来说，用户可在网络中下载应用程序的安装程序，另外，用户在购买软件相关书籍时也会附赠应用程序的安装程序。下面分别介绍安装与卸载应用程序的方法。

（1）安装应用程序

准备好应用程序的安装程序后，便可以开始安装应用程序，安装后的应用程序将会显示在"开始"菜单中的菜单列表框中，部分应用程序还会自动在桌面上创建快捷方式图标。

下面在计算机中安装搜狗拼音输入法，其具体操作如下。

步骤1： 打开搜狗拼音输入法安装程序所在的文件夹，双击安装程序。

步骤2： 打开安装向导对话框，如图3-33所示，一般默认安装位置位于C盘（系统盘），单击"浏览"按钮，可在打开的对话框中自定义应用程序的安装位置。

步骤3： 单击选中"已阅读并接受最终用户协议"复选框。

步骤4： 单击"立即安装"按钮，系统开始安装搜狗拼音输入法，如图3-34所示，等待安装完成后，即可使用搜狗拼音输入法。

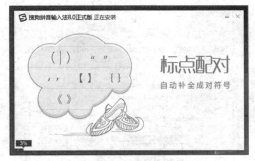

图3-33 安装搜狗拼音输入法　　　　　　　　　图3-34 正在安装

（2）卸载应用程序

卸载应用程序有两种方法，在"开始"菜单的菜单列表框中的应用程序选项上单击鼠标右键，在弹出的快捷菜单中选择"卸载"命令，然后在打开的对话框中根据提示进行操作。如果该应用程序的快捷菜单中没有"卸载"命令，则需要通过控制面板卸载，其具体操作如下。

步骤1： 在控制面板中单击"程序和功能"超链接。

步骤2： 打开"卸载或更改程序"界面，选择需要卸载的应用程序，单击鼠标右键，在弹出的快捷菜单中选择"卸载/更改"命令，如图3-35所示。

步骤3： 在打开的对话框中根据提示进行操作即可卸载应用程序。

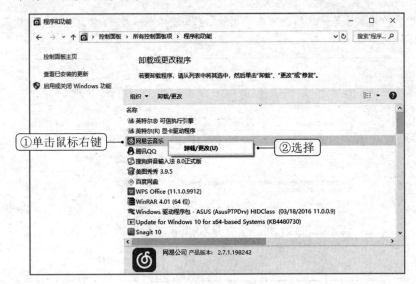

图3-35 卸载应用程序

6. 启用或关闭 Windows 功能

Windows 10自带了许多功能，用户可根据需要启用或关闭功能。下面将启用"Internet 打印客户端"功能，开启该功能后，用户可以连接到本地网络的打印机，其具体操作如下。

步骤1： 在控制面板中单击"程序和功能"超链接，打开"卸载或更改程序"界面，在左侧单击"启用或关闭Windows功能"超链接。

步骤2： 打开"Windows功能"窗口，单击"打印和文件服务"选项左侧的田按钮展开该选项，单击选中"Internet打印客户端"复选框，如图3-36所示。如果要关闭某项功能，单击取消选中选项对应的复选框即可。

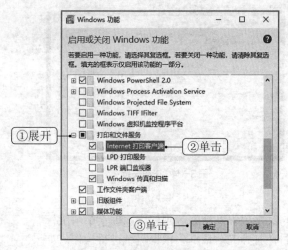

图3-36 启用"Internet 打印客户端"功能

步骤3：单击"确定"按钮。

7. 添加与删除输入法

用户可以将系统自带的输入法添加到语言栏中，也可自行安装或删除输入法。

下面先在Windows 10中添加搜狗拼音输入法，然后将"微软五笔"输入法删除，其具体操作如下。

步骤1：在任务栏右侧单击输入法按钮，在打开的列表框中选择"语言首选项"选项。

步骤2：打开"设置"窗口，在左侧选择"语言"选项，在右侧单击展开"中文(中华人民共和国)"选项，单击"选项"按钮，如图3-37所示。

步骤3：打开"中文(中华人民共和国)"界面，在"键盘"栏中单击"添加键盘"按钮，在打开的列表框中选择"搜狗拼音输入法"选项，即可添加该输入法到语言栏中。

步骤4：此时在该窗口的"键盘"栏下，即可查看已添加的输入法。在任务栏单击输入法按钮，在打开的列表框中也可查看添加的输入法。

步骤5：选择"微软五笔"选项，单击"删除"按钮，如图3-38所示，可将"微软五笔"输入法从语言栏中删除。

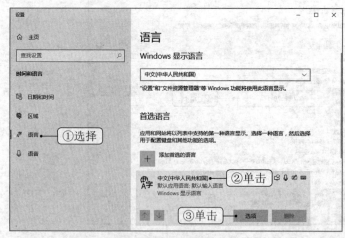

图3-37 单击"选项"按钮

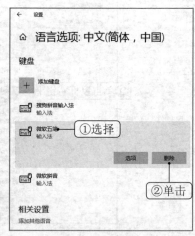

图3-38 删除输入法

用户也可在网络中下载其他输入法的安装程序进行安装。按【Ctrl+Shift】组合键，能快速在已安装的输入法之间进行切换。

8. 安装与管理打印机

现在大多数的打印机与计算机之间的连接都采用USB接口，因此打印机与计算机的连接很简单。要使用打印机，首先要在计算机中安装打印机的驱动程序，其安装方法与安装一般的应用程序相同，然后再连接打印机。

成功连接打印机后，在控制面板中单击"设备和打印机"超链接，打开"设备和打印机"窗口，如图3-39所示，在打印机选项上单击鼠标右键，在弹出的快捷菜单中选择相应命令可对打印机进行管理。如选择"查看现在正在打印什么"命令，可在打开的窗口中查看打印机正在打印的内容；选择"设置为默认打印机"命令，可将打印机设为默认使用的打印机等。

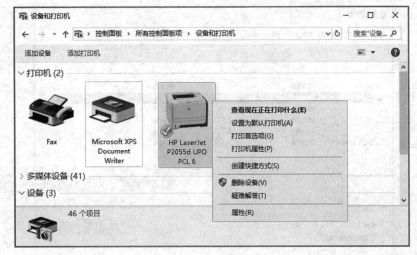

图3-39 "设备和打印机"窗口

9. 清理磁盘

用户在使用计算机的过程中会产生一些垃圾文件和临时文件，这些文件会占用磁盘空间，让系统的运行速度变慢，因此需要定期清理磁盘。下面对C盘中已下载的程序文件和Internet临时文件进行清理，其具体操作如下。

步骤1：在控制面板中单击"管理工具"超链接，打开"管理工具"窗口，双击"磁盘清理"选项，或者在"开始"菜单中选择【Windows 管理工具】/【磁盘清理】命令，打开"磁盘清理：驱动器选择"对话框。

步骤2：在对话框中选择需要进行清理的C盘，单击"确定"按钮。

步骤3：打开"Copy of C(C:)的磁盘清理"对话框，单击选中"要删除的文件"列表框中的"已下载的程序文件"和"Internet临时文件"复选框，然后单击"确定"按钮，如图3-40所示。

步骤4：在打开的对话框中单击"删除文件"按钮，系统将执行磁盘清理操作。

10. 整理磁盘碎片

计算机使用太久，系统运行速度会变慢，其中有一部分原因是系统磁盘碎片太多，对磁盘碎片进行整理可以让系统运行更顺畅。整理磁盘碎片是指系统将碎片文件与文件夹的不同部分移动到卷上的相邻位置，使其在一个独立的连续空间中。下面将整理C盘中的碎片，其具体操作如下。

图3-40 清理磁盘

步骤1：在控制面板中单击"管理工具"超链接，打开"管理工具"窗口，双击"碎片整理和优化驱动器"选项，或者在"开始"菜单中选择【Windows 管理工具】/【碎片整理和优化驱动器】命令，打开"优化驱动器"对话框。

步骤2：选择要整理的C盘，单击"优化"按钮，开始对所选的磁盘进行碎片整理，如图3-41所示。此外，按住【Ctrl】键可以同时选择多个磁盘进行优化。

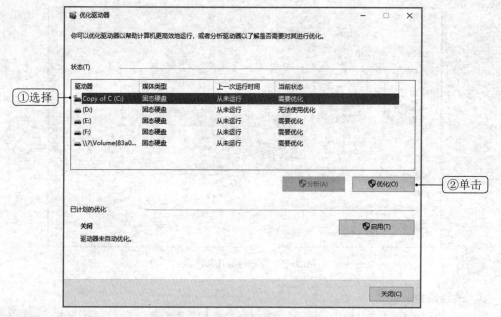

图3-41　对C盘进行碎片整理

3.3.3　Windows 10 网络设置

网络设置是用户使用计算机时经常接触的设置内容。计算机只有通过合理的网络设置，才能实现上网、资源共享等功能。下面将具体介绍Windows 10的网络设置，主要包括接入Internet、组建无线局域网、配置无线局域网TCP/IP、共享设置、共享文件或文件夹、共享打印机6部分内容。

1. 接入 Internet

将用户的计算机接入Internet的方法有多种，一般都是通过联系Internet服务提供商（Internet Service Provider，ISP），对方派专人根据当前的情况实际查看后，再分配IP地址、设置网关及DNS（Domain Name System，域名系统）等，从而实现上网。

目前，接入Internet的方法主要有ADSL（Asymmetric Digital Subscriber Line，非对称数字用户线路）拨号上网和光纤宽带上网两种，下面对其分别介绍。

●**ADSL**：ADSL可直接利用现有的电话线路，通过ADSL Modem传输数字信息，理论上ADSL连接速率可达1Mbit/s~8Mbit/s。它具有速率稳定、带宽独享、语音数据不受干扰等优点，适用于家庭、个人等用户的大多数网络应用需求。并且，它还可以与普通电话线共存于一条电话线上，用户在接听、拨打电话的同时能进行ADSL传输，又互不影响。

●**光纤宽带**：光纤宽带是目前宽带网络中多种传输媒介中最理想的一种，它具有传输容量大、传输质量高、损耗小和中继距离长等优点。光纤接入Internet一般有两种方法：一种是通过光纤接入小区节点或楼道，再由网线连接到各个共享点上；另一种是"光纤到户"，将光缆一直扩展到每一台计算机终端上。

下面介绍在Windows 10中接入Internet的操作，其具体操作如下。当然，在现实生活中接入Internet一般可由Internet服务提供商分派专业人员完成。

步骤1：在控制面板中单击"网络和共享中心"超链接，打开"网络和共享中心"窗口，单击"更改网络设置"栏中的"设置新的连接或网络"超链接，如图3-42所示。

步骤2：打开"设置连接或网络"对话框，选择"连接到 Internet"选项，单击"下一步"按钮，如图3-43所示。

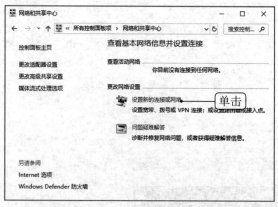

图3-42　设置新的连接或网络

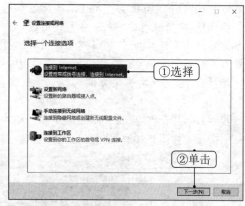

图3-43　选择"连接到Internet"选项

步骤3：打开"连接到Internet"对话框，单击"宽带(PPPoE)(R)"选项，如图3-44所示。

步骤4：在打开的对话框中输入Internet服务提供商提供的宽带连接的用户名与密码，在下面的"连接名称"文本框中为该连接命名，单击"连接"按钮，如图3-45所示。

步骤5：系统自动开始连接，显示连接成功后，便可进行上网操作。

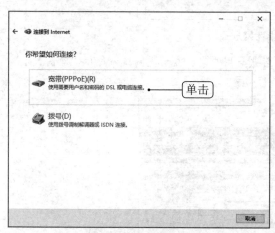

图3-44　选择宽带连接

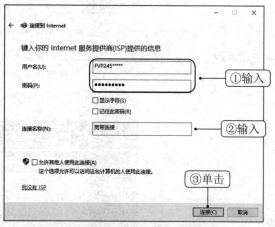

图3-45　输入连接账号信息并连接

第一次接入Internet并重启计算机后，需要输入账号信息进行连接。其方法为：单击任务栏通知区域的网络图标，在打开的面板中选择"宽带连接"，在打开的"设置"窗口中单击"宽带连接"按钮，再单击"连接"按钮，在打开的对话框中输入用户名和密码，单击"确定"按钮。

2. 组建无线局域网

为了实现多台计算机的通信和资源共享，用户可以组建局域网。局域网分为有线局域网和无线局域网，无线局域网与有线局域网在硬件要求上并无太大差别，只是使用的设备是无线性质。通常，无线局域网使用无线网卡与无线路由器进行无线连接，计算机之间的通信是无线路由器与外部网络使用有线方式连接的模式。与有线局域网相比，连接到无线局域网中的计算机不用受到网线的长短限制，可随意移动，因此组建局域网多采用无线的方式。

连接无线路由器后，要将局域网连接到Internet，实现多台计算机同时共用一个账号上网，有效地利用资源，还要设置无线路由器的参数，其具体操作如下。

步骤1： 在局域网中的任一台连接Internet的计算机中启动Microsoft Edge浏览器，在地址栏中输入路由器地址（通常为"192.168.1.1"，其登录用户名和密码默认为"admin"），并正确输入路由器的用户名和密码登录路由器。

步骤2： 在打开的页面左侧选择"设置向导"选项，打开"设置向导"页面后，单击"下一步"按钮。

步骤3： 在打开的页面中单击选中"让路由器自动选择上网方式（推荐）"单选项，单击"下一步"按钮，如图3-46所示。

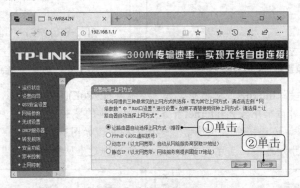

图3-46　选择上网方式

步骤4： 在打开页面的"上网账号"中输入宽带账号用户名，在"上网口令"和"确认口令"文本框中输入密码，单击"下一步"按钮，如图3-47所示。

图3-47　输入宽带账号用户名和密码

　当计算机无法连接网络时，可以在智能手机的浏览器中输入路由器地址"192.168.1.1"，登录路由器后设置路由器的参数，其操作方法与在计算机中相同。

步骤5：在打开页面的"SSID"文本框中输入无线网络的名称，单击选中"WPA-PSK/ WPA2-PSK"单选项，在"PSK密码"文本框中输入无线网络的密码，单击"下一步"按钮，如图3-48所示。

步骤6：在打开的页面中单击"完成"按钮，重启路由器后设置生效。

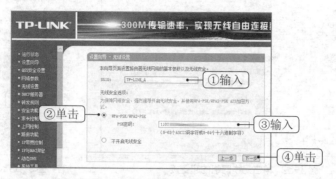

图3-48　设置无线网络连接密码

步骤7：设置无线路由器后，在任务栏的通知区域单击网络图标，在打开的面板中选择无线网络选项，单击选中"自动连接"复选框，单击"连接"按钮，如图3-49所示。

步骤8：在打开的页面中输入无线网络的密码，单击"下一步"按钮，如图3-50所示。连接成功后，在无线网络选项中将显示"已连接……"的字样，如图3-51所示。

图3-49　连接无线网络　　　　图3-50　输入密码　　　　图3-51　成功连接无线网络

Windows 10中提供了"公用"和"专用"两种不同的网络位置方案，在任务栏的通知区域中单击网络图标，在打开的面板中单击"网络和Internet设置"超链接，打开网络和Internet的"设置"窗口，左侧默认选择"状态"选项，在右侧单击"更改连接属性"超链接，在打开的窗口中可设置网络位置，一般在家中或工作单位中选择使用"专用"网络。

3. 配置无线局域网 TCP/IP

要使用无线局域网实现计算机之间的资源共享，需要在计算机中设置IP地址，其具体操作如下。

步骤1：在控制面板中单击"网络和共享中心"超链接，打开"网络和共享中心"窗口，在"查看活动网络"栏中单击无线网络的超链接，如图3-52所示。

步骤2：打开"WLAN 状态"对话框，单击"属性"按钮，如图3-53所示。

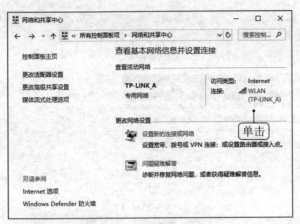

图3-52　单击无线网络的超链接　　　　　图3-53　"WLAN 状态"对话框

步骤3：打开"WLAN属性"对话框，在其中的"此连接使用下列项目"列表框中双击"Internet协议版本4(TCP/IPv4)"选项，如图3-54所示。

步骤4：打开"Internet协议版本4(TCP/IPv4)属性"对话框，单击选中"使用下面的IP地址"单选项，在"IP地址"文本框中输入由四组数字序列组成的IP地址，如"192.168.1.5"；单击"子网掩码"文本框，系统根据IP地址将自动分配为"255.255.255.0"，在"默认网关"文本框中输入由四组数字序列组成的默认网关，如"192.168.1.1"，将所有地址设置好后，单击"确定"按钮，如图3-55所示。

步骤5：用相同方法为无线局域网中的其他计算机设置IP地址，如"192.168.1.6""192.168.1.7"等。

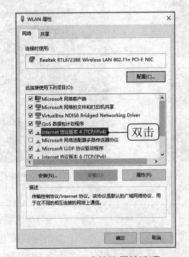

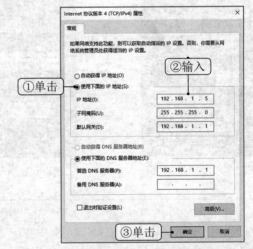

图3-54　双击协议属性选项　　　　　　　图3-55　设置IP地址

4. 共享设置

若要使局域网中的计算机之间实现资源共享，还需要根据网络位置开启Windows 10的资源共享功能，如开启"专用"网络的共享功能，具体操作如下。

步骤1：在控制面板中单击"网络和共享中心"超链接，打开"网络和共享中心"窗口，在左侧单击"更改高级共享设置"超链接。

步骤2：打开"高级共享设置"窗口，展开"专用(当前配置文件)"选项，单击选中"启用网络发现"单选项，单击选中"启用文件和打印机共享"单选项，再单击"保存更改"按钮，如图

3-56所示。

步骤3：如果要使其他人具备访问权限，则需要关闭密码保护。在"高级共享设置"对话框中展开"所有网络"选项，在"密码保护的共享"栏中单击选中"无密码保护的共享"单选项，再单击"保存更改"按钮。

步骤4：开启网络共享功能后，在"此电脑"窗口的导航窗格中选择"网络"选项，打开"网络"窗口，该窗口显示了局域网中开启共享功能的所有计算机，如图3-57所示。

图3-56　开启"专用"网络的共享功能　　　　图3-57　查看局域网中的计算机

5. 共享文件或文件夹

启动Windows 10的共享功能后，即可共享计算机中任意的文件或文件夹，其具体操作如下。

步骤1：选择需共享的文件或文件夹，单击鼠标右键，在弹出的快捷菜单中选择【授予访问权限】/【特定用户】命令。

步骤2：打开"选择要与其共享的用户"界面，在上方的下拉列表框中选择用户名称（通常选择"Everyone"），然后单击"共享"按钮，如图3-58所示。

步骤3：选择的用户显示在窗口下方的列表框并被选中，单击"权限级别"下的▼按钮，在打开的列表框中选择访问权限，完成后单击"共享"按钮，如图3-59所示。

　　　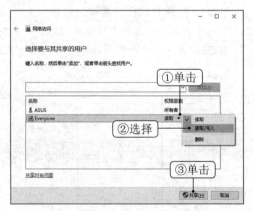

图3-58　选择共享用户　　　　　　　　　图3-59　设置权限

步骤4：在打开的窗口中显示文件夹已共享，中间的列表框将显示添加的共享文件夹，如图3-60所示。在"你的文件夹已共享"界面中单击"显示该计算机上的所有网络设置"超链接，即可在打开的窗口中查看该计算机所有的共享设置，如图3-61所示。其中"Users"文件夹是系统盘中的"用户"文件夹，该文件夹默认是一个公用文件夹，成功组建局域网后，将需要设置为共享的文件或文件夹放入该文件夹中，即可实现文件或文件夹的共享。

图3-60 显示共享的内容

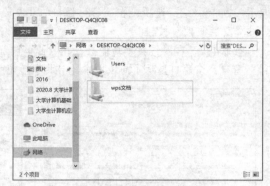

图3-61 查看所有共享设置

要通过一台计算机访问局域网中另一台计算机（开机状态下）的共享文件，可在"此电脑"窗口的导航窗格中选择"网络"选项，打开"网络"窗口，双击要访问的计算机的图标，在打开的窗口中显示了共享的文件和文件夹，双击打开文件或文件夹即可。另外，在"开始"菜单中选择【Windows 系统】/【运行】命令，在打开的"运行"对话框中先输入"\\"，再输入需访问的计算机的IP地址，如输入"\\192.168.1.6"，单击"确定"按钮，即可快速访问该台计算机。

6. 共享打印机

当局域网中的某台计算机安装了打印机后，用户只需将其设置为共享打印机，就可使局域网中的其他用户也能使用该打印机，设置共享打印机的具体操作如下。

步骤1： 在控制面板中单击"查看设备和打印机"超链接。

步骤2： 打开"设备和打印机"窗口，在安装的打印机上单击鼠标右键，在弹出的快捷菜单中选择"打印机属性"命令。

步骤3： 打开打印机的属性对话框，单击"共享"选项卡，单击选中"共享这台打印机"复选框，在"共享名"文本框中可设置共享打印机的名称。

步骤4： 单击"确定"按钮完成共享设置，如图3-62所示。

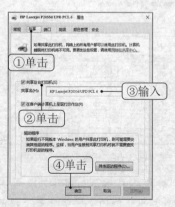

图3-62 共享打印机

如果要在一台计算机中使用另一台设置了共享的打印机，首先在该台计算机的"此电脑"窗口的导航窗格中选择"网络"选项，在打开的"网络"窗口中双击目标计算机的图标，然后在共享打印机选项上单击鼠标右键，在弹出的快捷菜单中选择"连接"命令，为共享打印机安装驱动程序，驱动程序安装成功后，在这台计算机中便可使用共享的打印机打印文件。

3.4 章节实训——操作Windows 10

本次实训将进行Windows 10的具体操作，以巩固本章所学知识。操作内容主要包括自定义桌面、文件管理和系统管理等方面的内容。桌面参考效果如图3-63所示。

微课：操作
Windows 10

图3-63 桌面参考效果

⚠️ **提 示**

（1）在桌面添加"此电脑""控制面板""网络"桌面图标，并将计算机中保存的一张图片设置为桌面背景。

（2）设置系统日期和时间与Internet的日期和时间同步。

（3）安装WPS Office 2019，将"开始"菜单列表框中的WPS Office应用程序固定到任务栏，并为其创建桌面快捷方式图标。

（4）安装搜狗拼音输入法，并将其添加到语言栏中。

（5）在F盘中新建"工作文件"文件夹，并将F盘的工作文件放入该文件夹。

（6）为重要的文件或文件夹设置"隐藏"属性。

（7）为系统盘以外的磁盘整理磁盘碎片。

（8）将网络位置设置为"专用"，开启计算机的网络共享功能。

（9）完成以上操作后，关闭计算机退出Windows 10。

思考·感悟

关键核心技术是国之重器，我们有责任和义务推动信息领域核心技术突破。

微课：计算机
软件

课后练习

1. 打开计算机启动Windows 10。

2. 从网上下载腾讯QQ的安装程序，将其安装到计算机中；将腾讯QQ应用程序固定到"开始"屏幕和任务栏中。

3. 从网上下载迅雷的安装程序，将其安装到计算机中，并为其创建桌面快捷方式图标。

4. 将鼠标指针样式设置为"Windows标准(大)(系统方案)"，并将鼠标的双击速度调快一格，同时将移动速度调慢一格。

5. 新建文本文档，将输入法切换为搜狗拼音输入法，在文本文档中输入"公司十周年庆典活动"文本。

6. 启用计算机的网络共享功能，将文件设置为共享。

7. 管理文件和文件夹，具体要求如下。

（1）在计算机G盘下新建"PING""WANN""INPN"3个文件夹，再在"PING"文件夹下新建"LING"子文件夹，在该子文件夹中新建一个"BEIFE.txt"文件。

（2）将"PING"文件夹下的"BEIFE.txt"文件复制到"WANN"文件夹中。

（3）将"WANN"文件夹中的"BEIFE.txt"文件设置为隐藏和只读属性。

（4）将"PING"文件夹下的"BEIFE.txt"文件移动到"INPN"文件夹中，并将其重命名为"WANG.txt"。

8. 对C盘进行磁盘分析，然后使用磁盘清理工具，对已下载的程序文件、Internet临时文件、回收站、临时文件和安装日志文件等进行清理。

第4章
WPS文字编辑

WPS Office是由金山软件股份有限公司出品的一款办公软件套装，WPS Office个人版小巧易用且免费，受到了许多办公人员的青睐。WPS Office的三大组件包括WPS文字、WPS表格和WPS演示，分别用于制作各类文档、表格和演示文稿。

同时，WPS Office有多个版本，包括WPS Office 2003、WPS Office 2007、WPS Office 2010、WPS Office 2013、WPS Office 2016、WPS Office 2019等。本章将以WPS Office 2019为基础，介绍使用WPS文字组件进行文字编辑的操作方法和具体应用。

课堂学习目标

- 掌握新建、保存、打开和关闭WPS文档的基本操作。
- 掌握在WPS文档中输入与删除、修改、复制与剪切、查找与替换文本的操作方法。
- 掌握在WPS文档中设置字体和段落格式、添加项目符号和编号的方法。
- 掌握在WPS文档中设置边框和底纹、分栏、首字下沉的方法。
- 掌握在WPS文档中插入与编辑图片、文本框、艺术字、形状、图标的方法。
- 掌握在WPS文档中插入与绘制表格、编辑表格的方法。
- 掌握在WPS文档中设置页眉和页脚、设置页面的方法。
- 掌握文档输出与转换、打印文档及WPS文字其他高级设置的方法。

4.1 WPS 文字主要功能

WPS文字是WPS Office办公软件的核心组件之一，是我们学习、工作中经常使用的一款功能强大的文字编辑软件，可用于制作、编排各类文档，如学习计划表、毕业论文、简历、公司简介、产品介绍、招聘简章等。下面我们将详细介绍WPS文字的主要功能。

在Windows 10桌面左下角单击"开始"按钮，在"开始"菜单中选择【WPS Office】/【WPS Office】命令便可启动WPS Office 2019，单击"新建"按钮，进入WPS Office 2019工作界面，如图4-1所示。

图4-1　WPS Office 2019工作界面

相比之前的版本，WPS Office 2019将WPS文字、WPS表格和WPS演示等组件融合在一起，不再提供WPS文字、WPS表格和WPS演示等独立软件。在WPS Office 2019工作界面上方选择"文字""表格"或"演示"选项，即可进入WPS文字、WPS表格或WPS演示的工作界面。

4.1.1　WPS 文档的基本操作

WPS文档的基本操作包括新建、保存、打开和关闭文档，下面进行详细介绍。

1. 新建

在WPS Office 2019的工作界面上方选择"文字"选项，在WPS 文字界面的"推荐模板"中选择"新建空白文档"选项，软件将切换到WPS文字编辑界面，并自动新建名为"文字文稿1"的空白文档，如图4-2所示。此时，单击WPS文字编辑界面左上角"文件"按钮右侧的下拉按钮，选择【文件】/【新建】命令，可新建名为"文字文稿2"的空白文档。继续执行新建操作，可依次新建名为"文字文稿3""文字文稿4"等的空白文档。

下面对WPS文字编辑界面的主要组成部分进行简要介绍。

● "标题"选项卡："标题"选项卡用于显示文档名称。

● "文件"按钮："文件"按钮是WPS Office 2019的通用按钮，用于文档、表格和演示文稿的新建、打开、保存、输出、打印等操作。该按钮右侧的下拉按钮则用于执行当前文档的新建、打开、保存、打印等操作，同时包含编辑、插入、格式等基本命令。

● 功能选项卡：单击其中任一功能选项卡可打开对应的功能区，单击其他选项卡可切换到相应的选项卡，每个功能选项卡中包含了相应的功能。

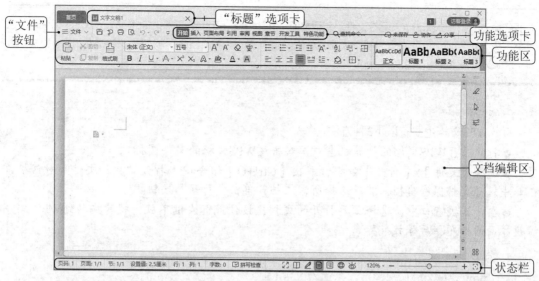

图4-2 WPS文字编辑界面

●**功能区**：功能区与功能选项卡是对应的关系，单击某个功能选项卡即可展开相应的功能区，在功能区中有许多自动适应窗口大小的工具栏，每个工具栏中为用户提供了相应的组，每个组中包含了不同的按钮或下拉列表框等。

●**文档编辑区**：文档编辑区即输入与编辑文本的区域，对文本进行的各种操作结果都在该区域显示。

●**状态栏**：状态栏主要用于显示当前文档的工作状态，如当前页数、字数、输入状态等，右侧依次显示视图切换按钮和显示比例调节滑块。

2. 保存

对于新建的文档，在WPS 文字编辑界面中选择【文件】/【保存】命令，或者按【Ctrl+S】组合键，打开"另存文件"对话框，在"位置"栏中选择文档的保存路径，在"文件名"下拉列表框中设置文件名称，单击"保存"按钮即可完成保存操作，如图4-3所示。

对于已经保存过的文档，选择【文件】/【另存为】命令，打开"另存文件"对话框，在其中可更改文档名称和保存路径。

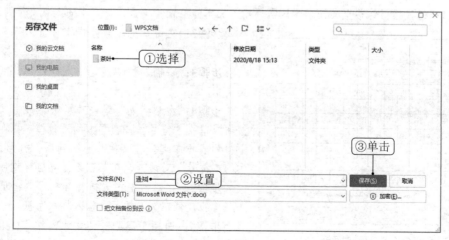

图4-3 保存文档

一般来说，"另存文件"对话框的"文件类型"可选择"Microsoft Word 文件(*.docx)"选项，也可选择"WPS文字文件(*.wps)"选项，将文档保存为WPS文字的专用文件格式，其文件扩展名为".wps"。

3. 打开

打开WPS文档主要有以下3种方法。

● 打开保存WPS文档的计算机窗口，双击该WPS文档的文件图标。

● 选择【文件】/【打开】命令，或按【Ctrl+O】组合键。打开"打开文件"对话框，在其中选择文档保存路径，然后选择所需文档，单击"打开"按钮。

● 在计算机窗口中，选择需要打开的文档，按住鼠标左键不放，将其拖动到WPS 文字编辑界面的标题栏后释放鼠标。

4. 关闭

关闭WPS文档的操作很简单，主要有以下3种。

● 单击WPS 文字编辑界面右上角的"关闭"按钮，关闭文档并退出WPS Office 2019。

● 按【Alt+F4】组合键关闭文档并退出WPS Office 2019。

● 在显示文档名称的选项卡中单击"关闭"按钮，关闭文档但不退出WPS Office 2019。

4.1.2 输入与编辑文本

运用WPS的即点即输功能可轻松地在文档的不同位置输入所需文本，如数字文本、英文文本、中文文本和特殊字符等。在文档中输入文本后，有时还需要对文本进行编辑，如删除文本、修改文本、复制或剪切文本、转换英文大小写等。

微课：输入
与删除文本

1. 输入与删除文本

新建文档后，可直接输入文本，对于输入错误或多余的文本则可将其删除。其具体操作如下。

步骤1：将鼠标指针移至文档编辑区需要输入文本的位置，单击，将文本插入点定位到此处。

步骤2：在键盘上按数字或字母键，可直接输入数字文本或英文文本。

步骤3：将输入法切换至中文输入法，可输入中文文本。

步骤4：在"插入"功能选项卡中单击"符号"按钮或单击"符号"按钮下方的下拉按钮，在打开的下拉列表框中选择"其他符号"选项，打开图4-4所示的"符号"对话框，在其中选择其他符号样式。

步骤5：在对话框中选择符号样式后，单击"插入"按钮，可在文本插入点输入特殊字符。

步骤6：选择需要删除的文本，按【Delete】键或【BackSpace】键可删除文本。

图4-4 "符号"对话框

应用技巧

在文档中输入带圈字符的方法为：在"开始"功能选项卡中单击"拼音指南"按钮右侧的下拉按钮，在打开的列表框中选择"带圈字符"选项。打开"带圈字符"对话框后，可设置样式、文字和圈号，单击"确定"按钮。

2. 修改文本

首先选择需要修改的文本，然后输入正确的文本。

3. 复制或剪切文本

复制和剪切文本，都可以将文本放到剪贴板中，不同的是剪切文本后原文本被删除，而复制文本后将生成另一个相同的文本。

选择文本后，在"开始"功能选项卡中单击"复制"按钮，或按【Ctrl+C】组合键，可复制文本；选择文本后，在"开始"功能选项卡中单击"剪切"按钮，或按【Ctrl+X】组合键，可剪切文本；复制或剪切文本后，在"开始"功能选项卡中单击"粘贴"按钮，或按【Ctrl+V】组合键，可将复制或剪切的文本粘贴到文档的其他位置。

4. 转换英文大小写

在WPS 文字中可使用【Shift+F3】组合键快速转换英文大小写：选择要转换的英文字母，首次按【Shift+F3】组合键，英文首字母转换为大写，再次按【Shift+F3】组合键，所有英文字母转换为大写；再次按【Shift+F3】组合键，所有大写英文字母转换为小写。

4.1.3 查找与替换文本

在文档中若要查看某个字词的位置，或是将某个字词全部替换为另外的字词，逐个查找并替换会花费较多的时间，且容易出错，此时可使用WPS的查找与替换功能实现快速查找与替换文本。其具体操作如下。

微课：查找
与替换文本

步骤1：在"开始"功能选项卡中单击"查找替换"按钮。

步骤2：在"查找和替换"对话框中切换到"替换"选项卡，如图4-5所示。在"查找内容"文本框中输入需要查找的文本内容。

步骤3：单击"查找下一处"按钮，可在文档中查找设置的查找内容。

步骤4：在"替换为"文本框中输入替换内容。

步骤5：单击"替换"按钮可替换当前查找到的内容；单击"全部替换"按钮，则替换全部内容。

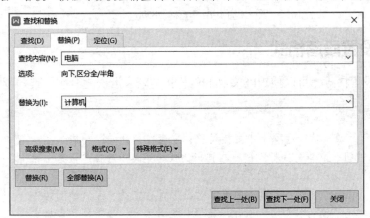

图4-5 查找与替换文本

4.1.4 设置字体格式

默认情况下在WPS文档中输入的字体都是软件默认的字体格式。若需要不同的字体格式，可在完成文本输入后，对文本的字体格式进行设置。其具体操作如下。

微课：设置
字体格式

步骤1：选择需要设置字体的文本或段落。

步骤2：在"开始"功能选项卡中直接设置；或者单击"开始"功能选项卡中"字符底纹"按钮右下角的"字体"按钮，打开"字体"对话框，如图4-6所示。

步骤3：在"字体"选项卡中可以对中文字体、西文字体、字形、字号、颜色、下划线、上标、下标和删除线等字体效果进行设置。

步骤4：在"字符间距"选项卡中可以设置文本的间距和缩放效果。

步骤5：单击"字体"对话框底部的"文本效果"按钮，可以设置文本的动态效果。

步骤6：设置完成后，单击"确定"按钮。

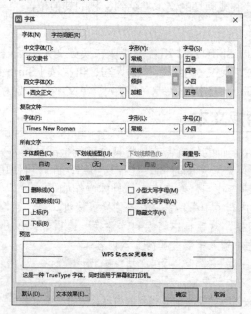

图4-6 "字体"对话框

4.1.5 设置段落格式

通过设置段落格式，可以使WPS文档的结构更清晰、层次更分明。其具体操作如下。

微课：设置
段落格式

步骤1：选择需要设置的段落。

步骤2：在"开始"功能选项卡中直接设置；或者在"开始"功能选项卡中单击"段落"按钮；或单击鼠标右键，在弹出的快捷菜单中选择"段落"命令，打开"段落"对话框，如图4-7所示。

步骤3：在"缩进和间距"选项卡中可以对段落对齐方式、缩进和间距进行设置。还可以利用"换行和分页"选项卡设置分页、换行、字符间距等格式。

步骤4：设置完成后，单击"确定"按钮。

图 4-7 "段落"对话框

4.1.6 添加项目符号和编号

使用项目符号与编号功能，可为WPS文档中属于并列关系的段落添加
●、★、◆等项目符号，也可添加"1.2.3."或"A.B.C."等编号，使WPS
文档内容层次分明、条理清晰。其具体操作如下。

步骤1： 选择需要添加项目符号的段落。

步骤2： 在"开始"功能选项卡中，单击"项目符号"按钮右侧的下拉按钮。

步骤3： 在打开的列表框中的"预设项目符号"栏中直接选择项目符号；
或者选择"自定义项目符号"选项，打开"项目符号和编号"对话框的"项
目符号"选项卡，如图4-8所示。选择项目符号样式后，单击"确定"按钮可添加该样式的项目符
号，或者单击"自定义"按钮，在打开的对话框中可自定义项目符号样式。

步骤4： 选择需要添加编号的段落，在"开始"功能选项卡中，单击"编号"按钮右侧的下拉
按钮。

步骤5： 在打开的列表框中的"编号"栏中选择项目符号；或者选择"自定义编号"选项，打
开"项目符号和编号"对话框的"编号"选项卡，如图4-9所示。选择编号样式后，单击"确定"
按钮可添加该样式的编号，或者单击"自定义"按钮，在打开的对话框中可自定义编号样式。

图 4-8 "项目符号"选项卡

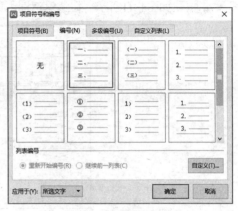

图 4-9 "编号"选项卡

4.1.7 设置边框和底纹

在WPS文档中不仅可以为字符设置边框和底纹，还可以为段落设置边框和底纹。

1. 为字符设置边框和底纹

选择需要设置边框和底纹的字符，在"开始"功能选项卡中单击"字符底纹"按钮，可为字符设置底纹效果；单击"拼音指南"按钮右侧的下拉按钮，选择"字符边框"选项，可为字符设置边框效果。

2. 为段落设置边框和底纹

选择需要设置边框和底纹的段落，在"开始"功能选项卡中单击"底纹"按钮右侧的下拉按钮，在打开的列表框中可设置不同颜色的底纹样式；单击"边框"按钮右侧的下拉按钮，在打开的列表框中可设置不同类型的框线，若选择该列表框中的"边框和底纹"选项，可打开"边框和底纹"对话框，如图4-10所示，在该对话框中可详细设置边框和底纹样式。

图4-10 "边框和底纹"对话框

4.1.8 设置分栏

分栏即将文本拆分为两栏或多栏，设置方法是：选择需要进行分栏的文本，在"页面布局"功能选项卡中单击"分栏"按钮，在打开的列表框中选择"更多分栏"选项，打开"分栏"对话框，如图4-11所示，在该对话框中可设置栏数、宽度和间距等参数。

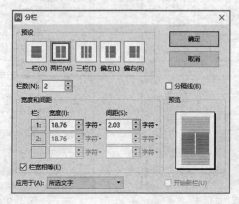

图4-11 "分栏"对话框

4.1.9　设置首字下沉

　　首字下沉是一种突出显示段落中的第一个汉字的排版方式，可使WPS文档中的文字更加醒目。

　　将鼠标指针定位到需要进行首字下沉的段落中，单击"插入"功能选项卡中的"首字下沉"按钮，打开"首字下沉"对话框，如图4-12所示，在该对话框中可设置首字下沉的位置、下沉行数和距离等参数。

图4-12　"首字下沉"对话框

4.1.10　插入与编辑图片

　　在WPS文档中插入图片并对其进行编辑，可以更好地表达文档内容，增加文档的美观性。

1. 插入图片

插入图片的具体操作步骤如下。

　　步骤1：将文本插入点定位到需要插入图片的位置，在"插入"功能选项卡中单击"图片"按钮下方的下拉按钮，在打开的列表框中单击"本地图片"按钮。

微课：插入图片

　　步骤2：打开"插入图片"对话框，在地址栏中选择图片的保存路径，在下方的列表框中选择要插入的单张或多张图片，单击"打开"按钮，如图4-13所示。

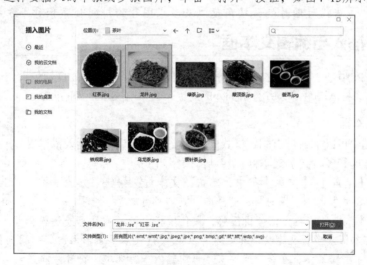

图4-13　插入图片

　　在"插入"功能选项卡中单击"图片"按钮下方的下拉按钮，单击"扫描仪"或"手机传图"按钮，可上传通过扫描仪扫描或者手机中保存的图片。

2. 编辑图片

　　编辑图片是为了美化图片，使图片与文档内容更协调。在文档编辑区选择图片，"图片工具"功能选项卡将会被激活，如图4-14所示，在其中可对图片进行编辑操作。

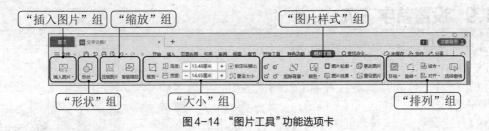

图4-14 "图片工具"功能选项卡

"图片工具"功能选项卡中常用功能组（从左向右）的含义如下。

● "插入图片"与"形状"组："插入图片"与"形状"组分别用于在文档中插入图片和形状。

● "缩放"组："缩放"组包括"压缩图片"和"智能缩放"两个按钮。"压缩图片"用于缩小图片的尺寸，但会降低图片的分辨率；"智能缩放"用于缩小或放大图片的尺寸，更改图片的分辨率和体积。

● "大小"组："大小"组的"裁剪"按钮用于裁剪图片；"高度"和"宽度"文本框用于精确设置图片大小。

● "图片样式"组："图片样式"组用于设置图片的亮度、对比度、颜色、图片轮廓阴影及柔化边缘等特殊效果。在该组中单击"更改图片"按钮，可完成图片替换操作。替换图片后，将保留原来的格式设置。

● "排列"组："排列"组用于设置图片的文字环绕方式，如"衬于文字下方""浮于文字上方"，或者设置图片的旋转角度以及多张图片的排列顺序和对齐方式等。

4.1.11 插入与编辑文本框

文本框在WPS中是一种特殊的文档版式，它可以被置于页面中的任何位置，而且用户可在文本框中输入文本、插入图片等，并且所插入的对象不会影响文本框外的内容。

1. 插入文本框

在WPS文档中可以插入带有固定样式的内置文本框，也可以插入横排文本框、竖排文本框和多行文字文本框，其具体操作如下。

步骤1：在【插入】/【文本】组中，单击"文本框"按钮下方的下拉按钮，在打开的列表框中选择"横向"、"竖向"或"多行文字"选项。

微课：插入文本框

步骤2：将鼠标指针移到文档编辑区中，按住鼠标左键并拖动可绘制横排文本框、竖排文本框或多行文字文本框。其中：在横排文本框中输入的文本横向显示；在竖排文本框中输入的文本竖排显示；在多行文字文本框中输入多行文本，将自动调整文本框的高度。

2. 编辑文本框

插入文本框后，将激活"绘图工具"功能选项卡（见图4-15）和"文本工具"功能选项卡（见图4-16），在这两个功能选项卡中可编辑文本框。

图4-15 "绘图工具"功能选项卡

"绘图工具"功能选项卡用于编辑文本框,其常用功能组的含义如下。

● "插入形状"组:"插入形状"组主要用于在文本框中插入形状或调整文本框的形状。

● "形状样式"组:"形状样式"组中所有的选项和按钮都用于更改文本框的样式。如"填充"按钮、"轮廓"按钮、"形状效果"按钮,分别用于设置形状颜色填充、形状轮廓及形状特殊效果(如阴影、发光、柔化边缘等)。

● "排列"组:"排列"组主要用于设置文本框的文字环绕方式和旋转角度,以及多个文本框的排列顺序和对齐方式。

● "大小"组:"大小"组主要用于设置文本框的大小。

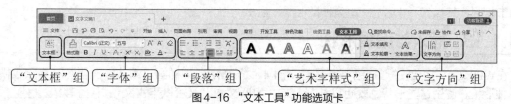

"文本框"组   "字体"组   "段落"组   "艺术字样式"组   "文字方向"组

图4-16 "文本工具"功能选项卡

"文本工具"功能选项卡用于编辑文本框中的文本,其常用功能组的含义如下。

● "文本框"组:"文本框"组中的"文本框"按钮用于插入文本框。

● "字体"组:"字体"组用于设置文本框中文本的字体格式。

● "段落"组:"段落"组用于设置文本框中文本的段落格式。

● "艺术字样式"组:"艺术字样式"组中的各选项和按钮用于设置文本框中的文本样式,如文本颜色、文本轮廓、文本特殊效果(如阴影、倒影、发光)等。

● "文字方向"组:"文字方向"组中的"文字方向"按钮用于调整文本方向。

4.1.12 插入与编辑艺术字

艺术字可以将传统的文字变得更有创意,起到突出显示和美化文字的作用。艺术字实质上是在文本框的基础上内置了具有某种特殊样式的文本。

1. 插入艺术字

插入艺术字的方法为:将文本插入点定位至需要插入艺术字的位置,在"插入"功能选项卡中单击"艺术字"按钮,在打开的列表框中的"预设样式"栏中可看到不同的艺术字选项,如图4-17所示,选择需要的艺术字选项即可插入艺术字,效果如图4-18所示,选择"请在此位置放置您的文字"文本,将其更改为所需文本。

图4-17 插入艺术字

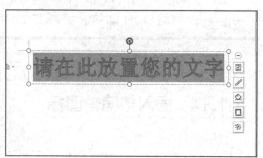

图4-18 默认插入的艺术字效果

用户登录WPS Office账号后，在"插入"功能选项卡中单击"艺术字"按钮，在计算机连接网络的情况下，可在打开的列表框的"稻壳艺术字"栏中选择插入稻壳商城（金山办公旗下WPS办公资源分享平台）提供的艺术字。

2. 编辑艺术字

插入艺术字后，将激活"绘图工具"和"文本工具"功能选项卡，在其中可对插入的艺术字进行编辑操作。这两个功能选项卡与插入文本框后显示的"绘图工具"和"文本工具"功能选项卡相同，其操作和设置方法也相同。

4.1.13 插入与编辑形状

在WPS文字中可通过形状绘制工具绘制出如线条、矩形、椭圆、箭头、流程图、星和旗帜等多种形状。使用这些形状，既可以注释文本、串联文本，又可以丰富文档内容和美化文档。

插入与编辑形状的方法为：在"插入"功能选项卡中单击"形状"按钮，在打开的列表框中选择相应的形状选项，如图4-19所示，将鼠标指针移到文档编辑区中，按住鼠标左键拖动鼠标绘制形状，释放鼠标即可完成形状的绘制，如图4-20所示。单击鼠标右键，在弹出的快捷菜单中选择"添加文字"命令，可在形状中输入文本。

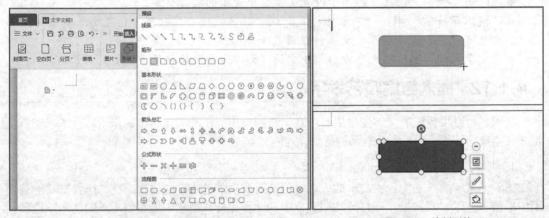

图4-19 选择形状　　　　　　　　　　图4-20 绘制形状

 应用技巧　办公中有时需要绘制规则的圆形，而WPS中只提供了椭圆形状选项，此时，在绘制椭圆时，按住【Shift】键的同时按住鼠标左键进行拖动就能绘制出圆形。同理，在绘制五边形时，按住【Shift】键的同时按住鼠标左键并拖动可绘制出正五边形。

插入形状后，将激活"绘图工具"功能选项卡，该功能选项卡与插入文本框后显示的"绘图工具"功能选项卡相同，其操作和设置方法也相同。

4.1.14 插入与编辑图标

以往如果要插入可灵活编辑的矢量图标，需要借助AI（Adobe Illustrator）等专业软件设计后，再导入文档中使用，其操作非常不便。WPS文字提供了多种类型的图标，用户登录WPS Office账号后，在计算机连接网络的情况下，则可直接插入WPS文字中提供的在线图标。

1. 插入图标

插入图标的具体操作如下。

步骤1：将文本插入点定位至需要插入图标的位置，在"插入"功能选项卡中单击"图标"按钮。

步骤2：在打开的对话框的上方可选择图标的应用类型，在中间的列表框中可选择不同类型的图标库，如图4-21所示。

步骤3：单击图标库选项卡后将打开具体的图标选项页面，其中带有 ⬡ 标记的图标需付费使用，带有 ⬡ 标记的图标则可免费使用，如图4-22所示。

图4-21 选择图标库选项

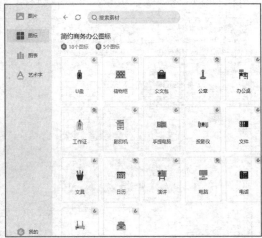

图4-22 选择图标

2. 编辑图标

插入图标后，将激活"图形工具"功能选项卡，如图4-23所示。该功能选项卡与插入文本框后显示的"绘图工具"功能选项卡只有略微不同，即"图形工具"功能选项卡中没有了"插入形状"组，而增加了一个"更改图片"组，其他选项的操作和设置方法相同。

图4-23 "图形工具"功能选项卡

在文档中插入图片、文本框、艺术字、SmartArt图形等对象后，都可以单击鼠标右键，通过快捷菜单中的命令执行相应的编辑操作。

4.1.15 插入与绘制表格

WPS文档中的表格通常被用来储存和管理一组或者多组数据信息，让数据的展现更加清楚、直观。

1. 插入表格

在WPS文档中可以通过"表格"下拉列表框和"插入表格"对话框来插入表格。

●**通过"表格"下拉列表框插入表格**：在"插入"功能选项卡中单击"表格"按钮，在打开的列表框中移动鼠标指针选择需要插入的表格行数和列数，如图4-24所示。确认后在文档中单击便会自动生成相应的表格。

●**使用"插入表格"对话框插入表格**：在"插入"功能选项卡中单击"表格"按钮，在打开的列表框中选择"插入表格"选项。打开图4-25所示的"插入表格"对话框，对将要创建的表格信息进行设置，单击"确定"按钮。

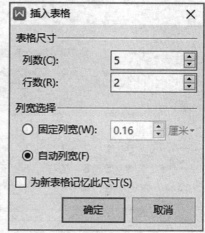

图4-24 通过"表格"下拉列表框插入表格　　　　图4-25 "插入表格"对话框

采用这两种方式插入的表格是规则的：表格的左右边框对齐文档的左右边框，且每行每列的行宽和列高是相等的。

2. 绘制表格

使用绘制表格功能可以在文档中灵活地绘制不同行列数和不同样式的表格。

绘制表格的方法是：在"插入"功能选项卡中单击"表格"按钮，在打开的列表框中选择"绘制表格"选项，将鼠标指针移至文档编辑区后鼠标指针呈↗状显示，按住鼠标左键并拖动鼠标指针，便可开始绘制表格，如图4-26所示。绘制表格时，WPS文字会根据鼠标拖动的高度和宽度自动设置表格的行数和列数。将鼠标指针移至表格中任意单元格的边框线，按住鼠标左键并向右拖动，可绘制表格横线；按住鼠标左键并向下拖动，可绘制表格竖线，如图4-27所示。

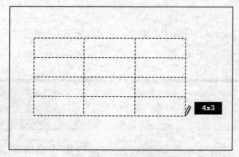

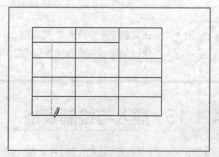

图4-26 绘制表格　　　　　　　　图4-27 绘制表格竖线

表格以行和列的方式将多个矩形小方框组合在一起，形成多个单元格，其中的数据以一组或多组的存储方式直观地表现出来，方便用户比较和管理。表格中交叉的行与列形成的矩形小方框称为"单元格"，它用于装载表格中的信息。

4.1.16 编辑表格

插入或绘制表格后，将激活"表格工具"功能选项卡（见图4-28）和"表格样式"功能选项卡（见图4-29），在这两个功能选项卡中可进行编辑表格的操作。

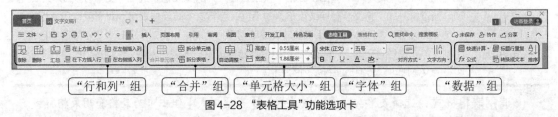

图4-28 "表格工具"功能选项卡

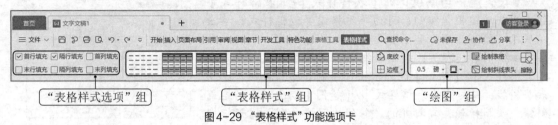

图4-29 "表格样式"功能选项卡

由于"表格工具"和"表格样式"功能选项卡涉及的选项很多，下面我们主要对常用的编辑表格的功能操作方法进行介绍。

● 插入与删除表格：在【表格工具】/【行和列】组中单击"在上方插入行"或"在下方插入行"按钮可在文本插入点所在单元格上方或下方插入一行单元格；单击"在左侧插入列"或"在右侧插入列"可在文本插入点所在单元格左侧或右侧插入一列单元格。在【表格工具】/【行和列】组中单击"删除"按钮，可选择删除单元格或整个表格。

● 合并与拆分单元格：在【表格工具】/【合并】组中单击"合并单元格"按钮，可将两个或两个以上的相邻单元格合并为一个单元格；在【表格工具】/【合并】组中单击"拆分单元格"按钮，可将一个单元格拆分为两个或两个以上的单元格。

● 调整单元格的行高与列宽：在【表格工具】/【单元格大小】组的"高度"或"宽度"文本框中可设置单元格行高或列宽的具体数值。

 用户可以通过拖动鼠标指针快速调整表格的行高或列宽，其方法为：将鼠标指针移至需调整的表格边框线上，当鼠标指针变为 ↕ 或 ↔ 形状时拖动鼠标指针至合适位置，即可调整行高和列宽。

应用技巧

● 设置表格数据的字体和对齐方式：在【表格工具】/【字体】组中单击相应的按钮或打开相应的下拉列表框，可设置表格数据的字体和对齐方式。

● 将表格转换成文本：在【表格工具】/【数据】组中单击"转换成文本"按钮，打开"表格转换成文本"对话框，设置文字分隔符后，单击"确定"按钮，可将表格转换为文本，如图4-30所示。

图4-30 将表格转换成文本

应用技巧

在"插入"功能选项卡中单击"表格"按钮，在打开的列表框中选择"文本转换成表格"选项。通过打开的"将文字转换成表格"对话框，可将文本转换成表格。对于只有段落标记的多个文本段落，WPS文字可以将其转换成单列多行的表格；而对于同一个文本段落中含有多个制表符或逗号的文本，WPS文字可以将其转换成单行多列的表格；包括多个段落、多个分隔符的文本则可以转换成多行多列的表格。

- ●**套用表格样式**：选择表格，在【表格样式】/【表格样式】组中可为表格套用表格样式。
- ●**设置边框与底纹**：在【表格样式】/【表格样式】组中单击"边框"按钮，可为单元格设置边框样式；单击"底纹"按钮，可为单元格设置底纹样式。
- ●**绘制斜线表头**：绘制斜线表头有两种方式。一是在【表格样式】/【绘图】组中单击"绘制表格"按钮，绘制表头斜线；二是在【表格样式】/【绘图】组中单击"绘制斜线表头"按钮，在打开的"斜线单元格类型"对话框中选择斜线单元格类型，如图4-31所示。

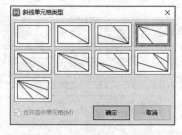

图4-31 选择斜线单元格类型

4.1.17 设置页眉和页脚

页眉和页脚是文档中页面页边距的顶部和底部区域。在进行文档编辑时，可以在页眉和页脚中添加文本或图形，如页码、日期、公司徽标、文档标题、文件名或作者名等。

1. 设置页眉

在"插入"功能选项卡中单击"页眉和页脚"按钮或者在页眉区域双击，进入页眉页脚编辑状态，在页眉输入文本或插入图片并进行编辑即可设置页眉，如图4-32所示。

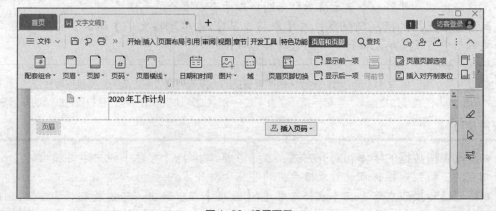

图4-32 设置页眉

进入页眉页脚编辑状态后，将激活"页眉和页脚"功能选项卡，如图4-33所示。

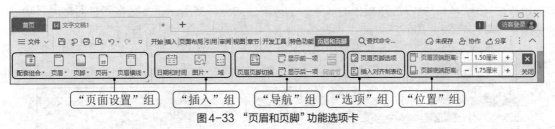

图4-33 "页眉和页脚"功能选项卡

"页眉和页脚"功能选项卡常用功能组的含义如下。

● **"页面设置"组**："页面设置"组主要用于插入页眉内容、插入页脚内容、插入页码，以及设置页眉横线样式。

● **"插入"组**："插入"组用于在页眉或页脚中插入相应内容。如单击"日期和时间"按钮，可在页眉或页脚中插入日期和时间。

● **"导航"组**："导航"组用于切换页眉与页脚位置。其中"页眉页脚切换"按钮用于在该文档当前的页眉和页脚之间切换；"显示前一项"按钮或"显示后一项"按钮用于定位到鼠标指针所在页眉或页脚的上一节或下一节页眉或页脚。

● **"选项"组**：单击"选项"组中的"页眉页脚选项"按钮，打开"页眉/页脚设置"对话框，如图4-34所示，可设置首页不同和奇偶页不同的页眉和页脚内容。

● **"位置"组**：该组用于设置页眉和页脚与正文间的距离。

图4-34 "页眉/页脚设置"对话框

2. 设置页脚

设置页脚和设置页眉的操作方法相似：在"插入"功能选项卡中单击"页眉和页脚"按钮或者在页脚区域双击，进入页眉页脚编辑状态，在页脚输入文本或插入图片并进行编辑即可。

在文档中编辑页眉或页脚时，在文档编辑区的上方会显示"插入页码"按钮，单击该按钮，在打开的对话框中设置页码的样式、位置和应用范围后，可在页眉或页脚添加页码。

4.1.18 页面设置

不同的文档对页面的要求有所不同，所以用户经常需要对页面进行设置。页面设置是指对文档纸张的方向、大小和页边距等进行设置，而这些设置将应用于文档的所有页面。

1. 设置纸张方向

通常页面的纸张方向默认为纵向显示，在"页面布局"功能选项卡中单击"纸张方向"按钮，在打开的列表框中选择"横向"选项，可将纸张方向设置为横向显示。

2. 设置纸张大小

新建文档的纸张大小默认设置为A4，而不同的文档对纸张大小的要求不同，用户可根据实际情况选择不同纸张大小或自定义纸张大小。

设置纸张大小可采用以下两种方法：一是在"页面布局"功能选项卡中单击"纸张大小"按钮，在打开的列表框中选择相应的纸张大小选项，如图4-35所示；二是在"页面布局"功能选项卡中，单击右下角的"页面设置"按钮，打开"页面设置"对话框，单击"纸张"选项卡，在"纸张大小"栏的下拉列表框中选择相应的纸张大小选项，或者在数值框中输入数值自定义纸张大小，如图4-36所示。

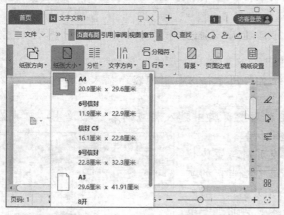

图4-35 通过"纸张大小"按钮设置

图4-36 通过"纸张"选项卡设置

3. 设置页边距

页边距是指页面的边线到文字的距离，页边距越大，页面可容纳的文本、图片等内容越少；页边距越小，页面可容纳的文本、图片等内容越多。用户可根据实际需要进行设置。

设置页边距可采用以下两种方法：一是在"页面布局"功能选项卡中单击"页边距"按钮，在打开的列表框中选择相应的页边距选项，如图4-37所示；二是在"页面设置"对话框中单击"页边距"选项卡，在"页边距"栏中可对横向和纵向的页边距进行设置，如图4-38所示。

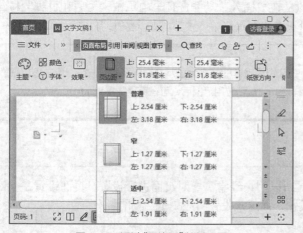

图4-37 通过"页边距"按钮设置

图4-38 通过"页边距"选项卡设置

4.1.19 文档输出与转换

WPS文字在"特色功能"功能选项卡中提供了文档输出与转换功能，能够将文档输出为PDF文件或图片，或者将PDF文件、图片转换为文档。文档输出与转换的操作方法相似，添加要输出或转换的文件，执行一键输出或转换即可。以将文档输出为PDF文件为例：在"特色功能"功能选项卡中单击"输出为PDF"按钮，打开"输出为PDF"对话框，单击"添加文件"按钮添加要转换的文档，在"保存目录"下拉列表框中可设置文档存储位置，单击"开始输出"按钮即可进行文档的输出，如图4-39所示。

图4-39 将文档输出为PDF文件

4.1.20 打印 WPS 文档

在工作中为了便于他人查阅文档，通常会将一份制作完成的文档进行打印。打印WPS文档的方法是：单击"文件"按钮右侧的下拉按钮，在打开的菜单中选择【文件】/【打印】命令，打开"打印"对话框，如图4-40所示，设置打印参数后，单击"确定"按钮即可开始打印文档。

图4-40 "打印"对话框

"打印"对话框由"打印机""页码范围""副本""并打和缩放"4个部分组成，下面对其中主要选项的含义进行简要说明。

● **"打印机"栏**：在"名称"下拉列表框中可以选择计算机所连接的打印机，在下方状态栏可查看此打印机的状态、类型、位置等；单击"属性"按钮，在打开的对话框中可设置打印机属性；单击选中"双面打印"复选框可以将文档打印成双面，节省资源，降低消耗。

● "页码范围"栏：单击选中"全部"单选项，可打印文档的所有页面；单击选中"当前页"单选项，可打印当前页面；单击选中"页码范围"单选项，可自定义打印范围，如输入"3-5"可打印第3至第5页，输入"3,5"可打印第3页和第5页；在"打印"下拉列表框中则可选择打印范围内的所有页面，或者打印奇数页或偶数页。

● "副本"栏："份数"数值框用于设置文档的打印份数，当打印多份文档时，如果单击选中"逐份打印"复选框，可按份输出，保证文档输出的连续性。

● "并打和缩放"栏：系统默认每页版数是1版，在"每页的版数"下拉列表框中可以根据自己的需求进行修改，如选择"2版"，即为每1页显示2页的内容。在左侧"并打顺序"处可以对版面顺序进行调整。

 单击"文件"按钮右侧的下拉按钮，在打开的菜单中选择【文件】/【打印预览】命令，在打开的页面中可预览文档的打印效果。

4.1.21 WPS 文字的其他高级设置

WPS文字是一款功能强大的文字编辑软件，除了本章前面介绍的常用功能外，在WPS文字中还可以进行其他高级设置，用于编排样式丰富或有特殊要求的文档。

1. 添加批注

在审阅文档的过程中，若针对某些内容需要提出意见和建议，可在文档中添加批注。

添加批注的方法是：将文本插入点定位至需要添加批注的位置，或者选择需要添加批注的内容，在"审阅"功能选项卡中单击"插入批注"按钮，插入批注文本框，然后在其中输入批注内容即可，如图4-41所示。

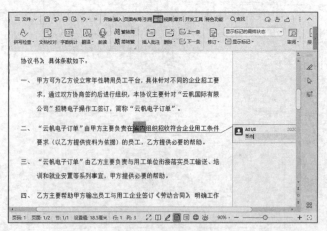

图4-41　添加批注

2. 应用样式

样式即多种格式的集合，WPS文字提供了许多内置样式，可以直接应用；当内置样式不能满足需要时，还可对样式进行修改和删除。

应用样式的方法是：选择需要应用样式的文本，在"开始"功能选项卡中的"样式"列表框中选择样式选项，如图4-42所示。如果要修改样式，在"样式"列表框的应用样式选项上单击鼠标右键，在弹出的快捷菜单中选择"修改样式"命令，打开图4-43所示的"修改样式"对话框，在"格式"栏中可更改样式的字体和段落格式。单击"格式"按钮，在打开的列表框中选择相应选项，可进行更多样式设置，如边框、编号、文本效果等。

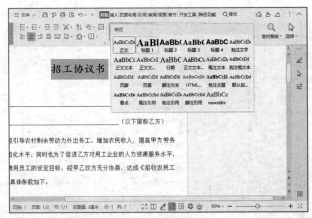

图4-42 应用样式

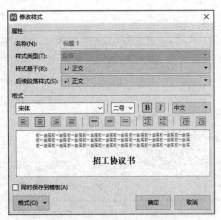

图4-43 "修改样式"对话框

3. 使用格式刷复制格式

在文档中若需要为多个文本或段落应用同样的格式设置时，为其中一个文本或段落设置格式后，可使用格式刷快速完成其他文本或段落的格式设置。

选择带有格式的文本后，在"开始"功能选项卡中，单击"格式刷"按钮可使用一次格式刷；双击"格式刷"按钮可重复使用格式刷，且完成后需再次单击"格式刷"按钮取消格式刷状态。当单击或双击"格式刷"按钮后，将鼠标指针移动至文档编辑区中，鼠标指针将变为 形状，在目标位置拖动鼠标指针选择文本，即可使用格式刷为该文本应用复制的格式。另外，在使用格式刷复制格式时，若选择了段落，可将该段落中的文字和段落格式复制到目标文字和段落中，若只选择了文字，则只将文字格式复制到目标文字中。

4. 插入分页符

在WPS文字中输入完一页的文本时，将会自动跳转到下一页，这是WPS文字中自动分隔符的功能。如果还没有输完一页文本，就需要跳转到下一页，为了防止下一页的内容跳转到上一页，此时需要手动插入分页符。

插入分页符的方法为：将文本插入点定位至需要分页的位置，在"插入"功能选项卡中单击"分页"按钮，即可将文本插入点后面的文本移动到下一页。

默认状态下，WPS文档中将不显示分页符标记。此时，单击"文件"按钮，在打开的菜单中选择"选项"命令，打开"选项"对话框，在左侧单击"视图"选项卡，在右侧"格式标记"栏中单击选中"全部"复选框可在文档中显示分页符标记。

5. 制作目录

在制作公司制度手册、劳动合同等内容较多、篇幅较长的文档时，为了让员工快速了解文档内容，通常都会为文档制作目录。需要注意的是，文档中需要提取目录的文本应设置标题样式。

制作目录的方法是：在"引用"功能选项卡中单击"目录"按钮，可在打开的列表框中的"智能目录"栏和"自动目录"栏中选择WPS文字内置的目录样式；选择"自定义目录"选项，打开"目录"对话框，在其中可自定义目录的页码显示效果、目录的格式和显示级别，如图4-44所示。自定义目录的效果如图4-45所示。

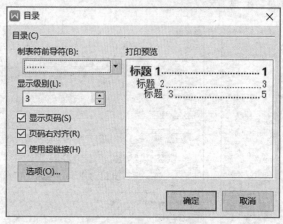

图4-44　自定义目录

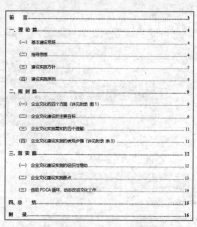

图4-45　自定义目录效果

6. 添加封面

封面可用于表现文档的标题、制作者、名称等信息，WPS文字自带封面功能，用户既可使用系统自带的封面，也可自行制作封面。使用系统自带的封面样式较美观且操作简单，只需经过少量改动即可生成一个美观、实用的封面，方法是：打开要插入封面的文档，在"插入"功能选项卡中单击"封面页"按钮，在打开的列表框中可查看多种封面样式，如图4-46所示。选择所需封面样式即可在文档首页插入封面，然后根据实际需要进行修改，效果如图4-47所示。

图4-46　选择封面样式

图4-47　封面效果

4.2　WPS文字的简单应用——制作招聘文档

本例将制作一份招聘文档，效果如图4-48所示（配套资源：效果\第4章\招聘.docx）。在制作招聘文档时，内容应主次分明，简明扼要地说明招聘需求，其内容主要包括招聘的职位、时间、人数、薪水、应聘方式和职位要求等具体内容，以方便求职者进行参考。

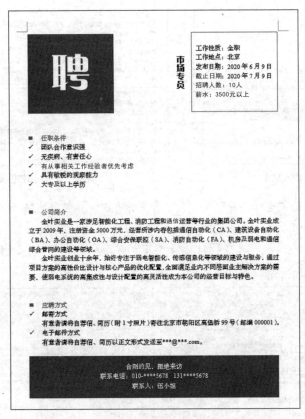

图4-48 招聘文档最终效果

制作本招聘文档涉及新建与保存文档、输入与编辑文本、设置文字和段落格式、添加项目符号、设置图文混排等方面的操作，具体操作如下。

步骤1： 启动WPS Office 2019，进入WPS文字工作界面后，新建空白文档。

步骤2： 新建空白文档后，在WPS文字编辑界面选择【文件】/【保存】。

步骤3： 打开"另存文件"对话框，设置文档保存位置和文档名称后，单击"保存"按钮，如图4-49所示。此时，返回WPS文字编辑界面，文档名称显示为"招聘.docx"，效果如图4-50所示。

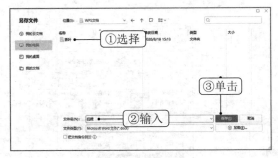

图4-49 保存文档

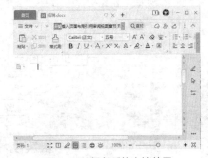

图4-50 保存后的文档效果

步骤4： 在默认的文本插入点输入"任职条件"文本，按【Enter】键换行，输入"团队合作意识强"文本。利用相同方法，输入其他文本，如图4-51所示。

步骤5： 将文本插入点定位至第8行"成立于"文本左侧，输入"全叶实业"文本；选择"公司"文本，按【Delete】键删除该文本，如图4-52所示。

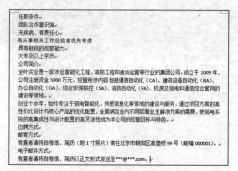

图4-51　输入文本

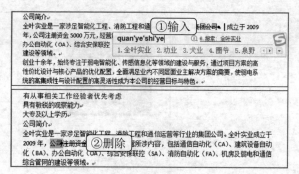

图4-52　添加与删除文本

步骤6：选择输入的"全叶实业"文本，单击鼠标右键，在弹出的快捷菜单中选择"复制"命令，如图4-53所示。

步骤7：将文本插入点定位至第12行"创业十余年"文本左侧，按【Ctrl+V】组合键粘贴文本，如图4-54所示。

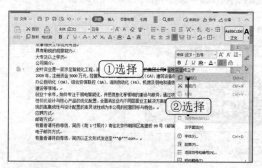

图4-53　复制文本

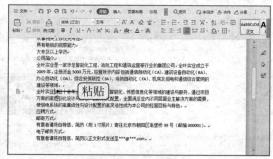

图4-54　粘贴文本

步骤8：按【Ctrl+A】组合键选择全部文本，在"开始"功能选项卡的"字体"下拉列表框中，选择"方正宋三简体"选项，如图4-55所示。

步骤9：在"开始"功能选项卡中单击右下角的"段落"按钮，打开"段落"对话框，在"缩进"栏的"特殊格式"下拉列表框中选择"首行缩进"选项，在"度量值"文本框中输入"2"，单击"确定"按钮，如图4-56所示。

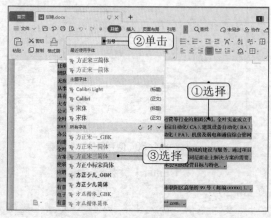

图4-55　选择字体

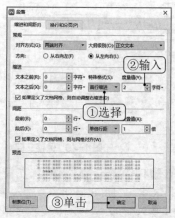

图4-56　设置首行缩进2字符

步骤10：按住【Ctrl】键的同时选择第1段、第7段和第10段的"任职条件""公司简介""应聘方式"文本，在"开始"功能选项卡中单击"字体颜色"按钮右侧的下拉按钮，在打开的列表框的"主题颜色"栏中选择"巧克力黄，着色2，深色25%"选项，如图4-57所示。

步骤11：保持文本的选择状态，在"开始"功能选项卡中单击"项目符号"按钮右侧的下拉按钮，在打开的列表框中选择"■"项目符号，如图4-58所示。

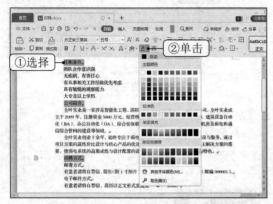

图4-57　设置字体颜色

图4-58　添加"■"项目符号

步骤12：选择第2~6段、第11段和第13段文本，为这些段落文本添加"✓"项目符号，如图4-59所示。

步骤13：将文本插入点定位至"任职条件"文本左侧，按【Enter】键换行，再将文本插入点定位至首行，并在"项目符号"列表框中选择"无"选项取消自动添加的项目符号。

步骤14：在"插入"功能选项卡中单击"形状"按钮，在打开的列表框中选择"矩形"选项，然后绘制矩形，如图4-60所示。

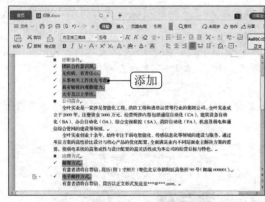

图4-59　添加"✓"项目符号

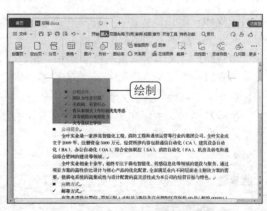

图4-60　绘制矩形

步骤15：绘制矩形后，在"绘图工具"功能选项卡中单击"填充"按钮右侧的下拉按钮，在打开的列表框的"标准色"栏中选择"深红"选项，如图4-61所示。

步骤16：在"绘图工具"功能选项卡中单击"轮廓"按钮右侧的下拉按钮，在打开的列表框中选择"无线条颜色"选项，如图4-62所示。

步骤17：在"绘图工具"功能选项卡中，将"高度"和"宽度"分别设置为4.7厘米和5厘米，如图4-63所示。

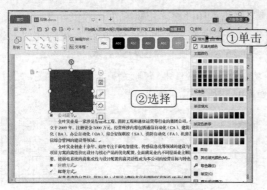

图4-61 设置形状填充颜色

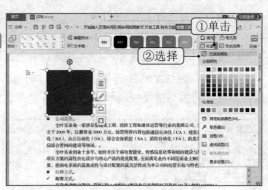

图4-62 设置形状无轮廓

步骤18：在形状上单击鼠标右键，在弹出的快捷菜单中选择"添加文字"命令，输入"聘"文本，将文本字体格式设置为方正粗倩简体、65，如图4-64所示。

图4-63 调整形状大小

图4-64 输入文本并设置格式

步骤19：选择形状，在"绘图工具"功能选项卡中单击"环绕"按钮，在打开的列表框中选择"嵌入型"选项，如图4-65所示。

步骤20：将文本插入点定位至形状右侧，按两次【Enter】键，调整形状与文本的距离。

步骤21：在"插入"功能选项卡中单击"文本框"按钮，在打开的列表框中选择"竖向"选项，在形状右侧绘制竖排文本框。

步骤22：在文本框中输入"市场专员"文本，将字体格式设置为方正粗倩简体、四号，将文本框的高度设置为4.7厘米，如图4-66所示。

图4-65 设置形状文字环绕方式

图4-66 绘制竖排文本框并添加文本

步骤23：在"文本工具"功能选项卡中单击"居中对齐"按钮，设置文本垂直居中，如图4-67所示。

步骤24：在"绘图工具"功能选项卡中单击"轮廓"按钮右侧的下拉按钮，在打开的列表框中选择"无线条颜色"选项，如图4-68所示。

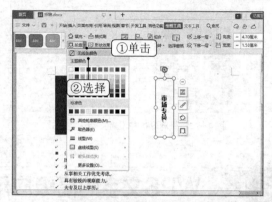

图4-67　设置形状中文本的对齐方式　　　　　　　图4-68　设置文本框无轮廓

步骤25：在竖排文本框右侧绘制横排文本框，在其中输入相应文本，将字体格式设置为方正宋三简体、五号，设置文本框轮廓颜色为"巧克力黄，着色2，深色25%"，文本框高度为4.7厘米，宽度为5厘米，效果如图4-69所示。

步骤26：按住【Ctrl】键的同时选择竖排文本框和横排文本框，在"绘图工具"功能选项卡中单击"对齐"按钮，在打开的列表框中选择"顶端对齐"选项，如图4-70所示。

图4-69　绘制横排文本框并设置文本　　　　　　　图4-70　设置文本框对齐方式

步骤27：按住鼠标左键不放，向上拖动鼠标指针，将文本框的顶端对齐左侧形状的顶端。再适当调整两个文本框之间的距离。

步骤28：分别在第7段"公司简介"和第10段"应聘方式"文本上方按两次【Enter】键空两行。

步骤29：选择形状，按【Ctrl+C】组合键复制形状，然后将形状粘贴到文档末尾，并将粘贴的形状的文字环绕方式设置为"浮于文字上方"，效果如图4-71所示。

步骤30：修改形状中的文本内容，并将字体格式设置为方正宋三简体、五号；将形状的"高度"和"宽度"分别设置为2.5厘米和14.6厘米，再调节形状的位置，效果如图4-72所示，完成本例所有操作。

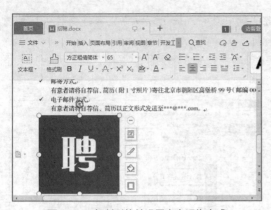
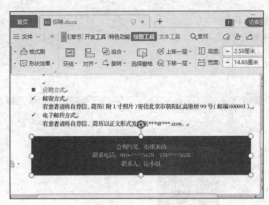

图4-71　复制形状并设置文字环绕方式　　　图4-72　修改文本内容并编辑文本框

4.3　WPS文字的高级应用——制作"调查报告"文档

调查报告是对某个问题、某个事件或某方面情况的调查研究报告。本例将制作一份"计算机图书销售市场调查报告"，完成后的最终效果如图4-73所示（配套资源：效果\第4章\调查报告.docx）。

制作本"调查报告"文档，主要在提供的素材中完善文档内容，涉及创建和编辑表格、插入分页符、应用样式、设置页眉和页脚、设置封面等方面的操作，具体操作如下。

微课：制作"调查报告"文档

图4-73　"调查报告"文档最终效果

步骤1：打开"调查报告.docx"素材文档（配套资源：素材\第4章\调查报告.docx）。

步骤2：将文本插入点定位至"二、读者购买群调查"文本左侧，在"插入"功能选项卡中单击"分页"按钮，如图4-74所示。

步骤3：插入分页符后的分页效果如图4-75所示。

（2）具有高中学历以上的读者都希望自己成为计算机应用能手，可以轻松解决计算机常见问题，可以利用计算机学习知识并轻松遨游于网络，因此愿意在计算机领域投资。

（3）大部分人愿意接受新的知识，尤其是计算机。年纪大的读者支持孩子学习计算机，也希望他们掌握更多的计算机技能。

（4）大部分人认为计算机基础知识很重要，因为巩固基础才能更好、更快地掌握使用计算机上网、办公的技巧。

二、读者购买群调查。

市面上基础类计算机图书如多如牛毛，那么读者平时购买计算机图书的种类有哪些？是出于国土基础区域还是工作所需，或者是为了提高自身综合素质？下面就购买计算机图书的读者随机进行调查，如表2所示，其对应的分析图表如图1所示。

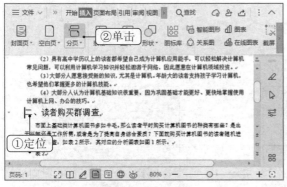

图4-74　插入分页符

图4-75　分页效果

步骤4：继续在"三、品牌定位"文本左侧插入分页符。

步骤5：将文本插入点定位至"表1"文本的下一个段落，在"插入"功能选项卡中单击"表格"按钮，选择"6行*6列表格"样式，插入6行6列表格，如图4-76所示。

步骤6：在表格中输入数据，如图4-77所示。

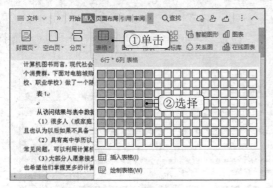

图4-76　插入表格

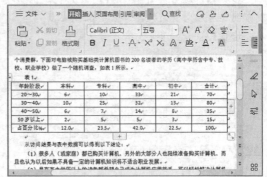

图4-77　输入数据

步骤7：选择整个表格，在"表格样式"功能选项卡中单击"边框"按钮右侧的下拉按钮，在打开的列表框中选择"左框线"选项，如图4-78所示，取消显示表格左边框的边框线。然后再选择"右框线"选项，取消显示表格右边框的边框线，效果如图4-79所示。

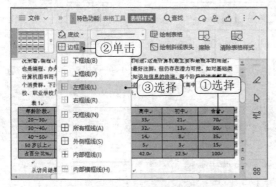

图4-78　取消显示表格左边框的边框线

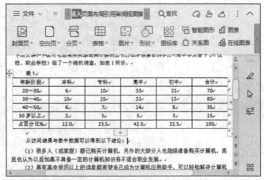

图4-79　取消显示左右边框线的效果

步骤8：选择第1行单元格区域，在"表格样式"功能选项卡中单击"底纹"按钮右侧的下拉按钮，在打开的列表框中选择"白色，背景1，深色5%"选项，如图4-80所示。

步骤9：将文本插入点定位至"表2"文本下方的段落，在"插入"功能选项卡中单击"表格"按钮，在打开的列表框中选择"插入表格"选项。

步骤10：打开"插入表格"对话框，分别在"列数"和"行数"文本框中输入"7"和"19"，单击"确定"按钮，如图4-81所示。

图4-80 设置底纹

图4-81 插入7列19行表格

步骤11：在表格中输入数据，并将所有数据的字号大小设置为"9"，将除第1行单元格外的数据设置为左对齐，效果如图4-82所示。

步骤12：选择第1列单元格区域，在"表格工具"功能选项卡的"宽度"数值框中输入"1.40厘米"，如图4-83所示。

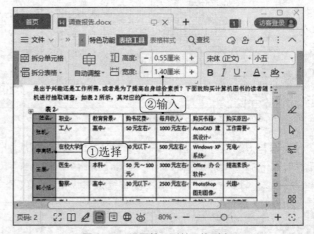

图4-82 输入并设置表格数据   图4-83 设置第1列单元格列宽

步骤13：将鼠标指针移动至第6列单元格右侧的边框处，当鼠标指针变为◆‖形状时，向右拖动鼠标指针，调整列宽，使数据内容在单元格中单行显示，如图4-84所示。

步骤14：继续调整第7列单元格的列宽，使该列数据内容单行显示。

步骤15：将表格第1列单元格区域的底纹设置为"白色，背景1，深色5%"，并取消显示左右边框线，设置后的效果如图4-85所示。

步骤16：在"表3"文本的下一个段落插入一个5行8列的表格。在"表格样式"功能选项卡中单击"绘制表格"按钮，将鼠标指针移动至B1单元格右侧的边框处，向右拖动鼠标指针绘制边框线，如图4-86所示。完成边框线的绘制后，再次单击"绘制表格"按钮，退出绘制表格状态。

步骤17：选择B1:E1单元格区域，在"表格工具"功能选项卡中单击"合并单元格"按钮，如图4-87所示。

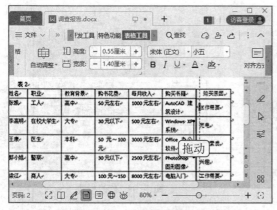

图4-84　手动调整列宽

姓名	职业	教育背景	购书花费	每月收入	购买书籍	购买原因
张凯	工人	高中	50 元左右	1000 元左右	AutoCAD 建筑设计	工作需要
李高明	在校大学生	大专	30 元以下	500 元左右	Windows XP 系统	充电
王康	医生	本科	50 元~100 元	3000 元左右	Office 办公软件	提高素质
郭小旭	警察	高中	30 元以下	2500 元左右	PhotoShop 图形图像	兴趣
梁江	商人	大专	100 元~150 元	8000 元左右	电脑入门	工作需要
陈封勤	教师	大专	50 元~80 元	1500 元左右	Office 办公组合	充电
李婷婷	文秘	专科	50 元左右	1300 元左右	五笔打字	工作需要
胡思远	作家	本科	100 元左右	2000 元左右	常用软件介绍	兴趣
蓝眉	政府官员	高中	50 元~200 元	5000 元左右	五笔打字	提高素质
孙艳洪	保姆	初中	100 元左右	5000 元左右	电脑基础	充电
王刚	个体户	本科	50 元~100 元	3000 元左右	Office 办公软件	提高素质
王林	画家	高中	30 元以下	2500 元左右	PhotoShop 图形图像	兴趣
张长运	工人	高中	50 元左右	1000 元左右	AutoCAD 建筑设计	工作需要
李薛明	职高学生	大专	30 元以下	300 元左右	Windows 操作系统	充电
何环	秘书	高中	50 元~200 元	5000 元左右	五笔打字	提高素质
赵伟	个体户	初中	100 元左右	5000 元左右	电脑基础	充电
罗明	商人	大专	100 元~150 元	8000 元左右	电脑入门	工作需要
李勇	教师	大专	50~80 元	1500 元左右	Office 办公组合	充电

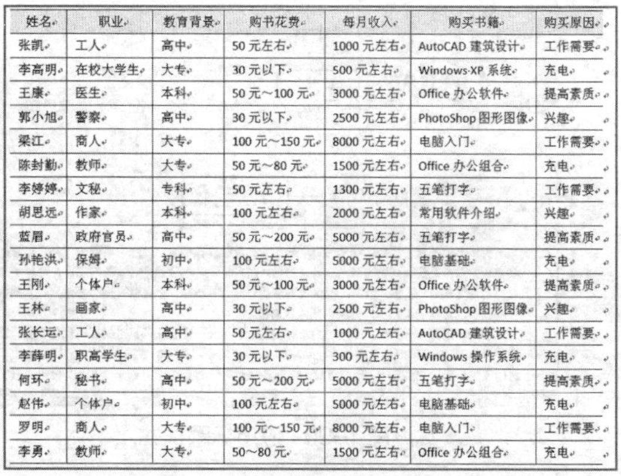

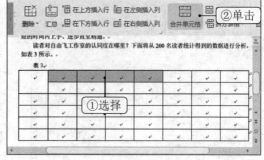

图4-85　设置单元格底纹并取消显示左右边框线后的效果

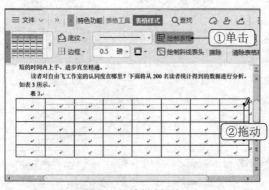

图4-86　绘制边框线

图4-87　合并单元格

步骤18：继续合并F1:H1单元格区域，合并单元格后的效果如图4-88所示。

步骤19：在表格中输入数据，设置数据内容水平居中对齐，调整列宽，取消显示左右边框线，并为第1、2行单元格设置“白色，背景1，深色5%”的底纹，效果如图4-89所示。

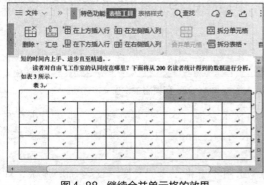

图4-88　继续合并单元格的效果

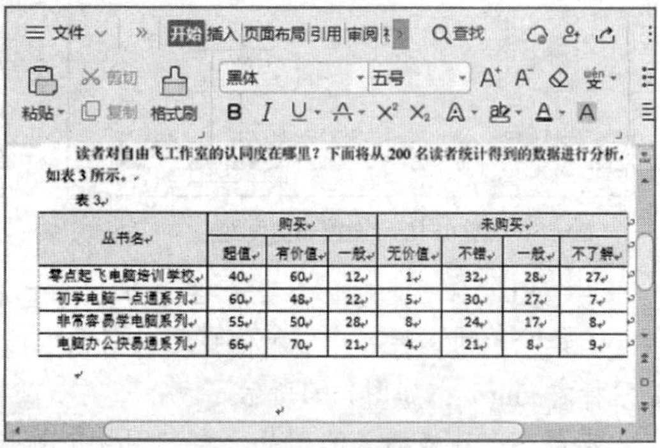

图4-89　编辑表格

步骤20：选择“一、市场原因”“二、读者购买群调查”“三、品牌定位”段落文本，在“开始”功能选项卡的“样式”列表框中选择“标题1”选项，如图4-90所示。

步骤21：在“标题1”样式上单击鼠标右键，在弹出的快捷菜单中选择“修改样式”命令，打开“修改样式”对话框，在“格式”栏中将字体设置为方正兰亭宋简体、小三，单击“格式”按钮，在打开的列表框中选择“段落”选项，如图4-91所示。

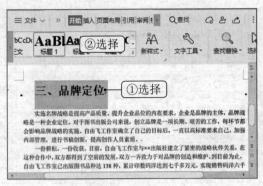

图4-90 应用标题样式

图4-91 修改样式

步骤22：打开"段落"对话框，在"缩进和间距"选项卡的"缩进"栏中，将段前和段后的间距均设置为5磅，单击"确定"按钮，如图4-92所示。返回"修改样式"对话框，单击"确定"按钮，应用修改的样式。

步骤23：在文档首页的页眉区域双击，进入页眉页脚编辑状态，输入"自由飞工作室"文本，将字体格式设置为方正兰亭宋简体、五号、浅蓝，如图4-93所示。

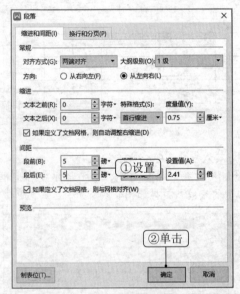

图4-92 设置段落间距

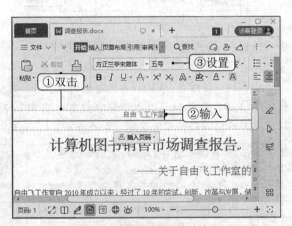

图4-93 在页眉中设置文本内容

步骤24：将文本插入点定位至"自由飞工作室"文本左侧，在"页眉页脚"功能选项卡中单击"图片"按钮，打开"插入图片"对话框，插入"公司标志.png"图片（配套资源：素材\第4章\公司标志.png），如图4-94所示。

步骤25：选择插入的图片，在"图片工具"功能选项卡中将图片"高度"设置为0.5厘米，如图4-95所示。

步骤26：在"图片工具"功能选项卡中单击"环绕"按钮，在打开的列表框中选择"浮于文字上方"选项，如图4-96所示。

步骤27：连续按键盘上的"←"方向键，将图片移动到"自由飞工作室"文本左侧。

步骤28：在"页眉和页脚"功能选项卡中单击"页脚"按钮，在打开的列表框中选择页脚选项，如图4-97所示。

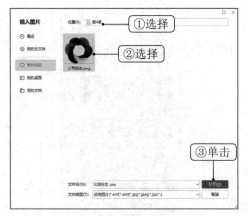

图4-94 在页眉中插入图片

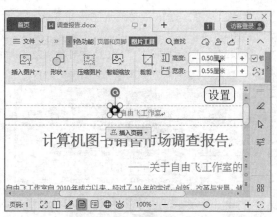

图4-95 设置图片大小

图4-96 设置图片文字环绕方式

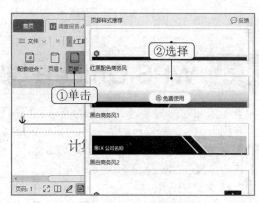

图4-97 插入页脚

步骤29：插入页脚后，在"页眉页脚"功能选项卡中单击"页眉页脚选项"按钮，打开"页眉/页脚设置"对话框，在"页面不同设置"栏中单击选中"首页不同"复选框，单击"确定"按钮，如图4-98所示。

步骤30：在"页眉和页脚"功能选项卡中单击"关闭"按钮退出页眉页脚编辑状态，如图4-99所示。

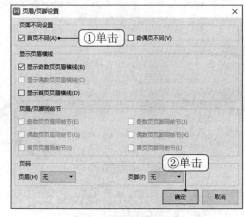

图4-98 设置首页不同

图4-99 退出页眉页脚编辑状态

步骤31： 在"插入"功能选项卡中单击"封面页"按钮，在打开的列表框中选择封面选项，如图4-100所示。

步骤32： 插入封面后，修改封面内容，效果如图4-101所示，完成本例操作。

图4-100　插入封面

图4-101　封面效果

4.4　WPS Office在线编辑与协同使用

当无法面对面沟通时，大家的需求和问题便无法高效执行，团队协作就会受到阻碍。为提高远程办公的效率，WPS Office提供了在线协作功能，能够实现多人实时在线查看和编辑WPS文件（包括文档、表格和演示文稿等），协作文件加密存储的操作，除了由发起者指定可协作人之外，还可以设置查看/编辑的权限。

微课：WPS Office在线编辑与协同使用

使用在线协作功能，要求用户登录WPS Office账号。同时，文件需要上传至云端才可被团队其他成员访问和编辑。下面以协作编辑WPS文档为例介绍WPS Office在线协作功能的使用，其具体操作步骤如下。

步骤1： 创建或打开需要协作编辑的WPS文档，单击WPS文字工作界面右上角的"访客登录"按钮，打开WPS Office账号登录界面，默认显示"微信登录"，如图4-102所示。用户扫描下方的二维码即可快速完成WPS Office账号的注册和登录，此外，用户也还可以通过手机WPS扫码、钉钉账号、QQ账号等方式登录WPS Office账号。

步骤2： 单击账号名称下方的"协作"按钮，打开"发起协作"对话框，单击"开始上传"按钮，如图4-103所示。

图4-102　WPS Office账号登录界面

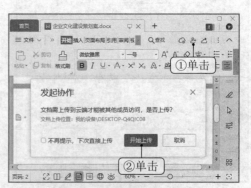

图4-103　将文档上传至云端

步骤3：文档上传成功后，进入在线协作页面，单击页面上方的"分享"按钮，如图4-104所示。

步骤4：打开"分享"对话框，在其中选择公开分享的方式后，单击"创建并分享"按钮，如图4-105所示。

图4-104　单击"分享"按钮

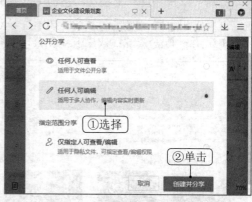

图4-105　单击"创建并分享"按钮

步骤5：在打开的页面中单击"复制链接"超链接，如图4-106所示，然后将复制的链接发送给协作人，协作人收到链接后单击进入，就可以查看文档或者与创建者一同编辑文档。

步骤6：在"搜索"文本框中输入协作人的WPS Office账号的用户名称或手机号码，在搜索结果中单击"添加"超链接，在打开的列表框中选择"可编辑"选项，可以邀请协作人参与文档编辑，如图4-107所示。

图4-106　复制共享文档的链接

图4-107　邀请协作人

应用技巧

在WPS文字编辑界面单击WPS Office账号的头像名称区域，可进入用户账号的"个人中心"页面，在"云服务"栏中单击"进入云服务"超链接，在打开的"我的服务"页面中单击"云文档"按钮，可对保存在云端的文件进行复制、重命名、下载、移除等操作。另外，在手机端安装WPS Office，也可以方便地对云文档和共享文档进行管理。

4.5 章节实训——制作"公司简介"文档

微课：制作"公司简介"文档

本次实训将制作"公司简介"文档，"公司简介"用于介绍公司的现状、规模、经营和生产等信息，类似于公司的名片。在制作时，需着重对页面进行美化和布局，如插入艺术字和图片等对象。完成实训后的文档效果如图4-108所示（配套资源：效果\第4章\公司简介.docx）。

图4-108 "公司简介"文档效果

⚠ 提 示

（1）打开"公司简介.docx"素材文档（配套资源：素材\第4章\公司简介.docx），将页面设置为横向显示。

（2）加粗显示"公司规模""公司理念"等小标题，并将文档的段落间距设置为1.3倍。

（3）为"公司规模""公司理念"等小标题添加◆项目符号，为"地址""邮箱""电话"内容添加下划线。

（4）在文档首行插入样式为"填充-矢车菊蓝，着色5，轮廓-背景1，清晰阴影-着色5"的艺术字，输入"公司简介"文本，字体格式为方正华隶简体、小初，并应用"右下斜偏移"阴影文本效果。

（5）在"公司理念"第一段文字下插入"1.jpg""2.jpg""3.jpg"图片（配套资源：素材\第4章\公司简介），在第2段文字下依次插入"4.jpg""5.jpg""6.jpg"图片。

（6）将图片的文字环绕方式设置为"浮于文字上方"，调整图片位置和大小，并应用"右下斜偏移"阴影图片效果。

（7）添加页眉内容为"×××有限责任公司"，字体格式为黑体、10号。

🧠 思考·感悟

以科学的态度对待科学，以真理的精神追求真理。

微课：办公软件

课后练习

1. 编辑"会议纪要"

打开提供的"会议纪要.docx"素材文档（配套资源：素材\第4章\会议纪要.docx），如图4-109所示。将标题设置为黑体、二号、居中，并设置段后距为"1行"；将正文文本字号设置为"小四"，并使署名和日期段落右对齐；为正文设置行距、编号和下划线等。最终效果如图4-110所示（配套资源：效果\第4章\会议纪要.docx）。

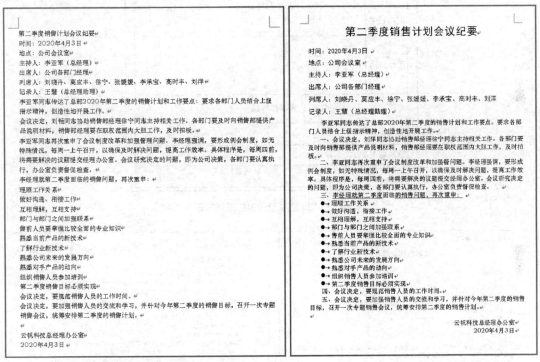

图4-109　素材效果　　　　　　　　　　图4-110　编辑后的效果

2. 制作"面试登记表"

本次练习将制作一个专门提供给面试者填写的"面试登记表"。要求将公司的Logo（配套资源：素材\第4章\佳美公司.jpg）放在页眉，应聘职位放在页首醒目处，面试者需要填写的基本信息和人事部审核要分别显示。完成制作后的面试登记表参考效果如图4-111所示（配套资源：效果\第4章\面试登记表.docx）。

3. 排版"考勤管理制度"

下面使用WPS文字对提供的"考勤管理制度"素材文档（配套资源：素材\第4章\考勤管理制度.docx）进行排版。首先为"一. 目的""二. 适用范围"等标题文本应用"标题1"样式，并将样式的字体格式修改为黑体、三号、段前、段后间距为5磅；然后添加页眉内容，并在页脚插入"第 1 页"样式的页码；最后在"考勤管理制度"标题文本下方插入目录。"考勤管理制度"文档的最终效果如图4-112所示（配套资源：效果\第4章\考勤管理制度.docx）。

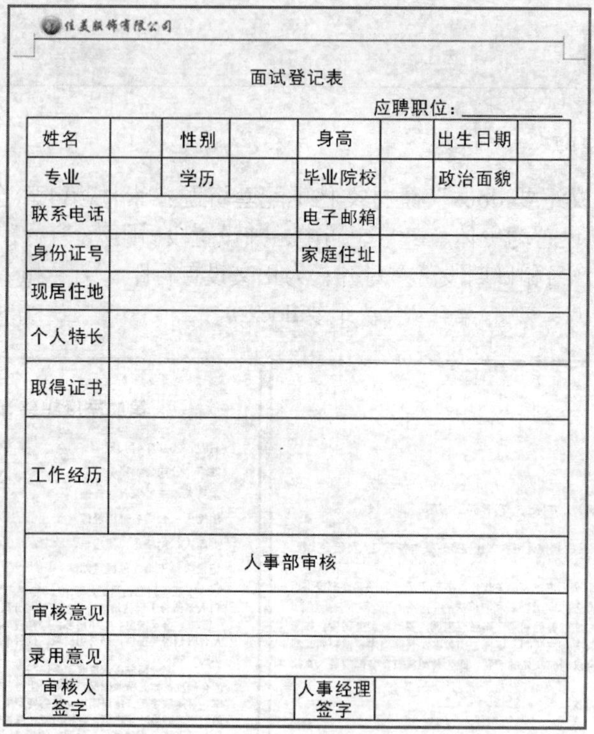

图4-111 面试登记表的最终效果

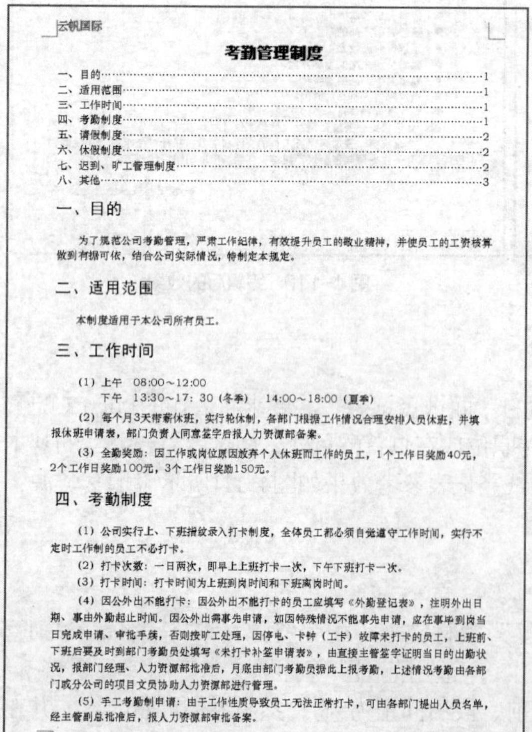

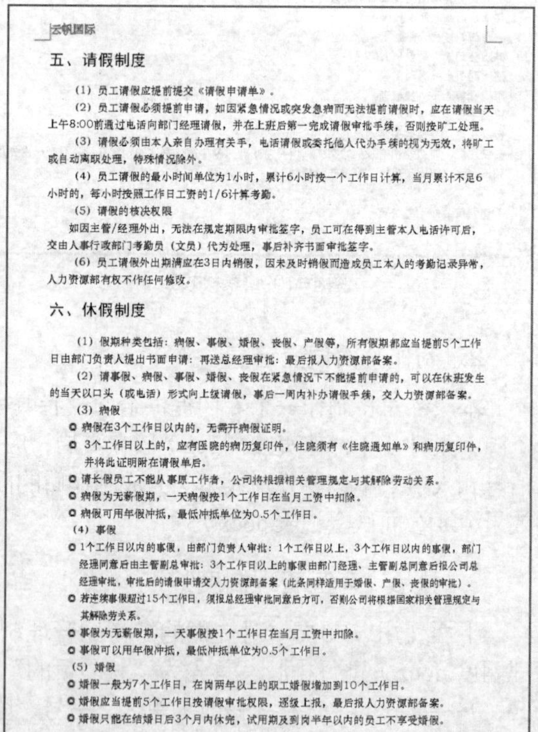

图4-112 "考勤管理制度"文档最终效果

第 5 章
WPS表格制作

WPS表格是一个灵活、高效的电子表格制作工具，它的一切操作都是围绕数据进行的，尤其是在数据的应用、处理和分析方面，WPS表格表现出了强大的功能优势，可用于制作各类表格，如行政管理表、绩效考核表、财务报表等。本章将介绍使用WPS表格进行表格制作的操作方法和具体应用。

课堂学习目标

- 掌握工作簿、工作表、单元格的基本操作。
- 掌握输入、编辑数据，设置单元格格式，以及套用表格样式的操作方法。
- 掌握公式和函数的使用方法
- 掌握排序、筛选、分类汇总等管理数据的方法。
- 掌握创建与设置图表以及数据透视图、数据透视表的使用方法。
- 掌握打印区域表格、合并与拆分表格等高级设置方法。

5.1 WPS表格主要功能

在"开始"菜单中选择【WPS Office】/【WPS Office】命令，或者双击桌面的"WPS Office"图标启动WPS Office 2019，单击"新建"按钮，进入WPS Office 2019的工作界面。

在WPS Office 2019的工作界面上方选择"表格"选项，切换至WPS表格工作界面，在"推荐模板"中选择"新建空白文档"选项，软件将切换到WPS表格编辑界面，并自动新建名为"工作簿1"的空白表格，如图5-1所示。WPS表格编辑界面与WPS文字编辑界面基本相似，由"标题"选项卡、"文件"按钮、功能选项卡、功能区、编辑栏、工作表编辑区和状态栏等部分组成。

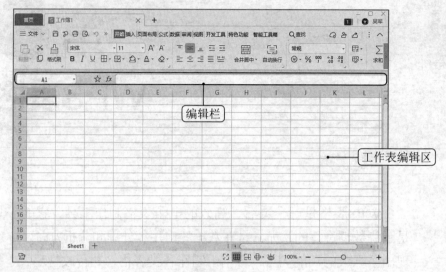

图5-1 WPS表格编辑界面

下面主要介绍编辑栏和工作表编辑区的作用。

1. 编辑栏

编辑栏用来显示和编辑当前活动的单元格中的数据或公式。默认情况下，编辑栏中包括名称框、"浏览公式结果"按钮☆、"插入函数"按钮 *fx* 和编辑框4个部分。

● **名称框**：名称框用来显示当前单元格的地址或函数名称，如选中A3单元格，在名称框中显示为"A3"。

● **"浏览公式结果"按钮☆**：在单元格中输入公式后，单击该按钮将在编辑框中显示公式结果；再次单击该按钮，编辑框中显示为公式。

● **"插入函数"按钮 *fx***：单击该按钮，将打开"插入函数"对话框，在其中可选择相应的函数插入单元格。

● **编辑框**：编辑框用于显示在单元格中输入或编辑的内容，也可选中单元格后在单元格中输入和编辑内容。

2. 工作表编辑区

工作表编辑区是在WPS表格中编辑数据的主要场所，它包括行号与列标、单元格地址，以及工作表标签等。

● **行号与列标、单元格地址**：行号用1、2、3等阿拉伯数字标识，列标用A、B、C等大写英文字母标识。一般情况下，单元格地址表示为"列标+行号"，如位于A列1行的单元格可表示为A1单元格。

● **工作表标签**：用于显示工作表的名称。

5.1.1 工作簿的基本操作

在WPS表格中，工作簿、工作表和单元格是构成表格的三大元素。在默认情况下，新建工作簿中只包含1张工作表"Sheet1"。工作表中包含任意多个单元格，用户可在这些单元格中存储和处理数据。

下面从工作簿的基本操作开始，介绍WPS表格的主要功能。与WPS文字的基本操作一样，工作簿的基本操作包括新建、保存、打开和关闭工作簿。

1. 新建

单击WPS表格编辑界面左上角"文件"按钮右侧的下拉按钮，选择【文件】/【新建】命令，或按【Ctrl+N】组合键，可新建名为"工作簿2""工作簿3""工作簿4"等的工作簿。

2. 保存

单击WPS表格编辑界面左上角"文件"按钮右侧的下拉按钮，选择【文件】/【保存】命令，或者按【Ctrl+S】组合键，在打开的"另存文件"对话框中设置工作簿的文件名和保存路径后，单击"保存"按钮可保存新建的工作簿。对于已经保存过的文档，可选择【文件】/【另存为】命令，打开"另存文件"对话框，在其中更改工作簿的文件名和保存路径。

一般来说，"另存文件"对话框的"文件类型"下拉列表框中可选择"Microsoft Excel 文件（*.xlsx）"选项，也可选择"WPS表格 文件（*.et）"选项，将文档保存为WPS表格的专用文件格式，其扩展名为".et"。

---

3. 打开

通过以下3种方式均可以打开工作簿。

● 双击工作簿的文件图标。

● 选择【文件】/【打开】命令，或按【Ctrl+O】组合键。打开"打开文件"对话框，选择保存工作簿的位置，选择所需工作簿，单击"打开"按钮。

● 选择需要打开的文档，按住鼠标左键不放，将其拖动到WPS表格编辑界面的标题栏后释放鼠标。

4. 关闭

在"标题"选项卡中单击"关闭"按钮，可关闭工作簿但不退出WPS Office 2019；单击WPS表格工作界面右上角的"关闭"按钮，或按【Alt+F4】组合键，可关闭工作簿并退出WPS Office 2019。

5.1.2 工作表的基本操作

在工作簿中，工作表是Excel的工作平台，每个工作表都以工作表标签的形式显示在工作表编辑区底部，以方便用户进行切换。同时，为了能更好地编辑工作簿，用户不仅可以编辑工作簿中的单元格，还可以编辑工作簿中的工作表。

下面将介绍工作表的基本操作，包括选择、新建和删除、重命名、移动或复制以及隐藏和显示工作表。

1. 选择工作表

一个工作簿可能包含多张工作表，如果对某一张或某多张工作表进行操作，需先选择工作表，被选择后的工作表标签呈高亮显示。选择工作表的方法如下。

● **选择单张工作表**：单击工作表标签可选择单张工作表。

● **选择不连续的工作表**：选择一张工作表后按住【Ctrl】键不放，再单击其他工作表，可选择多张不连续的工作表。

● **选择连续的工作表**：选择一张工作表后，按住【Shift】键不放，再选择不相邻的另一张工作表，即可选择这两张工作表以及这两张工作表之间的所有工作表。

● **选择全部工作表**：在工作表标签上单击鼠标右键，在弹出的快捷菜单中选择"选定全部工作表"命令，可选择该工作簿中所有的工作表。

2. 新建和删除工作表

默认情况下，工作簿中只提供了一张工作表，在实际应用中可能满足不了用户的需求，所以用户可根据情况新建工作表，同时也可删除多余的工作表。

（1）新建工作表

新建工作表的方法如下。

● **使用"新建工作表"按钮新建**：单击工作表标签右侧的"新建工作表"按钮，将在工作表的最后新建一个新的工作表，并将新建工作表作为当前编辑工作表。

● **使用快捷键新建**：按【Shift+F11】组合键，可在当前编辑工作表的前方新建一个新的工作表，并将新建的工作表作为当前编辑工作表。

● **使用鼠标右键新建**：在工作表标签上单击鼠标右键，在弹出的快捷菜单中选择"插入工作表"命令。打开"插入工作表"对话框，如图5-2所示，其中"插入数目"数值框用于输入新建工作表的数量，"当前工作表之后"和"当前工作表之前"单选项用于设置新建工作表的显示位置。

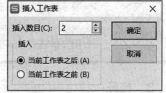

图5-2 "插入工作表"对话框

（2）删除工作表

删除工作表的具体方法如下。

● **通过"开始"功能选项卡删除**：选择一张或多张工作表后，在"开始"功能选项卡中单击"工作表"按钮，在打开的列表框中选择"删除工作表"选项。

● **使用鼠标右键删除**：选择一张或多张工作表后，在工作表标签上单击鼠标右键，在弹出的快捷菜单中选择"删除工作表"命令，即可删除选择的工作表。

执行删除操作后，如果被删除的工作表中有数据，将会打开提示是否删除数据的对话框。若单击"确定"按钮，则删除工作表；若单击"取消"按钮，则不删除工作表。

3. 重命名工作表

在工作簿中，默认的工作表标签显示为"Sheet1"，新建的工作表名称默认为"Sheet2""Sheet3"等，为了方便记忆以及表示该工作表的内容，用户可以重命名工作表。

重命名工作表的方法如下。

● **通过"开始"功能选项卡重命名**：在"开始"功能选项卡中单击"工作表"按钮，在打开的列表框中选择"重命名"选项。此时，工作表标签名称呈蓝底白字的可编辑状态，在该状态下输入工作表的名称，完成输入后，按【Enter】键确认输入。

● **使用鼠标右键重命名**：在工作表的标签上单击鼠标右键，在弹出的快捷菜单中选择"重命名"命令，输入工作表的名称。

● **双击工作表标签重命名**：在工作表标签上双击，可直接进入工作表标签的可编辑状态，快速完成工作表的重命名操作。

4. 移动或复制工作表

移动工作表可调整工作表的位置，复制工作表可复制多个同一类型的工作表。

移动或复制工作表的方法如下。

● **拖动鼠标移动或复制工作表**：选择所需工作表，按住鼠标左键不放，拖动鼠标可移动工作表的位置；若在拖动鼠标的过程中，按住【Ctrl】键即可复制工作表。

● **使用"移动或复制"对话框移动或复制工作表**：在工作表标签上单击鼠标右键，在弹出的快捷菜单中选择"移动或复制工作表"命令，打开图5-3所示的"移动或复制工作表"对话框。在该对话框的"下列选定工作表之前"列表框中选择相应选项设置工作表的移动或复制的位置；单击选中"建立副本"复选框表示复制工作表，单击取消选中"建立副本"复选框表示移动工作表。

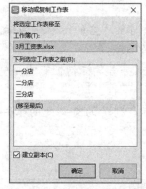

通过拖动鼠标的方法可将工作表移动或复制到其他打开的工作簿中；在"移动或复制工作表"对话框的"工作簿"下拉列表框中选择打开的本工作簿以外的工作簿，可将工作表移动或复制到该工作簿中。

图5-3 "移动或复制工作表"对话框

5. 隐藏和显示工作表

在编辑工作表过程中，如果工作表太多可能会影响操作。因此，对于暂时不用的工作表可以将其隐藏，需要时再将其显示出来。

（1）隐藏工作表

选择所需工作表，在工作表标签上单击鼠标右键，在弹出的快捷菜单中选择"隐藏工作表"命令，或者在"开始"功能选项卡中单击"工作表"按钮，在打开的列表框中选择【隐藏与取消隐藏】/【隐藏工作表】，即可隐藏工作表。

（2）显示工作表

将被隐藏的工作表显示出来的方法为：在工作簿显示出的工作表标签上单击鼠标右键，在弹出的快捷菜单中选择"取消隐藏工作表"命令，或者在"开始"功能选项卡中单击"工作表"按钮，在打开的列表框中选择【隐藏与取消隐藏】/【取消隐藏工作表】，打开"取消隐藏"对话框，如图5-4所示。在"取消隐藏"对话框中显示了被隐藏的工作表，如果隐藏了多张工作表，可按住【Ctrl】键选择多张工作表，单击"确定"按钮即可将隐藏的工作表显示出来。

图5-4 "取消隐藏"对话框

5.1.3　单元格的基本操作

单元格是最基本的存储及编辑数据的单元，因此单元格的编辑是编辑工作簿最基本的操作。只有熟练掌握了单元格的基本操作才能很好地使用WPS表格。

下面将介绍单元格的基本操作，包括选择、插入、合并与拆分、删除单元格以及调整行高和列宽。

1. 选择单元格

在对单元格进行其他任何操作之前，都必须先选择需要进行操作的单元格。与在WPS文字中选择文本类似，选择单元格也有多种方法，具体如下。

●**选择单个单元格**：将鼠标指针移至需选择的单元格上，单击该单元格即可选择鼠标指针所在的单元格。

●选择相邻的多个单元格：选择单元格后按住鼠标左键不放，拖动到目标单元格；也可选择单元格后按住【Shift】键不放，再单击目标单元格，即可选择多个单元格。

●选择不相邻的多个单元格：按住【Ctrl】键不放，再单击需要选择的单元格，即可选择多个不相邻的单元格。

●选择整行或整列单元格：将鼠标指针移到需选择行或列单元格的行号或列标上，当鼠标指针变为➡或⬇形状时单击即可选择该行或该列的所有单元格。

●选择连续行或列单元格：将鼠标指针移至行号或列标上，当鼠标指针变为➡或⬇形状时单击，并拖动鼠标指针选择连续行或列的所有单元格。

●选择工作表中的所有单元格：单击工作表左上角行标与列号的交叉处的 ◢ 按钮或按【Ctrl+A】组合键可选择工作表中的所有单元格。

2. 插入单元格

在对工作表进行编辑的过程中，如果在已经输入完成的单元格中发现漏输了数据，这时只需在工作表中插入单元格再输入。插入单元格的操作方法为：在需要插入单元格的位置选中邻近的单元格，在"开始"功能选项卡中单击"行和列"按钮，在打开的列表框中选择"插入单元格"选项，通过打开图5-5所示的"插入"对话框插入单元格。

"插入"对话框中各单选项的作用分别如下。

●"活动单元格右移"单选项：将选择单元格中的内容右移，并在原选择单元格的位置插入一个空白单元格。

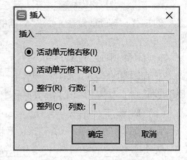

图5-5 "插入"对话框

●"活动单元格下移"单选项：将选择单元格中的内容下移，并在原选择单元格的位置插入一个空白单元格。

●"整行"单选项：将选择单元格所在的行向下移动，并在原选择单元格所在行的位置插入空白行。选择该单选项后，将激活其右侧的"行数"数值框，用于输入插入的单元格行数。

●"整列"单选项：将选择单元格所在的列向右移动，并在原选择单元格所在列的位置插入空白列。选择该单选项后，将激活其右侧的"列数"数值框，用于输入插入的单元格列数。

选择单元格后，在单元格上单击鼠标右键，在弹出的快捷菜单中选择"插入"命令，其子菜单的命令与"插入"对话框的4个单选项相对应。

3. 合并与拆分单元格

新建的工作簿中的所有单元格大小均相同，为了使制作的表格更加专业和美观，时常需要将多个单元格合并为一个单元格，同时也可将一个单元格拆分为多个单元格。

（1）合并单元格

合并单元格的主要方法为：在"开始"功能选项卡中单击"合并及居中"按钮下方的下拉按钮，如图5-6所示，然后在打开的列表框中选择对应的选项。

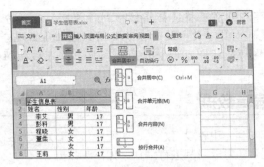

图5-6 "合并居中"列表框

下面对"合并居中"列表框中的常用选项进行说明。

●**合并居中**：将多个单元格合并为一个单元格且数据居中显示。如合并的单元格区域中多个单元格内存在数据，合并单元格后只保留第一个单元格中的数据。

●**合并单元格**：将多个单元格合并为一个单元格且只保留第一个单元格中的数据，但数据对齐方式不变。

●**合并内容**：将多个单元格合并为一个单元格并保留所有单元格中的数据。

●**按行合并**：当选择多行单元格时，每行的多个单元格分别合并为一个单元格，且只保留第一个单元格中的数据。

（2）拆分合并单元格

将合并单元格进行拆分的方法为：选择已合并的单元格，在"开始"功能选项卡中单击"合并及居中"按钮下方的下拉按钮，在打开的列表框中选择"取消合并单元格"选项。此外，在打开的列表框中选择"拆分并填充内容"选项，将在拆分的多个单元格中填充相同的数据内容。

4. 删除单元格

在表格编辑过程中，不仅可能出现单元格缺失的情况，还可能出现单元格过多的情况，此时可以将多余的单元格删除，其操作方法如下。

●**通过"删除"对话框删除**：在"开始"功能选项卡中单击"行和列"按钮，在打开的列表框中选择【删除单元格】/【删除单元格】，打开图5-7所示的"删除"对话框，在该对话框中选择相应的删除方式。

●**使用鼠标右键删除**：在选择的单元格或单元格区域上单击鼠标右键，在弹出的快捷菜单中选择"删除"命令，也可以根据需要删除单元格。

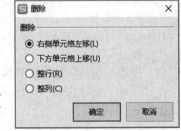

图5-7 "删除"对话框

5. 调整行高和列宽

新建的工作簿中的单元格大小有限，因此如果单元格中内容过多，将不能完全显示该单元格中的内容。此时除了将多个单元格进行合并外，还可以手动调整单元格的行高和列宽。根据在单元格中输入数据多少的不同，通常采用以下3种方法调整行高或列宽。

●**通过"行高"或"列宽"对话框调整**：选择相应的单元格，在"开始"功能选项卡中单击"行和列"按钮，在打开的列表框中选择"行高"或"列宽"选项，可在打开的"行高"或"列宽"对话框中输入适当的数值来调整行高或列宽。

●**自动调整**：选择相应的单元格，在"开始"功能选项卡中单击"行和列"按钮，在打开的列表框中选择"最适合的行高"或"最适合的列宽"，WPS表格将根据单元格中的内容自动调整行高或列宽。

●拖动鼠标调整行高和列宽：将鼠标指针移到行号或列标的分割线上，当鼠标指针变为➕或➕形状时，按住鼠标左键不放，此时在鼠标指针右上角出现一个提示条，并显示当前位置的行高或列宽值，拖动鼠标即可调整行高或列宽，改变后的值将显示在鼠标指针右上角的提示条中。

5.1.4 输入与编辑数据

微课：输入、
编辑数据

新建的工作簿中没有内容，也就没有意义，要使工作簿有意义就必须在其中输入数据，输入数据后还可以对其进行编辑，如修改数据、移动或复制数据、查找和替换数据等。

1. 输入数据

在WPS表格中输入数据的方法和在WPS文字中输入的方法类似，同样可以输入数字、文字、公式、特殊符号等多种样式的数据。不同的是，要在WPS表格中输入数据需要先选择单元格，然后输入数据即可。此外，选择单元格后，也可在编辑栏的编辑框中输入数据。

2. 填充数据

在制作表格的过程中，经常会要求输入一些相同或有规律的数据，若采用手动一一输入的方式，不仅耗费时间和精力，而且容易出错。为了避免此类情况发生，可以使用WPS表格提供的数据填充功能完成相同或有规律数据的输入。

（1）使用填充柄填充数据

使用填充柄填充数据分为两种情况：一种是填充未包含数字的数据，如"销售部""销售部TM"；另一种是填充纯数字或包含数字的数据，如"1""FM101""星期一"。当填充未包含数字的数据时，可先选择输入数据的单元格，将鼠标指针移至单元格的右下角，当鼠标指针变为➕形状时，向下或向右拖动鼠标，可在列或行中填充相同数据，如图5-8所示。当填充纯数字或包含数字的数据时，在拖动鼠标过程中需要按住【Ctrl】键；否则，直接拖动鼠标时填充的数据将以"1"为间隔递增。如填充"1"时，后面的数据为"2""3"等；填充"FM101"，后面的数据为"FM102""FM 103"等；填充"星期一"，后面的数据为"星期二""星期三"等。

（2）使用"填充"按钮填充数据

在"开始"功能选项卡中单击"填充"按钮，在打开的列表框中提供了丰富的填充功能选项，如图5-9所示。

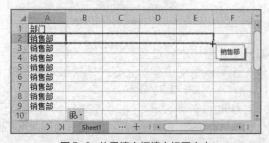

图5-8 使用填充柄填充相同文本

图5-9 "填充"列表框

下面对"填充"列表框中的主要选项进行说明。

●向下填充/向上填充：在某个单元格中输入数据，在所选的列单元格区域中向下或向上填充该单元格中的相同数据。

●**向右填充/向左填充**：在某个单元格中输入数据，在所选的行单元格区域中向右或向左填充该单元格中的相同数据。

●**录入123序列**：在一行或一列中选择单元格区域，选择该选项可在单元格区域中输入"1、2、3、4……"的序列数据。

●**空白单元格填充值**：选择该选项将打开图5-10所示的"空白单元格填充值"对话框，用于为空白的一个或多个单元格填充上方、下方、左侧或右侧单元格中的相同数据。

●**序列**：选择该选项将打开图5-11所示的"序列"对话框，可按行或列为单元格区域填充等差序列、等比序列、日期等。

图5-10 "空白单元格填充值"对话框

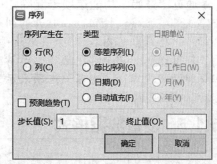

图5-11 "序列"对话框

3. 编辑数据

编辑数据的操作主要包括修改数据、移动和复制数据、查找和替换数据、清除数据等，其操作方法与在WPS文字中编辑文本相似。

（1）修改数据

如数据输入出错，可以不必将其所在的单元格进行删除后再修改，只需要修改其中的数据，主要有以下两种方法。

●**通过单元格修改**：双击错误数据的单元格，可将插入点定位到该单元格中，选择单元格中的部分数据内容进行修改。

●**通过编辑框修改**：选择错误数据的单元格后，将插入点定位到编辑栏的编辑框中，在编辑框中输入正确的数据内容，错误数据的单元格中的数据也将同步更改。

（2）移动和复制数据

移动和复制数据主要有以下3种方法。

●**使用"剪切"或"复制"按钮移动或复制**：选择需移动或复制数据的单元格，在"开始"功能选项卡中单击"剪切"或"复制"按钮，然后选择目标单元格，再单击该组中的"粘贴"按钮。

●**使用鼠标移动或复制**：选择需移动或复制数据的单元格，将鼠标指针置于所选单元格的边框上，当鼠标指针变成 形状后，拖动鼠标指针至目标单元格即可移动数据；将鼠标指针置于所选单元格的边框上，按住【Ctrl】键，当鼠标指针变成 形状后，拖动鼠标指针至目标单元格即可复制数据。

●**使用组合键移动或复制**：按【Ctrl+X】或【Ctrl+C】组合键剪切或复制单元格数据，在目标单元格中按【Ctrl+V】组合键完成数据的移动或复制。

（3）查找和替换数据

在"开始"功能选项卡中单击"查找替换"按钮，在打开的列表框中选择"查找"或"替换"选项，即可打开"查找和替换"对话框中的"查找"或"替换"选项卡。

（4）清除数据

在WPS表格中，如果发现有多余或错误的数据，除了可以将多余或错误的数据所在的单元格或单元格区域删除外，还可以将其清除。

清除数据与删除单元格不同的是，删除单元格不仅会删除该单元格中的内容，还会删除单元格本身，这样可能导致工作表中其他单元格中的数据发生错位；而清除数据只删除单元格中的内容，而不会删除单元格本身，清除数据的方法有以下两种。

●**使用键盘删除**：选择多余或错误的单元格或单元格区域，然后按【BackSpace】键或【Delete】键即可将选择的单元格或单元格区域中的内容清除。

●**通过"开始"功能选项卡删除**：选择单元格或单元格区域后，在"开始"功能选项卡中单击"单元格"按钮，在打开的列表框中选择"清除"选项，在其子列表框中显示了"全部""格式""内容"3个可选选项（未添加批注的单元格，此处第4选项"批注"为灰色，不可选）。"全部"选项表示清除数据格式和内容；"格式"选项表示清除数据格式但保留数据内容；"内容"选项表示只清除数据类型，但保留数据格式，重新输入数据内容后，将应用该格式。

5.1.5 设置数据格式

设置数据格式主要包括设置数据的字体格式、对齐方式及数字格式等，设置方法与在WPS文字中设置文本和段落格式类似，其具体操作如下。

步骤1：选择需要设置数据格式的单元格或单元格区域后，在"开始"功能选项卡中的"字体"组、"段落"组、"数字"组中设置，如图5-12所示。

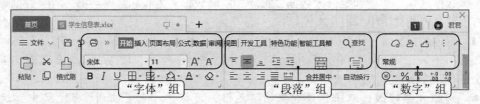

图5-12　在功能组中设置

步骤2：选择需要设置数据格式的单元格或单元格区域后，单击鼠标右键，在弹出的快捷菜单中选择"设置单元格格式"命令，打开图5-13所示的"单元格格式"对话框，在该对话框中设置单元格格式。其中"数字"选项卡用于设置单元格中数据的数字格式；"对齐"选项卡用于设置单元格中数据的对齐方式；"字体"选项卡用于设置单元格中数据的字体格式；"边框"选项卡用于设置单元格的边框；"图案"选项卡用于设置单元格的底纹。

步骤3：设置完成后，单击"确定"按钮。

图5-13　"单元格格式"对话框

5.1.6 套用表格样式

在WPS表格中制作表格时，可以使用套用表格样式功能为表格应用预设样式，包括单元格填充色、边框色及字体格式等。为表格应用预设样式后，也可使用设置单元格格式的方法对表格样式进行局部调整。

套用表格样式的方法为：选择所需单元格区域，在"开始"功能选项卡中单击"表格样式"按钮，选择相应的表格样式即可，如图5-14所示。

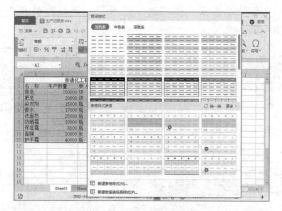

图5-14 套用表格样式

5.1.7 使用公式和函数

在WPS表格中，可以通过"公式"功能对表格中的数据进行计算，如通过"加（+）、减（-）、乘（*）、除（/）"运算符号计算数据，或者通过WPS表格提供的函数来计算数据。

下面在"销售记录单.xlsx"工作簿中计算"金额"数据和"合计"数据，其具体操作如下。

微课：使用
公式和函数

步骤1：打开"销售记录单.xlsx"工作簿（配套资源：素材\第5章\销售记录单.xlsx），选择F3单元格，在编辑框中输入公式"=D3*E3"，如图5-15所示。

步骤2：按【Ctrl+Enter】组合键，计算数据并选择当前单元格，如图5-16所示。

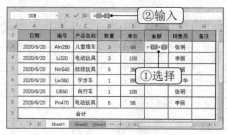

图5-15 输入公式

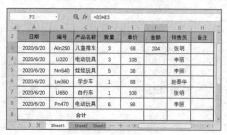

图5-16 计算数据

步骤3：将鼠标指针移至F3单元格的右下角，当鼠标指针变为➕形状时，向下拖动鼠标至F8单元格填充公式，如图5-17所示。

步骤4：释放鼠标即可计算出其他"金额"数据，如图5-18所示。

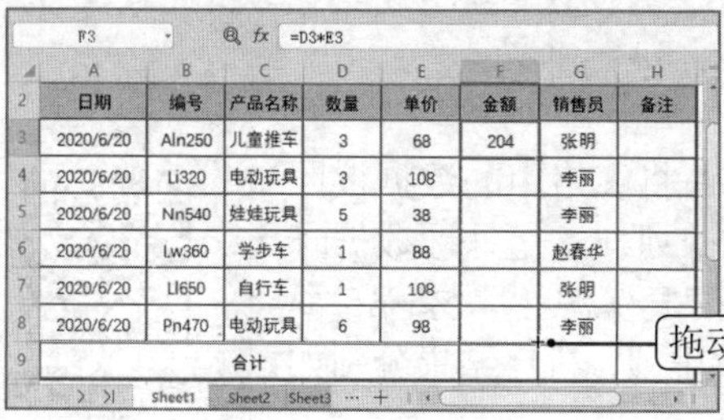

图5-17 填充公式

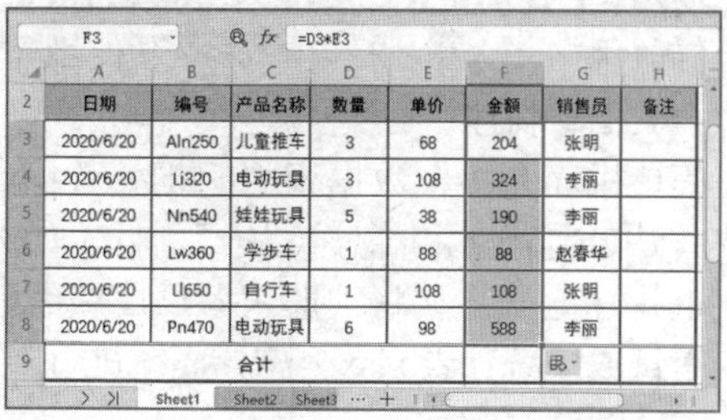

图5-18 计算出F列其他的"金额"数据

步骤5：选择F9单元格，单击编辑框前的"插入函数"按钮，如图5-19所示。

步骤6：打开"插入函数"对话框，在"选择函数"列表框中选择求和函数"SUM"，单击"确定"按钮，如图5-20所示。

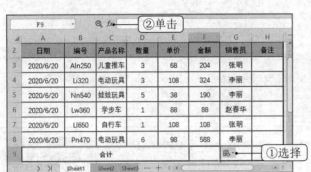

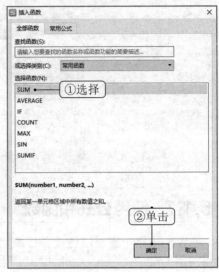

图5-19　单击"插入函数"按钮　　　　　　　　图5-20　选择函数

步骤7：打开"函数参数"对话框，在"数值1"文本框中输入求和的单元格区域"F3:F8"，也可通过在表格中选择F3:F8单元格区域完成输入，单击"确定"按钮，如图5-21所示。

步骤8：返回表格，在F9单元格中计算出合计金额（配套资源：效果\第5章\销售记录单.xlsx），如图5-22所示。

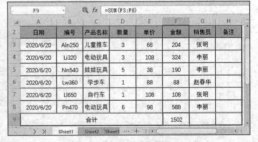

图5-21　设置单元格计算区域　　　　　　　　图5-22　显示计算结果

5.1.8　排序数据

使用WPS表格的排序功能，可以对数据进行排序，方便查看和分析数据。排序数据有3种方式：简单排序、多重排序和自定义条件排序，下面逐一进行讲解。

（1）简单排序

简单排序是根据数据表中的相关数据或字段名，将表格中的数据按照升序（从低到高）和降序（从高到低）的方式进行排列，这是处理数据时常用的排序方式。如将"期末考试成绩统计表"（配套资源：素材\第5章\期末考试成绩统计表.xlsx）总分成绩进行降序或升序排列，排序结果分别如图5-23、图5-24所示。

微课：排序数据

图5-23 降序排列结果　　　　　图5-24 升序排列结果

简单排序的方法主要有3种，具体方法如下。

●选择位于"总分"序列中的任意单元格，在"开始"功能选项卡中单击"排序"按钮下方的下拉按钮，在打开的列表框中选择"升序"或"降序"选项。

●选择单元格后，在"数据"功能选项卡中单击"排序"按钮下方的下拉按钮，在打开的列表框中选择"升序"或"降序"选项。

●选择单元格后，在单元格上单击鼠标右键，在弹出的快捷菜单中选择"排序"命令，在弹出的子菜单中选择"升序"或"降序"子命令。

（2）多重排序

在对表格中的某一字段进行排序时，可能会出现一些记录含有相同数据而无法正确排序的情况，此时就需要另设其他条件来对含有相同数据的字段进行排序。如在"期末考试成绩统计表"中进行多重排序，具体方法为：选择任意数据单元格，在"数据"功能选项卡中单击"排序"→"自定义排序"按钮，打开图5-25所示的"排序"对话框，将"主要关键字"栏依次设置为"语文""数值""升序"，使"语文"序列单元格升序排列；单击"添加条件"按钮，在"主要关键字"栏下方添加一个"次要关键字"栏，将其参数依次设置为"总分""数值""升序"，即首先按语文成绩升序排列，当语文成绩相同时，按总分成绩升序排列。设置完成后，单击"确定"按钮。

（3）自定义条件排序

当上述"升序"和"降序"排序方式不能满足实际需求时，则可通过WPS表格提供的自定义条件排序功能。

使用自定义条件排序的方法是：选择需要排序的单元格区域中的任意单元格，打开"排序"对话框，在"次序"下拉列表框中选择"自定义序列"，打开图5-26所示的"自定义序列"对话框，在"自定义序列"列表框中可选择系统提供的一些序列，也可在"输入序列"列表框中输入需要的序列，最后单击"确定"按钮。

图5-25 "排序"对话框

图5-26 "自定义序列"对话框

5.1.9　筛选数据

在工作中，若需要从数据繁多的工作表中查找符合某一个或某几个条件的数据，可使用WPS表格的筛选功能，轻松地筛选出符合条件的数据。常用的筛选方法主要有自动筛选、自定义筛选和高级筛选，下面分别进行讲解。

（1）自动筛选

自动筛选是一种常用的数据筛选方法，它主要根据用户选择的筛选条件，自动将表格中符合条件的数据显示出来。

自动筛选的操作方法为：选择工作表中的任意数据单元格，在"数据"功能选项卡中单击"自动筛选"按钮，使数据表格的每列表头显示▼按钮。单击该按钮，可打开筛选器，如图5-27所示，在其中默认选中"内容筛选"选项卡，在"名称"列表框中单击取消选中某个复选框即可将其对应的数据项目隐藏，只显示选中复选框对应的数据项目。单击"颜色筛选"选项卡，可按照单元格的颜色筛选数据项目；单击"数字筛选"按钮，可按等于、不等于、大于、介于、高于平均值等多种模式进行数字筛选，如图5-28所示，当该列数据为文本内容时，"数字筛选"按钮显示为"文本筛选"按钮，单击该按钮可按等于、不等于、开头是、结尾是、包含等多种模式进行文本筛选。

图5-27　内容筛选　　　　　　图5-28　数字筛选

（2）自定义筛选

若筛选器中提供的筛选模式不能满足需求，还可以进行自定义筛选。其操作方法为：单击表头的▼按钮，在打开的列表框中选择【数字筛选】（或【文本筛选】）/【自定义筛选】，在打开的"自定义自动筛选方式"对话框中设置条件，对数据进行筛选，如图5-29所示。

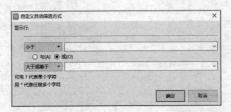

图5-29　"自定义自动筛选方式"对话框

"自定义自动筛选方式"对话框左侧的下拉列表框中只能执行选择操作，而右侧的下拉列表框可直接输入数据，在输入筛选条件时，可使用通配符代替字符或字符串，如用"？"代表任意单个字符，用"*"代表任意多个字符。

（3）高级筛选

如果要对数据进行更为详细的筛选，则可使用高级筛选功能。利用WPS表格提供的高级筛选功能可以筛选出同时满足多个条件的数据。

下面将对"产品销售记录表.xlsx"工作簿中表格的数据进行高级筛选，使表格中只显示同时满足单价大于10、销售量大于4000、销售额大于100 000这3个条件的数据，其具体操作如下。

步骤1：打开"产品销售记录表.xlsx"工作簿（配套资源：素材\第5章\产品销售记录表.xlsx），在B14:D15单元格区域中输入筛选条件，如图5-30所示。

步骤2：在"数据"功能选项卡中单击"重新应用"按钮右下角的"高级筛选"按钮，打开"高级筛选"对话框，在"列表区域"文本框中输入需要被筛选的单元格区域"D2:F12"；在"条件区域"文本框中输入设定的筛选条件的单元格区域"B14:D15"，如图5-31所示。

图5-30　输入筛选条件　　　　图5-31　设置筛选参数

步骤3：设置完成后，单击"确定"按钮，返回工作表，将显示符合条件的筛选结果，如图5-32所示（配套资源：效果\第5章\产品销售记录表.xlsx）。

图5-32　查看筛选结果

5.1.10　分类汇总数据

分类汇总数据指根据表格中的某一列将所有数据进行分类，然后再对每一类数据分别进行汇总，使表格中性质相同的内容汇总到一起，使工作表的结构更清晰。

要对数据进行分类汇总，首先要对数据进行排序。下面将对"图书销量表.xlsx"工作簿中的数据进行分类汇总，使其中相同出版社出版的图书汇总到一起，并统计不同出版社所出版图书的销量和销售额总和，其具体操作如下。

步骤1：打开"图书销量表.xlsx"工作簿（配套资源：素材\第5章\图书销量表.xlsx），选择"出版社"列中的任意数据单元格，在"数据"功能选项卡中单击"排序"按钮，将"出版社"列中的数据按出版社的名称进行排序。

步骤2：完成排序后，选择A2:F18单元格区域，在"数据"功能选项卡中单击"分类汇总"按钮，打开"分类汇总"对话框。

步骤3：在"分类字段"下拉列表框中，选择"出版社"选项；在"汇总方式"下拉列表框中，选择"求和"选项；在"选定汇总项"栏中单击选中"销量"和"销售额"复选框。单击"确定"按钮，如图5-33所示。

步骤4：完成分类汇总的操作（配套资源：效果\第5章\图书销量表.xlsx），其效果如图5-34所示。

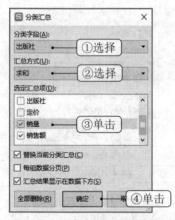

图5-33 设置分类汇总参数

图5-34 分类汇总的效果

并不是所有数据表都能够进行分类汇总操作，数据表中具有可以分类的序列，才能进行分类汇总，汇总的数据才有意义。另外，打开已经进行了分类汇总的工作表，在表中选择任意单元格，然后在"数据"功能选项卡中单击"分类汇总"按钮，打开"分类汇总"对话框，单击"全部删除"按钮可删除已创建的分类汇总。

5.1.11 创建图表

WPS表格提供了不同类型的图表，如柱形图、条形图、折线图、饼图和面积图等。用户可以为不同的表格数据创建合适的图表类型。

下面将在"计算机配件销售记录表.xlsx"工作簿中创建簇状柱形图，其具体操作如下。

微课：创建图表

步骤1：打开"计算机配件销售记录表.xlsx"工作簿（配套资源：素材\第5章\计算机配件销售记录表.xlsx），选择A2:E9单元格区域。在"插入"功能选项卡中单击"全部图表"按钮，打开"插入图表"对话框。

步骤2：在"插入图表"对话框左侧单击"柱形图"选项卡，在右侧选择"簇状柱形图"选项，单击"插入"按钮，如图5-35所示。

步骤3：插入图表后，在"图表标题"文本框中输入"计算机配件销售情况分析"文本，创建的图表效果如图5-36所示（配套资源：效果\第5章\计算机配件销售记录表.xlsx）。

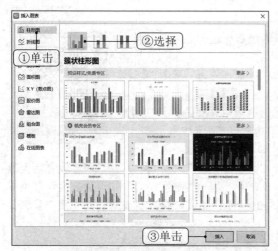

图5-35 "插入图表"对话框

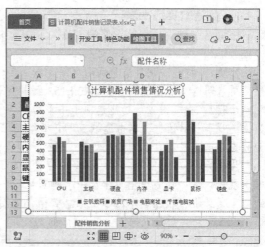

图5-36 创建的图表效果

5.1.12 设置图表格式

创建图表后将激活"绘图工具""文本工具""图表工具"功能选项卡。其中"绘图工具"和"文本工具"与WPS文字中的插入文本框、艺术字和形状等对象后激活显示的"绘图工具"和"文本工具"的作用基本相同。下面主要介绍"图表工具"功能选项卡（见图5-37）常用功能组的含义。

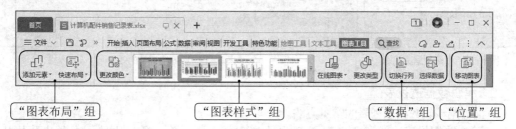

图5-37 "图表工具"功能选项卡

● "图表布局"组："图表布局"组主要用于为图表添加图例、坐标轴、数据标签等图表元素，以及快速布局图表结构。

● "图表样式"组："图表样式"组中所有的选项和按钮都用于设置图表的样式。如"更改颜色"按钮用于更改图表颜色，"在线图表"按钮和"更改类型"按钮分别用于将图表更换为在线图表和WPS表格内置的其他图表样式。

● "数据"组："数据"组主要用于编辑图表数据。

● "位置"组："位置"组主要用于调整图表位置，可将图表移动到工作簿其他的工作表中。

5.1.13 使用数据透视表

数据透视表是一种交互式报表，可以按照不同的需要和关系来提取、组织和分析数据，从而得到需要的分析结果，它集筛选、排序和分类汇总等功能于一身，是WPS表格中重要的分析性报告工具。

1. 创建数据透视表

下面在"硬件质量问题反馈.xlsx"工作簿中创建数据透视表，其具体操作如下。

步骤1：打开"硬件质量问题反馈.xlsx"工作簿（配套资源：素材\第5章\硬件质量问题反馈.xlsx），选择A2:F15单元格区域。

步骤2：在"插入"功能选项卡中单击"数据透视表"按钮，打开"创建数据透视表"对话框，单击选中"现有工作表"单选项，单击A17单元格，作为放置数据透视表的单元格，单击"确定"按钮，如图5-38所示。

步骤3：此时，创建空白的数据透视表并打开"数据透视表"任务窗格，在"将字段拖动至数据透视表区域"列表框中单击选中"销售区域""质量问题""赔偿人数""退货人数""换货人数"复选框，根据选中的字段汇总数据，如图5-39所示，完成数据透视表的创建（配套资源：效果\第5章\硬件质量数据透视表分析.xlsx）。

图5-38 创建数据透视表

图5-39 数据透视表的效果

2. 编辑数据透视表

下面介绍编辑数据透视表的常见方法。

● 汇总数据排序：选择汇总数据列中的任意单元格，单击鼠标右键，在弹出的快捷菜单中选择"排序"命令，在弹出的子菜单中选择"升序"或"降序"子命令，可对汇总数据进行排序。

● 汇总数据筛选：单击数据透视表单元格表头的▾按钮，打开筛选器后，可筛选数据。

● 添加或删除数据汇总字段：在"分析"功能选项卡中单击"字段列表"按钮，打开"数据透视表"任务窗格，在"将字段拖动至数据透视表区域"列表框中单击选中相应复选框，可添加数据的汇总字段，单击取消选中相应复选框，则可删除数据的汇总字段。

● 更改值汇总依据：数据透视表默认的值字段汇总依据是求和，选择"求和项……"数据列中的任意单元格，单击鼠标右键，在弹出的快捷菜单中选择"值汇总依据"命令，在弹出的子菜单中选择相应子命令，可更改值汇总依据，如平均值、最大值、最小值等。

● 更改数据透视表的数据源：选择数据透视表中的任意单元格，在"分析"功能选项卡中单击"更改数据源"按钮，打开"更改数据透视表数据源"对话框，可重新设置创建数据透视表的单元格区域。

● 更新数据：当表格中的源数据发生更改后，选择数据透视表中的任意单元格，在"分析"功能选项卡中单击"刷新"按钮，可刷新数据，使数据透视表中的数据同步更改。

5.1.14 使用数据透视图

数据透视图是一种交互式图表，其作用与数据透视表的作用类似，但数据透视图通过图表的方式呈现数据会更加直观。

1. 创建数据透视图

数据透视图的创建与数据透视表的创建相似，关键在于数据区域与字段的选择。另外，在创建数据透视图时，WPS表格也会同时创建数据透视表。也就是说，数据透视图和数据透视表是关联的，无论哪一个对象发生了变化，另一个对象也将同步发生变化。

微课：创建数据
透视图

下面在"硬件质量问题反馈.xlsx"工作簿中创建数据透视图，其具体操作如下。

步骤1：在"硬件质量问题反馈.xlsx"工作簿中，选择A2:F15单元格区域。

步骤2：在"插入"功能选项卡中单击"数据透视图"按钮，打开"创建数据透视图"对话框，单击选中"新工作表"单选项，单击"确定"按钮，如图5-40所示。

步骤3：此时，在新建的工作表中创建空白的数据透视图并打开"数据透视图"任务窗格，在"将字段拖动至数据透视图区域"列表框中单击选中"销售区域""质量问题""赔偿人数""退货人数""换货人数"复选框，根据选中的字段汇总数据，如图5-41所示，完成数据透视图的创建（配套资源：效果\第5章\硬件质量数据透视图分析.xlsx）。

2. 编辑数据透视图

数据透视图是一类特殊的图表，创建数据透视图后可以通过激活的"绘图工具""文本工具""图表工具"功能选项卡对其格式进行设置，方法与设置图表格式相同。此外，数据透视图还具有筛选功能，在数据透视图中单击筛选按钮（筛选按钮的样式如 销售区域 ▼ 质量问题 ▼ ），在打开的列表框中可对图表中的显示项目进行筛选。

图5-40 创建数据透视图

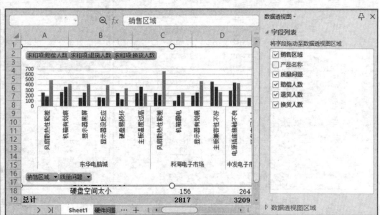

图5-41 数据透视图的效果

5.1.15 WPS 表格的其他高级设置

WPS表格是一款功能强大的表格处理软件，除了本章前面的常用功能，在WPS表格中还可以进行其他高级设置，如在多个单元格输入相同数据、使用条件格式、设置数据有效性、数据分列显示等。

1. 在多个单元格输入相同数据

若需要在多个单元格中需要输入相同数据，可以采用批量输入的方法：首先选择需要输入数据的单元格或单元格区域，如果需输入数据的单元格不相邻，可以按住【Ctrl】键逐一选择，然后再在编辑框中输入数据，完成后按【Ctrl+Enter】组合键，数据就会被填充到所有被选择的单元格中。

2. 使用条件格式

条件格式功能可让单元格中的数据满足设置的条件时，使单元格以特殊样式进行显示，使单元格中的数据一目了然。

下面使用条件格式功能将"部门销售业绩表.xlsx"工作簿中的B3:D12单元格区域中大于150 000的数据显示为红色，并使E3:E12单元格区域包含数据条，其具体操作如下。

微课：使用条件格式

步骤1：打开"部门销售业绩表.xlsx"工作簿（配套资源：素材\第5章\部门销售业绩表.xlsx），选择B3:D12单元格区域。

步骤2：在"开始"功能选项卡中单击"条件格式"按钮，在打开的列表框中选择【突出显示单元格规则】/【大于】。

步骤3：打开"大于"对话框，在"为大于以下值的单元格设置格式"下方的数值框中输入"150000"，然后在"设置为"下拉列表框中选择"浅红填充色深红色文本"选项，单击"确定"按钮，如图5-42所示。

步骤4：选择E3:E12单元格区域，在"开始"功能选项卡中单击"条件格式"按钮，在打开的列表框中选择"数据条"选项，在打开子列表框的"渐变填充"栏中选择"绿色数据条"选项，使单元格显示数据条样式，如图5-43所示（配套资源：效果\第5章\部门销售业绩表.xlsx）。

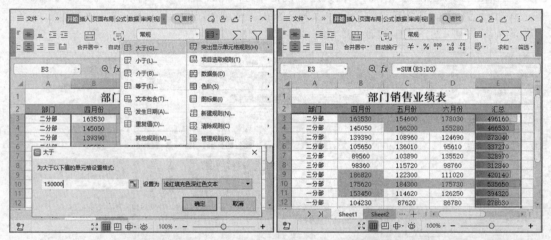

图5-42 设置条件格式　　　　　　　　　　图5-43 设置后的效果

3. 设置数据有效性

在表格中设置数据有效性并对数据进行特定条件限制，可以提高用户在输入数据时的正确性。若是用户输入了特定条件外的无效数据，WPS表格将立刻给予提示。

设置数据有效性的具体操作如下。

微课：设置数据有效性

步骤1：选择需要设置数据有效性的单元格区域，在"数据"功能选项卡中单击"有效性"按钮下方的下拉按钮，在打开的列表框中选择"有效性"选项。

步骤2：打开"数据有效性"对话框，如图5-44所示，单击"设置"选项卡，在其中设置有效性条件，如在"允许"下拉列表框中选择"整数"选项，在"数据"下拉列表框中选择"介于"选项，在"最小值"和"最大值"数值框中分别输入"0"和"100"，表示该单元格区域只允许输入0~100的整数。此外，在"输入信息"和"出错警告"选项卡中可以设置输入信息时的提示信息和输入错误数据后的警告内容。

步骤3：设置完成后单击"确定"按钮，在设置了有效性的单元格区域中输入0~100整数以外的内容，将出现错误提示。

图5-44 "数据有效性"对话框

4. 数据分列显示

在一些特殊情况下用户需要使用WPS表格的分列功能，快速将一列数据分列显示，如将日期的月与日分列显示、将姓名的姓与名分列显示等。下面介绍分列显示数据的步骤，具体操作如下。

微课：数据分列
显示

步骤1：选择需分列显示数据的单元格区域，然后在"数据"功能选项卡中单击"分列"按钮下方的下拉按钮，在打开的列表框中选择"分列"选项。

步骤2：在打开的"文本分列向导-3步骤之1"对话框中选择合适的文件类型，然后单击"下一步"按钮，如图5-45所示。

步骤3：若在"文本分列向导-3步骤之1"对话框中单击选中了"分隔符号"单选项，在打开的"文本分列向导-3步骤之2"对话框中可根据数据所包含的分隔符号分列；若单击选中了"固定宽度"单选项，在打开对话框的"数据预览"栏中可根据需要在目标位置单击以建立分列线，如图5-46所示，完成后单击"下一步"按钮。

步骤4：在打开的"文本分列向导-3步骤之3"对话框中保持默认设置，单击"完成"按钮，返回工作表中可看到数据分列显示后的效果。

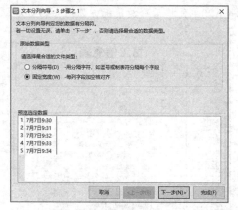

图5-45 选择文件类型　　　　　　　　图5-46 建立分列线

5.2 WPS表格的简单应用——制作"员工信息表"工作簿

员工信息表是企业记录员工信息的基础表格，该表格可为工作人员提供制作企业其他表格的数据源，为企业的人事调动和工作分配提供基本的参考依据。本例制作完成的员工信息表最终效果如图5-47所示（配套资源：效果\第5章\员工信息表.xlsx）。

图5-47　员工信息表最终效果

微课：制作
"员工信息表"
工作簿

制作本员工信息表涉及工作簿、工作表、单元格的基本操作，以及输入与填充数据、设置数字格式、设置数据有效性、设置表格格式等方面的操作，其具体操作如下。

步骤1：启动WPS Office 2019，进入WPS表格工作界面，新建空白文档，将其保存为"员工信息表.xlsx"工作簿。

步骤2：在"Sheet1"工作表标签上单击鼠标右键，在弹出的快捷菜单中选择"重命名"命令，进入编辑状态后，输入"员工基本信息"，按【Enter】键重命名工作表。

步骤3：选择A1单元格，输入"员工信息表"，按【Enter】键。选择A1:G1单元格区域，在【开始】/【段落】组中单击"合并及居中"按钮下方的下拉按钮，在打开的列表框中选择"合并居中"选项，然后将其字体格式设置为方正大黑简体、24号。

步骤4：在A2:G2单元格区域输入表头内容，效果如图5-48所示。

步骤5：在A3单元格中输入"MC-001"，按【Ctrl+Enter】组合键，将鼠标指针移至A3单元格的右下角，当鼠标指针变为 ✛ 形状时，向下拖动鼠标至A20单元格后释放鼠标，如图5-49所示。

图5-48　搭建表格基本框架

图5-49　输入并填充数据

步骤6：在"姓名"列输入员工姓名，在C3单元格输入"男"，填充数据至C20单元格，然后根据员工性别将部分"男"修改为"女"。

步骤7：选择D3:D20单元格区域，单击鼠标右键，在弹出的快捷菜单中选择"设置单元格格式"命令。打开"单元格格式"对话框的"数字"选项卡，在"分类"列表框中选择"日期"选项，在"类型"列表框中选择"2001/3/7"选项，单击"确定"按钮，如图5-50所示。

步骤8：返回工作表，在D3:D20单元格区域中输入日期数据，如图5-51所示。

图5-50 设置日期数字格式

图5-51 输入日期数据

步骤9：在E3:E20单元格区域中输入所属部门信息，选择F3:F20单元格区域，在"数据"功能选项卡中单击"有效性"按钮下方的下拉按钮，在打开的列表框中选择"有效性"选项。

步骤10：打开"数据有效性"对话框的"设置"选项卡，在"允许"下拉列表框中选择"整数"选项；在"数据"下拉列表框中选择"介于"选项；在"最小值"和"最大值"数值框中分别输入"1500"和"7500"；单击"确定"按钮，如图5-52所示。

步骤11：返回工作表，在F3:F20单元格区域输入基本工资数据。选择F3:F20单元格区域，单击鼠标右键，在弹出的快捷菜单中选择"设置单元格格式"命令，打开"单元格格式"对话框，在"分类"列表框中选择"货币"选项，在"小数位数"数值框中输入"1"，单击"确定"按钮，如图5-53所示。

图5-52 设置基本工资的数据有效性

图5-53 设置基本工资数字格式

步骤12：返回工作表，在G3:G20单元格区域输入联系方式数据。选择G3:G20单元格区域的任意单元格，在"开始"功能选项卡中单击"行和列"按钮，在打开的列表框中选择"列宽"选项，打开"列宽"对话框，在"列宽"数值框中输入"12"，单击"确定"按钮，如图5-54所示。

步骤13：选择A2:G20单元格区域，将第2~20行单元格的行高设置为"15"，再将数据对齐方式设置为"水平居中"。

步骤14：保持选择A2:G20单元格区域，在"开始"功能选项卡中单击"表格样式"按钮，在打开的列表框中选择"表样式浅色14"选项，打开"套用表格样式"对话框，单击"确定"按钮，套用表格样式的表格效果如图5-55所示。

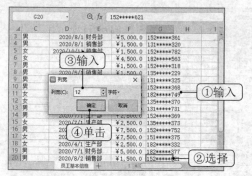

图5-54 设置"联系方式"列的列宽　　　　　　图5-55 套用表格样式后的效果

5.3 WPS表格的高级应用——分析"员工绩效表"表格数据

本例将对某工厂一季度员工绩效表进行统计分析，其中数据分类汇总后的效果如图5-56所示，创建的数据透视表效果如图5-57所示（配套资源：效果\第5章\员工绩效表.docx）。

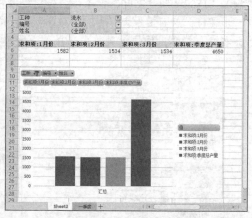

图5-56 数据分类汇总效果　　　　　　　　　图5-57 数据透视图效果

本例分析"员工绩效表"表格数据，涉及数据排序、数据筛选、数据分类汇总，以及创建数据透视表和数据透视图等方面的操作，其具体操作如下。

步骤1： 打开"员工绩效表.xlsx"工作簿（配套资源：素材\第5章\员工绩效表.docx），选择A2:G14单元格区域，在"数据"功能选项卡中单击"排序"按钮下方的下拉按钮，在打开的列表框中选择"自定义排序"选项。

步骤2： 打开"排序"对话框，在"主要关键字"下拉列表框中选择"季度总产量"选项，在"排序依据"下拉列表框中选择"数值"选项，在"次序"下拉列表框中选择"降序"选项。

步骤3： 单击"添加条件"按钮，在"次要关键字"下拉列表框中选择"3月份"选项，在"排序依据"下拉列表框中选择"数值"选项，在"次序"下拉列表框中选择"降序"选项，单击"确定"按钮，如图5-58所示。

步骤4： 此时即可对数据表按照"季度总产量"序列进行降序排列，对于"季度总产量"列中相同的数据，则按照"3月份"序列进行降序排列，效果如图5-59所示。

微课：分析"员工绩效表"表格数据

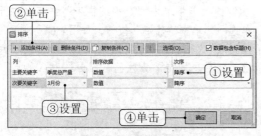

图5-58 设置排序条件

图5-59 查看排序结果

步骤5：选择任意数据单元格，在"数据"功能选项卡中单击"自动筛选"按钮，进入筛选状态。

步骤6：在"季度总产量"单元格中单击▽按钮，打开筛选器，单击"数字筛选"按钮，在打开的列表框中选择"自定义筛选"选项。

步骤7：打开"自定义自动筛选方式"对话框，在"季度总产量"栏的第一个下拉列表框中选择"大于"选项，在右侧的下拉列表框中输入"1540"，单击 确定 按钮，如图5-60所示。

步骤8：返回工作表，查看数据筛选结果，如图5-61所示。

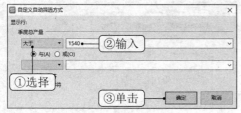

图5-60 自定义筛选

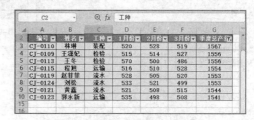

图5-61 查看筛选结果

步骤9：按【Ctrl+Z】组合键撤销筛选操作，选择C列任意单元格，在"数据"功能选项卡中单击"排序"→"降序"按钮，对"工种"序列排序。

步骤10：选择A2:G14单元格区域，在"数据"功能选项卡中单击"分类汇总"按钮，打开"分类汇总"对话框，在"分类字段"下拉列表框中选择"工种"选项，在"汇总方式"下拉列表框中选择"求和"选项，在"选定汇总项"列表框中单击选中"季度总产量"复选框，单击"确定"按钮，如图5-62所示。

步骤11：此时将按"工种"分类对"季度总产量"数据进行汇总，同时直接在表格中显示汇总结果，如图5-63所示。

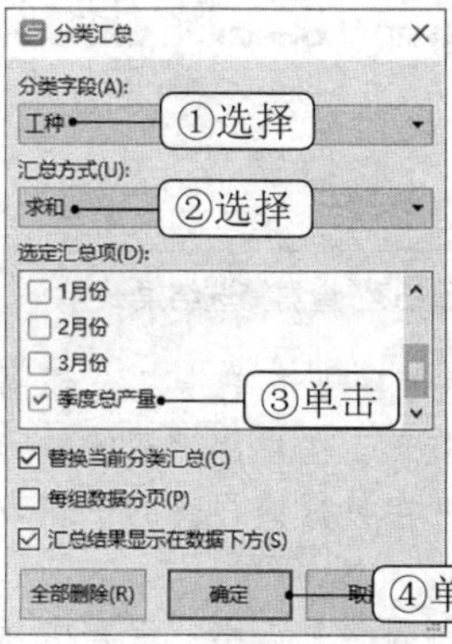

图5-62 设置分类汇总

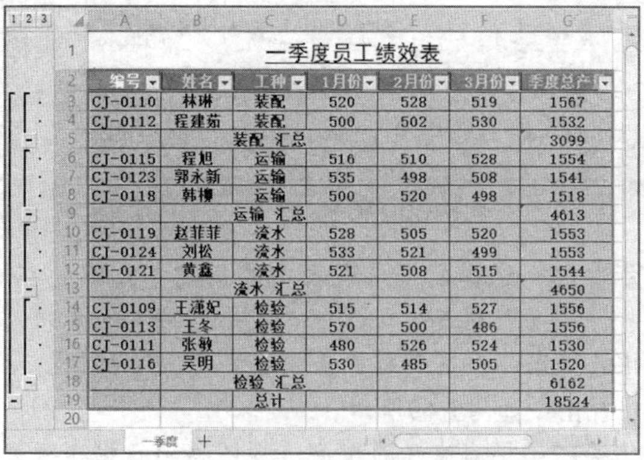

图5-63 查看分类汇总结果

步骤**12**：选择A2:G19单元格区域，在"插入"功能选项卡中单击"数据透视表"按钮，打开"创建数据透视表"对话框，单击选中"新工作表"单选项，单击"确定"按钮，如图5-64所示。

步骤**13**：在"数据透视表"任务窗格中将"字段列表"列表框中的"工种"字段拖动到"筛选器"列表框中，透视数据表中将自动添加筛选字段，然后用同样的方法将"编号"和"姓名"字段拖动到"筛选器"列表框中。

步骤**14**：使用同样的方法按顺序将"1月份""2月份""3月份""季度总产量"字段拖到"值"列表框中，如图5-65所示。

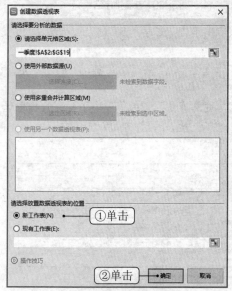

图5-64 创建数据透视表　　　　　图5-65 添加字段

步骤**15**：关闭"数据透视表"任务窗格，在创建好的数据透视表中单击"工种"字段后的按钮，在打开的下拉列表框中选择"流水"选项，单击显示出的"仅筛选此项"选项，如图5-66所示，即可在表格中显示该工种下所有员工的数据汇总，如图5-67所示。

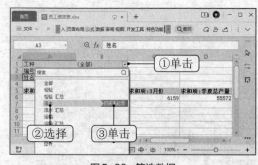

图5-66 筛选数据　　　　　图5-67 查看筛选结果

步骤**16**：选择数据透视表中的任意单元格，在"分析"功能选项卡中单击"全部图表"按钮，打开"插入图表"对话框。在对话框左侧单击"柱形图"选项卡，在右侧"簇状柱形图"列表框中选择第一个图表样式，单击"插入"按钮，如图5-68所示。在数据透视表的工作表中添加数据透视图，如图5-69所示。

步骤**17**：将创建好的数据透视图移到数据透视表的下方，适当调整其大小，保存工作簿，完成本例所有操作（配套资源：效果\第5章\员工绩效表.xlsx）。

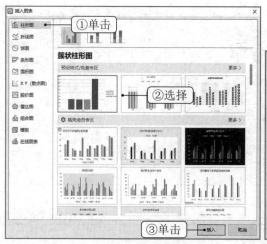

图5-68 创建数据透视图

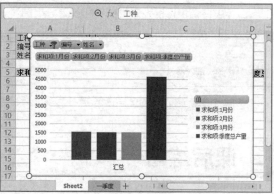

图5-69 查看创建的数据透视图

5.4 章节实训——编辑"销售统计表"工作簿

本次实训将编辑"销售统计表",要求首先对表格进行美化,然后通过创建图表查看销售数据的对比情况和发展趋势。完成实训后的"销售统计表"效果如图5-70所示(配套资源:效果\第5章\销售统计表.xlsx)。

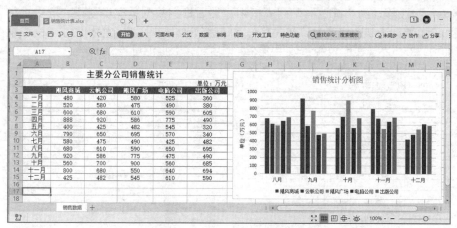

微课:编辑"销售统计表"工作簿

图5-70 "销售统计表"最终效果

⚠ 提示

（1）打开"销售统计表.xlsx"工作簿（配套资源：素材\第5章\销售统计表.xlsx），合并A1:F1单元格区域，将标题数据字体设置为黑体、16。

（2）合并A2:F2单元格区域，设置数据右对齐；将A3:F15单元格区域中的数据设置为水平居中对齐。

（3）为A3:F15单元格区域套用"表样式浅色9"表格样式。

（4）同时选择A3:F3和A11:F15单元格区域，为其创建"簇状柱形图"图表。选择完成后的图表，在"图表工具"功能选项卡中单击"切换行列"按钮。

（5）将图表标题设置为"销售统计分析图"，添加纵坐标轴，输入"单位（万元）"文本，并调整图表的位置和大小。

思考·感悟

创新不是一蹴而就的。崇德博学、笃行求真，为成长为创新人才种学绩文。

课后练习

1. 制作"物资采购申请单"

本次练习将制作一张物资采购申请单，用于采购人员采购物资。本申请单的制作较简单，首先新建工作簿和重命名工作表；然后输入数据并设置数据格式；最后添加表格边框。完成制作后的"物资采购申请单"参考效果如图5-71所示（配套资源：效果\第5章\物资采购申请单.xlsx）。

2. 分析各季度销售数据

打开"季度销售数据汇总表"工作簿（配套资源：素材\第5章\季度销售数据汇总表.xlsx），首先在新工作表中根据数据区域创建数据透视表，添加相应的字段，并将"销售区域"和"产品名称"字段移动到"筛选器"列表框中；然后根据数据透视表创建"堆积折线图"数据透视图，设置数据透视图样式为"样式2"，并调整数据透视图的位置和大小。完成制作后的参考效果如图5-72所示（配套资源：效果\第5章\季度销售数据汇总表.xlsx）。

图5-71 "物资采购申请单"最终效果　　图5-72 "季度销售数据汇总表"最终效果

CHAPTER

6

第6章
WPS演示制作

WPS演示作为WPS Office的三大核心组件之一，主要用于制作与播放幻灯片，能够应用到各种演讲、演示场合。该软件可以通过图示、视频和动画等多媒体形式表现复杂的内容，帮助用户制作出图文并茂、富有感染力的演示文稿，使演示文稿更容易被观众理解。本章将介绍使用WPS演示制作演示文稿的操作方法和具体应用。

📡 课堂学习目标

- 掌握演示文稿和幻灯片的基本操作。
- 掌握设置背景和应用设计方案的操作方法。
- 掌握插入图形、图片、形状、文本框等对象的操作方法。
- 熟悉编辑母版、设置动画和切换效果、创建超链接的操作方法。
- 掌握放映与输出演示文稿及WPS演示其他高级设置的操作方法。

6.1 WPS演示主要功能

在"开始"菜单中选择【WPS Office】/【WPS Office】命令，或者双击桌面的图标启动WPS Office 2019，单击"新建"按钮，进入WPS Office 2019的工作界面。

在WPS Office 2019的工作界面上方选择"演示"选项，切换至WPS演示工作界面，在"推荐模板"中选择"新建空白文档"选项，软件将切换到WPS演示编辑界面，并自动新建名为"演示文稿1"的空白演示文稿，如图6-1所示。WPS演示编辑界面与WPS文字、WPS表格编辑界面基本相似，由"标题"选项卡、"文件"按钮、功能选项卡、功能区、"大纲/幻灯片"窗格、幻灯片编辑区和状态栏等部分组成。

图6-1 WPS演示编辑界面

下面主要介绍幻灯片编辑区和"大纲/幻灯片"窗格的作用。

●幻灯片编辑区：幻灯片编辑区用于显示和编辑幻灯片的内容。默认情况下，标题幻灯片中包含一个标题占位符和一个副标题占位符，内容幻灯片中包含一个标题占位符和一个内容占位符。

●"大纲/幻灯片"窗格：在"大纲/幻灯片"窗格中单击"大纲"选项卡，将切换至"大纲"窗格，在其中可编辑幻灯片的内容，如输入文本、插入图片等；单击"幻灯片"选项卡，将切换至"幻灯片"窗格，该窗格用于显示当前演示文稿中所有幻灯片的缩略图，单击某张幻灯片缩略图，可跳转到该幻灯片，对幻灯片进行操作通常在"幻灯片"窗格中进行。

6.1.1 新建与保存演示文稿

用户在WPS演示编辑界面中选择【文件】/【新建】命令可以新建空白演示文稿。除此之外，也可以根据在线文档新建演示文稿。下面以"商务风企业宣传"在线文档为模板，新建演示文稿，并将其以"企业宣传"为名保存在Windows 10的桌面上。

微课：新建与保存演示文稿

步骤1：在WPS演示工作界面的"推荐模板"中选择"新建在线文档"选项。

步骤2：打开"新建演示"窗口，在左侧的导航窗格中单击"精选推荐"选项卡，将鼠标指针移到右侧"精选推荐"的"商务风企业宣传"选项上，单击显示的"使用"按钮，如图6-2所示。

步骤3：在打开的"新建向导"页面中持续单击"下一步"按钮并单击"立即体验"按钮，打开"商务风企业宣传"窗口。单击"文件"按钮，在打开的菜单中选择"下载"命令，如图6-3所示。

步骤4：打开"另存为"对话框，在导航窗格中选择"桌面"选项，在"文件名"下拉列表框中输入"企业宣传.pptx"文本，单击"保存"按钮，如图6-4所示。

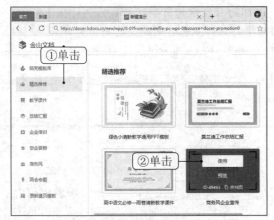

图6-2 "新建演示"窗口

图6-3 下载演示文稿在线模板

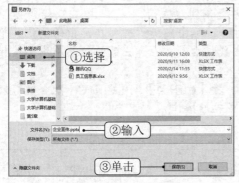

图6-4 保存演示文稿

用户在WPS演示中通过"另存为"对话框保存新建的演示文稿时,可以".pptx"格式保存,".pptx"格式的演示文稿可兼容Microsoft Office办公软件的PowerPoint组件,也可选择"WPS演示文件(*.dps)"选项,将文档保存为WPS演示的专用文件格式,其扩展名为".dps"。

6.1.2 新建幻灯片

演示文稿通常由多张幻灯片组成,而新建的空白演示文稿只有一张幻灯片,因此在制作演示文稿的过程中,需要新建多张幻灯片。新建幻灯片主要有以下3种方法。

●**单击按钮新建幻灯片**:在"开始"功能选项卡或"插入"功能选项卡中,单击"新建幻灯片"按钮下方的下拉按钮,或者单击"大纲/幻灯片"窗格底部的"新建幻灯片"按钮,在打开的列表框中选择不同版式的幻灯片选项即可。

●**使用快捷键新建新幻灯片**:将鼠标指针定位于"幻灯片"窗格中的任意位置,按【Enter】键或【Ctrl+M】组合键,即可新建一张幻灯片。

●**选择命令新建新幻灯片**:在"幻灯片"窗格的任意位置单击鼠标右键,在弹出的快捷菜单中选择"新建幻灯片"命令,即可新建一张幻灯片。

6.1.3 选择幻灯片

在对幻灯片进行编辑前需要先选择幻灯片。选择幻灯片主要有以下3种方法。

●**选择单张幻灯片**:将鼠标指针移动到幻灯片缩略图上,单击便可选择该张幻灯片。

●**选择不相邻的多张幻灯片**:单击需要选择的不相邻幻灯片中的第一张幻灯片,按住【Ctrl】键的同时依次单击需要选择的其他幻灯片,可选择不相邻的多张幻灯片。

●选择相邻的多张幻灯片：单击需要选择的相邻幻灯片中的第一张幻灯片，按住【Shift】键的同时单击要选择的最后一张幻灯片，可选择两张幻灯片及其之间的所有幻灯片。

选择需要删除的幻灯片，按【Delete】键或者单击鼠标右键，在弹出的快捷菜单中选择"删除幻灯片"命令，可删除选择的幻灯片。

6.1.4　移动与复制幻灯片

用户可通过移动幻灯片的操作来调整幻灯片的位置，通过复制幻灯片的操作来快速制作出格式相似的幻灯片。移动与复制幻灯片的方法如下。

●通过拖动鼠标移动与复制幻灯片：选择幻灯片后，按住鼠标左键不放将其拖动到目标位置，此时将出现一条横线，释放鼠标后，幻灯片将移动到该位置；在移动幻灯片的同时按住【Ctrl】键不放，释放鼠标后，即可将幻灯片复制到该位置。

●使用快捷菜单移动与复制幻灯片：选择幻灯片，单击鼠标右键，在弹出的快捷菜单中选择"剪切"或"复制"命令；在目标位置单击鼠标右键，在弹出的快捷菜单中选择相应的"粘贴"命令即可将幻灯片移动或复制到该位置。

●使用快捷键移动与复制幻灯片：选择幻灯片，按【Ctrl+X】或【Ctrl+C】组合键剪切或复制幻灯片，在目标位置按【Ctrl+V】组合键完成粘贴操作。

6.1.5　输入与编辑文本

文本是演示文稿中不可或缺的内容。在演示文稿中输入与编辑文本，与在WPS文字中输入与编辑文本的操作方法相似，下面进行简要介绍。

1. 输入文本

在演示文稿中输入文本主要是在占位符和文本框中输入文本。

●在占位符中输入文本：在幻灯片中经常看到"单击此处添加标题""单击此处添加文本"等文字的文本框，这些文本框在演示文稿中被称为"占位符"。占位符也即预先设计好样式的文本框，其操作与文本框的操作相似，将鼠标指针定位到占位符中，即可输入文本。

●在文本框中输入文本：在"插入"功能选项卡中单击"文本框"按钮，在打开的列表框中选择"横向文本框"或"竖向文本框"，可在幻灯片中绘制文本框，然后在其中输入文本。

2. 编辑文本

编辑文本的操作主要包括修改文本、移动和复制文本、查找和替换文本、设置文本格式等，其操作与在WPS文字中编辑文本相似。

（1）修改文本

选择文本后，重新输入正确的文本，或者先按【Delete】或【BackSpace】键删除错误的文本，再输入正确的文本。

（2）移动和复制文本

移动和复制文本可通过以下3种方式实现。

●使用"剪切"或"复制"按钮移动或复制：选择所需文本，在"开始"功能选项卡中单击"剪切"或"复制"按钮，将文本插入点定位到目标位置，在"开始"功能选项卡中单击"粘贴"按钮。

●使用鼠标移动或复制：选择所需文本，将其拖动至目标位置后释放鼠标可移动文本；在拖动鼠标的同时，若按住【Ctrl】键，可复制文本。

●使用组合键移动或复制：选择所需文本，按【Ctrl+X】或【Ctrl+C】组合键剪切或复制文本，在目标位置按【Ctrl+V】组合键粘贴文本。

（3）查找和替换文本

在"开始"功能选项卡中单击"查找"按钮或"替换"按钮，可打开相应的对话框，在对话框的"查找"或"替换"选项卡中可进行文本的查找和替换操作。

（4）设置文本格式

设置文本格式主要包括设置文本的字体格式和段落格式，其具体操作如下。

步骤1：选择需要设置字体的文本或段落。

步骤2：在"开始"功能选项卡中，可直接设置文本的字体格式；或者单击鼠标右键，在弹出的快捷菜单中选择"字体"命令，打开"字体"对话框，如图6-5所示。

步骤3：在"字体"选项卡中可以对中文字体、西文字体、字形、字号、颜色、下划线以及上标、下标和删除线等字体效果进行设置。

步骤4：在"字符间距"选项卡中可以设置字符间距，设置完成后，单击"确定"按钮。

步骤5：在"开始"功能选项卡中，可直接设置文本的段落格式；或者单击鼠标右键，在弹出的快捷菜单中选择"段落"命令，打开"段落"对话框，如图6-6所示。

图6-5 "字体"对话框

图6-6 "段落"对话框

步骤6：在"缩进和间距"选项卡中可以对段落对齐方式、缩进和间距进行设置，设置完成后，单击"确定"按钮。

6.1.6 设置背景

为幻灯片设置背景能够美化幻灯片。用户在制作演示文稿时可以直接应用WPS演示提供的背景样式，也可以根据演示文稿的具体需求进行自定义设置。

设置背景的具体操作如下。

步骤1：在"设计"功能选项卡中单击"背景"按钮下方的下拉按钮，在打开的列表框的"渐变填充"和"渐变色推荐"栏中可选择渐变色填充样式；或者选择"背景"选项。

步骤2：打开"对象属性"窗格，在"填充"栏中单击选中"纯色填充"单选项，如图6-7所示，在下方的"颜色"下拉列表框中可选择填充颜色，拖动

微课：设置背景

"透明度"滑块可设置颜色的透明度。

步骤3：在"填充"栏中单击选中"渐变填充"单选项，如图6-8所示，在下方可对渐变填充的渐变样式、角度，以及色标颜色、位置、透明度等进行设置。

步骤4：在"填充"栏中单击选中"图片或纹理填充"单选项，如图6-9所示，在下方的"图片填充"下拉列表框中可选择填充的图片，在"纹理填充"下拉列表框中可设置填充的纹理，拖动"透明度"滑块可设置填充图片或纹理的透明度，在"放置方式"下拉列表框中可设置填充图片或纹理的放置方式。

步骤5：在"填充"栏中单击选中"图案填充"单选项，如图6-10所示，下方的左侧下拉列表框用于选择填充的图案，"前景"和"背景"下拉列表框则分别用于设置图案的前景色和背景色。

步骤6：设置完成后，单击底部的"全部应用"按钮，可将背景设置应用到当前演示文稿的全部幻灯片中。

| 图6-7 纯色填充 | 图6-8 渐变填充 | 图6-9图片或纹理填充 | 图6-10图案填充 |

6.1.7 应用设计方案

WPS演示中的设计方案和WPS文字中提供的样式类似，是文本、图片等对象格式设置的集合。用户在制作演示文稿时，可以应用设计方案来提高工作效率。

应用设计方案的操作方法为：在"设计"功能选项卡中的"设计方案"列表框中选择设计方案选项，再在打开的"设计方案"对话框中单击"应用本模板风格"按钮，即可应用所选设计方案，效果如图6-11所示。在"设计方案"列表框中单击"更多设计"按钮，在打开的对话框中可选择更多的设计方案样式。

图6-11 应用设计方案后的效果

6.1.8 插入对象

与WPS文字或WPS表格一样，在WPS演示中制作演示文稿时，也可以插入图片、图标、艺术字、形状、表格、图表等对象，且插入与编辑操作基本相同。此外，在制作演示文稿时，还可以插入智能图形、关系图、流程图、思维导图和二维码等常用图形对象，以此优化文字内容的表达，有利于演示文稿的演示和讲解。

微课：插入对象

1. 插入图片

在"插入"功能选项卡中单击"图片"按钮下方的下拉按钮，在打开的列表框中单击"本地图片"按钮，在打开的"插入图片"窗口中选择要插入的图片，单击"打开"按钮即可在幻灯片中插入保存在计算机中的图片。此外，也可以在打开的列表框中单击"分页插图"按钮，在打开的"分页插入图片"窗口中选择多张图片，可依次将图片插入每张幻灯片；单击"手机传图"按钮，则可将手机中保存的图片插入幻灯片。

2. 插入图标

在"插入"功能选项卡中单击"图标"按钮，在打开的列表框中选择图标选项即可将图标插入幻灯片。

3. 插入艺术字

在"插入"功能选项卡中单击"艺术字"按钮，在打开的列表框中的"预设样式"栏中选择相应的艺术字选项后，输入艺术字的所需文本内容即可将艺术字插入幻灯片。

4. 插入形状

在"插入"功能选项卡中单击"形状"按钮，在打开的列表框中选择相应的形状选项，将鼠标指针移到幻灯片编辑区中，按住鼠标左键并拖动绘制形状，释放鼠标即可完成形状的绘制。

5. 插入表格

与在WPS文字中插入表格的操作方法相同，在WPS演示中同样可以通过"表格"列表框和"插入表格"对话框插入表格。

●**通过"表格"列表框插入表格：**在"插入"功能选项卡中单击"表格"按钮，在打开的列表框中移动鼠标指针选择需要插入的表格行数和列数，然后单击鼠标确认。

●**通过"插入表格"对话框插入表格：**在"插入"功能选项卡中单击"表格"按钮，在打开的列表框中选择"插入表格"选项。打开"插入表格"对话框，在其中设置表格行列数后，单击"确定"按钮。

6. 插入图表

在"插入"功能选项卡中单击"图表"按钮，打开"插入图表"对话框，选择图表选项，单击"插入"按钮即可插入图表。插入图表后，在"图表工具"功能选项卡中单击"编辑数据"按钮，打开"WPS演示中的图表"窗口，在其中可输入图表的数据。

7. 插入智能图形

智能图形是演示文稿中常用的一类图形，主要用于在幻灯片中制作流程图、结构图或关系图等图示内容，具有结构清晰、样式美观等特点。

插入智能图形的具体操作如下。

步骤1： 在"插入"功能选项卡中单击"智能图形"按钮，在打开的下拉

微课：插入智能
图形

列表框中选择"智能图形"。

步骤2：打开"选择智能图形"对话框，在左侧的导航窗格中选择智能图形的类型，在中间的列表框中选择智能图形样式，单击"插入"按钮，如图6-12所示。

步骤3：插入智能图形后，单击智能图形中的形状，可将文本插入点定位至该形状中并输入文本，如图6-13所示。

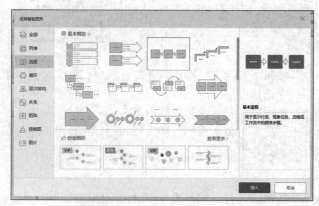

图6-12 插入智能图形　　　　　　　　　　　图6-13 在形状中输入文本

插入智能图形后，将激活"设计"功能选项卡（见图6-14）和"格式"功能选项卡（见图6-15），在这两个功能选项卡中可进行智能图形的编辑操作。

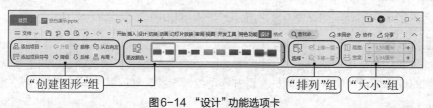

图6-14 "设计"功能选项卡

图6-15 "格式"功能选项卡

智能图形的常用操作如下。

●调整位置：选择智能图形，按住鼠标左键不放并拖动鼠标可调整其位置。此外，可在"设计"功能选项卡中设置智能图形的排列顺序。

●缩放：将鼠标指针移动到智能图形四周的某一个角上，当鼠标指针变为↗或↘形状时，按住鼠标左键不放向内或向外拖动，可对智能图形进行缩放操作。此外，在"设计"功能选项卡中可精确设置智能图形的大小。

●增减智能图形中形状的个数：选择智能图形中的任意形状，在"设计"功能选项卡中，单击"添加项目"按钮，选择对应选项可在该形状的前面、后面、上方或下方添加一个相同样式的形状；选择要删除的形状，按【Delete】键可将其删除。

●设置文本格式：选择智能图形或其中的任意形状，在"格式"功能选项卡中可设置智能图形中文本的字体格式；在"格式"功能选项卡中可设置智能图形中文本的对齐方式和字符间距等。

●**更改智能图形的颜色**：选择智能图形，在"设计"功能选项卡中单击"更改颜色"按钮，在打开的列表框中选择对应选项可更改智能图形的颜色。

●**更改智能图形的样式**：选择智能图形，在"设计"功能选项卡的"智能图形样式"列表框中选择对应选项可设置智能图形的样式。

●**更改智能图形中的形状样式**：选择智能图形中的任意形状，在"格式"功能选项卡的"形状样式"列表框中选择对应选项可更改智能图形中的形状样式。"形状样式"组中的"填充"和"轮廓"按钮则用于设置形状的填充颜色和轮廓样式。

 在"插入"功能选项卡中还可以通过"关系图""流程图""思维导图"按钮插入关系图、流程图、思维导图（思维导图把各级主题的关系用相互隶属与相关的层级图表现出来），其编辑方法与编辑智能图形相似。

---

8. 插入二维码

使用WPS演示制作演示文稿，可以在幻灯片中快速插入二维码。在"插入"功能选项卡中单击"更多"按钮，在打开的列表框中选择"二维码"选项，打开图6-16所示的"插入二维码"对话框，该对话框左侧用于编辑二维码的内容，右侧用于设置二维码样式，包括设置二维码的颜色、插入Logo、设置图案样式等，设置完成后，单击"确定"按钮即可插入二维码。

图6-16 "插入二维码"对话框

使用WPS演示可以制作"文本""名片""Wi-Fi""电话"4种类型的二维码，下面分别进行介绍。

●**"文本"二维码**：在"插入二维码"对话框中单击"文本"按钮，在左侧的"输入内容"文本框中输入二维码的文本内容，扫描二维码后将获得文本信息。如果输入网址，扫描二维码后将直接跳转到该网址对应的网页。

●**"名片"二维码**：在"插入二维码"对话框中单击"名片"按钮，在左侧设置名片信息，包括"姓名""电话""QQ""电子邮箱""单位""职位"等。扫描二维码后将获得名片信息，并且可通过名片信息新建联系人。

●**"Wi-Fi"二维码**：在"插入二维码"对话框中单击"Wi-Fi"按钮，在左侧输入"网络账号"和"密码"等内容。扫描二维码后将获得Wi-Fi信息。

● "电话"二维码：在"插入二维码"对话框中单击"电话"按钮，在左侧输入"手机号码"。扫描二维码后将获得电话号码，并且可通过电话信息新建联系人。

6.1.9 编辑幻灯片母版

微课：编辑
幻灯片母版

幻灯片母版主要用于统一演示文稿中每张幻灯片的格式、背景以及其他美化效果等。制作幻灯片母版后，可以快速制作出多张版式相同的幻灯片，极大地提高工作效率。

编辑幻灯片母版需要进入"幻灯片母版"视图进行操作，其操作方法为：在"视图"功能选项卡中单击"幻灯片母版"按钮，进入"幻灯片母版"视图，如图6-17所示。该视图模式下的第1张幻灯片为"Office 主题"幻灯片，第2张幻灯片为"标题幻灯片"。在"Office 主题"幻灯片中插入图片、形状、艺术字等对象，或设置背景等效果，将应用于演示文稿中的所有幻灯片；在"标题幻灯片"中进行的设置只应用于标题幻灯片；在其他幻灯片中进行的设置则应用于对应版式的各张幻灯片中。

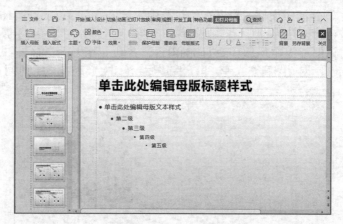

图6-17 "幻灯片母版"视图

6.1.10 设置动画

设置动画是指为幻灯片中的文本、文本框、占位符、图片和表格等对象添加动画效果。为幻灯片中的对象添加动画效果后，在放映幻灯片时，幻灯片中的对象将动态显示，可以增强幻灯片的观赏性。

微课：设置动画

1. 添加动画效果

在幻灯片中选择要设置动画的对象，在"动画"功能选项卡的"动画"列表框中选择需要的动画选项或在"动画"功能选项卡中单击"自定义动画"按钮，打开"自定义动画"窗格，单击"添加效果"按钮，在打开的列表框中选择需要的动画选项即可为该对象添加动画效果。WPS演示中包括进入、退出、强调和动作路径4种动画类型，如图6-18所示，下面分别对这4种动画类型的特点进行说明。

● **进入动画**：进入动画是"从无到有"的过程，为对象设置进入动画后，放映幻灯片时，对象从其他位置进入幻灯片，并最终显示在幻灯片编辑区相应位置。

● **强调动画**：强调动画不是"从无到有"或"从有到无"的，而是一开始就存在于幻灯片中，放映幻灯片时，对象颜色和形状会进行变化。

●**退出动画**：退出动画是"从有到无"的过程，为对象设置退出动画后，放映幻灯片时，对象从幻灯片编辑区退出。

●**动作路径动画**：为对象设置动作路径动画后，放映幻灯片时，对象将沿着指定的路径进入幻灯片编辑区相应的位置或从幻灯片中沿路径退出。

图6-18　动画样式

为对象设置动画后，打开"自定义动画"窗格，单击"添加效果"按钮，在打开的列表框中再次选择一种动画样式，可为同一个对象设置多个动画效果。

2. 设置动画效果

用户在为幻灯片中的对象添加了动画效果后，还可以对动画效果进行设置，如动画的开始方式、方向、播放速度和播放顺序等，使幻灯片效果更加流畅、自然。设置动画效果主要通过"自定义动画"窗格实现，在"开始"功能选项卡中单击"自定义动画"按钮，打开"自定义动画"窗格，如图6-19所示。

下面对动画效果的常用设置进行介绍。

●**设置动画开始方式**：通过"自定义动画"窗格的"开始"下拉列表框可设置动画开始方式，包括"单击时""之前""之后"3种。"单击时"表示单击时播放动画；"之前"表示与上一项动画同时播放；"之后"表示在上一项动画之后播放。

图6-19　"自定义动画"窗格

●**设置动画方向**：通过"自定义动画"窗格的"方向"下拉列表框可设置动画的进入或退出的方向，不同动画显示的方向选项不同。

●**设置动画播放速度**：通过"自定义动画"窗格的"速度"下拉列表框可设置动画的播放速度，计时单位为秒。

●**调整动画播放顺序**：在"速度"下拉列表框下方的列表框中可选择需要调整播放顺序的动画选项，在"重新排序"栏中单击⬆或⬇按钮，可向上或向下移动动画选项；或选择动画选项后按住鼠标左键不放，拖动鼠标调整动画播放顺序。

6.1.11　添加切换效果

切换效果是指幻灯片之间进行切换的动画效果，添加切换效果，可使幻灯片之间自然过渡。其操作方法为：选择需要设置切换效果的幻灯片，在"切换"功能选项卡的"切换方案"列表框中选择需要的选项，为幻灯片添加相应的切换效果，如图6-20所示。为幻灯片添加切换效果后，"切换方案"列表框右侧的"效果选项"按钮用于设置切换效果的播放效果；"速度"数值框用于设置切换速度；"声音"下拉列表框用于设置切换效果的声音；单击选中"单击鼠标时换片"复选框表示单击时应用切换效果，否则自动播放切换效果；单击"应用到全部"按钮可以将切换效果应用到所有幻灯片中。

图6-20　为幻灯片添加切换效果

6.1.12　创建链接

用户在制作演示文稿时可以通过为幻灯片中的文本、图片等对象创建链接，实现幻灯片页面的快速跳转，使演示过程更流畅。在WPS演示中可以通过创建超链接、动作和动作按钮3种方式来创建链接，下面分别进行介绍。

1. 创建超链接

在WPS演示中，可以为幻灯片中的文本、图片、形状和文本框等对象创建超链接，其具体操作如下。

步骤1：在幻灯片中选择需要添加超链接的对象，如选择文本对象，在"插入"功能选项卡中单击"超链接"按钮下方的下拉按钮，在打开的列表框中选择"本文档幻灯片页"选项。

微课：创建超链接

步骤2：打开"插入超链接"对话框的"本文档中的位置"选项卡，在"请选择文档中的位置"列表框中选择超链接的具体位置，单击"确定"按钮，如图6-21所示。

步骤3：返回幻灯片中，即可看到创建超链接的文本下方有一条下划线，并且字体颜色也发生了变化，如图6-22所示。放映幻灯片时，单击创建超链接的文本，将跳转到链接的目标幻灯片。

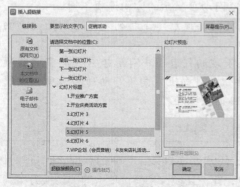

图6-21　设置链接位置

图6-22　设置超级链接后的效果

在"插入超链接"对话框的"链接到"列表框中单击"原有文件或网页"选项卡，可将链接位置设置为文件或网页；在"链接到"列表框中单击"电子邮件地址"选项卡，可将链接位置设置为电子邮件地址。

2. 创建动作

创建动作与创建超链接的目的是一样的，都是通过链接快速跳转到相应的位置。创建动作分为单击鼠标时跳转和鼠标悬停时跳转两种形式，下面分别进行介绍。

（1）单击鼠标时跳转

单击鼠标时跳转是指为对象创建单击鼠标时跳转的动作后，在放映幻灯片时，在创建动作的对象上单击鼠标，即可跳转到链接的目标幻灯片。其设置方法为：在幻灯片中选择需要创建动作的对象，在"插入"功能选项卡中单击"动作"按钮，打开"动作设置"对话框，在"鼠标单击"选项卡中单击选中"超链接到"单选项，在其下拉列表框中选择"幻灯片"选项，如图6-23所示。打开"超链接到幻灯片"对话框，在"幻灯片标题"列表框中选择链接到的幻灯片，单击"确定"按钮，如图6-24所示。返回"动作设置"对话框，单击"确定"按钮。在放映该幻灯片时，将鼠标指针移动到创建动作超链接的对象上，单击鼠标，即可切换到链接的目标幻灯片。

图6-23 选择链接选项

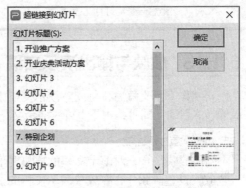

图6-24 选择链接到的幻灯片

（2）鼠标悬停时跳转

鼠标悬停时跳转是指为对象创建鼠标悬停时跳转的动作后，在放映幻灯片的过程中，将鼠标指针移动到创建动作的对象上，即可跳转到链接的目标幻灯片。其设置方法为：在幻灯片中选择需创建动作的对象，在打开的"动作设置"对话框中单击"鼠标移过"选项卡，在其中根据设置单击鼠标时跳转动作的方法对其进行相应的设置。

3. 创建动作按钮

用户除了为幻灯片中的对象添加超链接和动作外，还可以绘制动作按钮，为其创建超链接，其具体操作如下。

步骤1： 选择需要创建动作按钮的幻灯片，在"插入"功能选项卡中单击"形状"按钮，在打开的列表框中选择"动作按钮"栏中的选项，如选择"动作按钮：前进或下一项"选项，如图6-25所示。

步骤2： 返回幻灯片编辑区，拖动鼠标在幻灯片中绘制动作按钮，绘制完成后释放鼠标，将打开"动作设置"对话框，保持默认设置，单击"确定"按钮，如图6-26所示。

微课：创建
动作按钮

步骤3：设置动作按钮后，可对其进行美化，包括调整大小和位置、设置填充色和轮廓样式等。

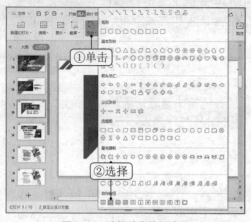

图6-25 选择动作按钮选项

图6-26 选择链接到的幻灯片

常用的动作按钮除了"动作按钮：前进或下一项"外，还有"动作按钮：后退或上一项"
"动作按钮：开始""动作按钮：结束"，分别用于跳转到上一张幻灯片、第一张幻灯片和
最后一张幻灯片。

6.1.13 放映与输出演示文稿

用户制作演示文稿后，可以对演示文稿中的幻灯片和内容进行放映或讲解，这是制作演示文稿的最终目的。同时，用户也可对演示文稿进行输出操作，以达到共享演示文稿的目的。

1. 放映演示文稿

不同的放映场合，对演示文稿的放映要求有所不同，所以，在放映前，需要对演示文稿进行一些放映设置。此外，在放映演示文稿的过程中，还可以控制放映方式和过程，如定位幻灯片、标记重点内容等。

（1）设置放映方式

设置放映方式包括设置演示文稿的放映类型、放映选项、放映幻灯片的范围以及换片方式等。用户可根据当前实际环境和需要进行相应的设置。其操作方法为：在"放映"功能选项卡中单击"放映设置"按钮下方的下拉按钮，在打开的列表框中选择"放映设置"选项，打开"设置放映方式"对话框，如图6-27所示，在该对话框中进行相应设置即可。

下面对各种放映类型的作用和特点进行介绍。

● **演讲者放映（全屏幕）**：这是WPS演示默认的放映类型，将以全屏幕的状态放映演示文稿。在放映过程中，演讲者具有完全的控制权，不仅可以手动切换幻灯片和动画效果，也可以暂停放映、添加注释等，按【Esc】键可结束放映。

● **展台自动循环放映（全屏幕）**：这种放映

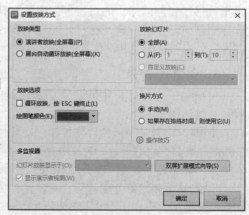

图6-27 "设置放映方式"对话框

类型不需要人为控制，系统将自动全屏循环放映演示文稿。放映过程中，不能通过单击切换幻灯片，但可以通过单击幻灯片中的超链接来进行切换，按【Esc】键可结束放映。

（2）自定义放映

在放映演示文稿时，用户可以根据需要只放映演示文稿中的部分幻灯片，并且这些幻灯片既可以是连续的，也可以是不连续的，其具体操作如下。

微课：自定义
放映

步骤1： 在"放映"功能选项卡中单击"自定义放映"按钮，打开"自定义放映"对话框，单击"新建"按钮。

步骤2： 打开"定义自定义放映"对话框，如图6-28所示，在"幻灯片放映名称"文本框中输入自定义放映幻灯片的名称，在"在演示文稿中的幻灯片"列表框中选择自定义放映的幻灯片，单击"添加"按钮，将幻灯片添加到"在自定义放映中的幻灯片"列表框中。

步骤3： 单击"确定"按钮，返回"自定义放映"对话框，如图6-29所示，在"自定义放映"列表框中显示了添加的自定义放映项目，单击"放映"按钮，即可进入放映状态，对添加的幻灯片进行放映。

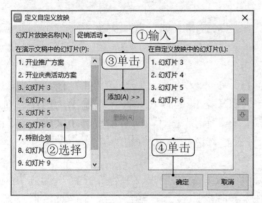

图6-28 "定义自定义放映"对话框

图6-29 "自定义放映"对话框

（3）放映幻灯片

在WPS演示中提供了从头开始和从当前幻灯片开始两种放映方式，下面分别进行介绍。

● **从头开始放映：** 打开需放映的演示文稿后，在"放映"功能选项卡中，单击"从头开始"按钮或按【F5】键，不管当前选择了哪张幻灯片，都将从演示文稿的第1张幻灯片开始放映。

● **从当前幻灯片开始放映：** 打开需放映的演示文稿后，在"放映"功能选项卡中，单击"当页开始"按钮或按【Shift+F5】组合键，将从当前选择的幻灯片开始依次往后放映。

（4）定位幻灯片

默认情况下，演示文稿中的幻灯片会根据排列顺序进行播放。在放映过程中，当某张幻灯片不需要按顺序进行播放时，可手动定位幻灯片进行播放。其操作方法为：进入演示文稿放映状态，在放映的幻灯片上单击鼠标右键，在弹出的快捷菜单中选择【定位】/【按标题】命令，在打开的子菜单中显示了演示文稿中的所有幻灯片，如图6-30所示。选择相应的幻灯片，即可切换到该幻灯片中进行放映。

（5）标记重要内容

用户在放映演示文稿的过程中，如果想突出幻灯片中的某些内容，可以使用WPS演示提供的"圆珠笔""水彩笔"或"荧光笔"效果，在幻灯片中标记重点内容。其操作方法为：进入演示文稿的放映状态，在放映的幻灯片上单击鼠标右键，在弹出的快捷菜单中选择"指针选项"命令，在弹出的子菜单中选择"圆珠笔""水彩笔"或"荧光笔"命令。然后拖动鼠标在重要内容上标记即可，图6-31所示为使用"荧光笔"做的标记效果。

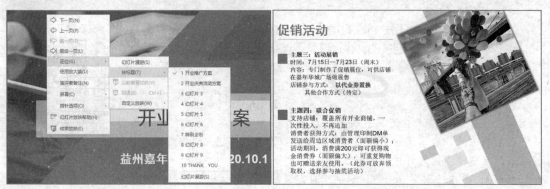

图6-30　定位幻灯片　　　　　　　　　　图6-31　使用"荧光笔"勾勒的标记效果

2. 输出演示文稿

在WPS演示中，用户可以将演示文稿输出为不同格式的文件，方便浏览者通过不同的方式浏览演示文稿的内容。

（1）将演示文稿输出为PDF文档

将演示文稿输出为PDF文档的操作方法为：打开演示文稿后，单击"文件"按钮右侧的下拉按钮，在打开的菜单中选择【文件】/【输出为PDF格式】命令，打开"输出为PDF"对话框，如图6-32所示。默认已选中打开的演示文稿，在"输出范围"栏中设置演示文稿的输出范围，在"保存目录"栏中设置输出PDF文档的保存位置，然后单击"开始输出"按钮。

（2）将演示文稿输出为图片

将演示文稿输出为图片的操作方法为：打开演示文稿后，单击"文件"按钮右侧的下拉按钮，在打开的菜单中选择【文件】/【输出为图片】命令，打开"输出为图片"对话框，如图6-33所示。在该对话框中设置输出方式、输出页数、输出格式和输出目录等内容后，单击"输出"按钮。

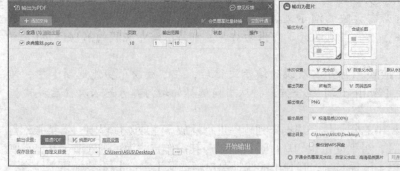

图6-32　"输出为PDF"对话框　　　　　　图6-33　"输出为图片"对话框

（3）将演示文稿打包

将演示文稿打包后复制到其他计算机中，即使该计算机没有安装打开演示文稿的相关软件，也可以播放该演示文稿。其操作方法为：打开演示文稿后，单击"文件"按钮右侧的下拉按钮，在打开的菜单中选择【文件】/【文件打包】/【打包成文件夹】命令，打开"演示文件打包"对话框，如图6-34所示。在该对话框中设置文件夹名称和位置，然后单击"确定"按钮。

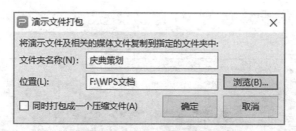

图6-34 "演示文件打包"对话框

6.1.14 WPS 演示的其他高级设置

WPS演示是一款功能强大的演示文稿编辑软件，除了本章前面介绍的常用功能，还可以进行其他高级设置，如添加视频、添加音频、幻灯片分节、设置页眉和页脚等。

1. 添加视频

用户在制作演示文稿的过程中，可以在演示文稿中添加视频，用于补充说明等，并且在添加视频后，还可以编辑视频，如美化视频文件图片、剪辑视频等。在WPS演示中，可以以嵌入本地视频、链接到本地视频、插入网络视频等方式添加视频。一般来说，用户可选择以嵌入本地视频的方式添加视频，即将保存在计算机中的视频插入演示文稿，以保证视频稳定的播放效果，其操作方法为：选择需要添加视频的幻灯片，在"插入"功能选项卡中单击"视频"按钮，在打开的列表框中选择"嵌入本地视频"选项，打开"插入视频"对话框，选择视频文件后，单击"打开"按钮，插入视频，如图6-35所示。插入视频后，将激活"图片工具"和"视频工具"功能选项卡。在"图片工具"功能选项卡中可编辑视频文件图片，如设置图片样式、调整图片大小等。在"视频工具"功能选项卡中可调整视频音量、剪辑视频、设置视频的播放效果及设置视频封面等。

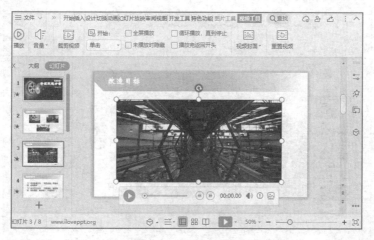

图6-35 插入视频的效果

2. 添加音频

选择需要添加音频的幻灯片，在"插入"功能选项卡中单击"音频"按钮，在打开的列表框中选择"嵌入音频"选项，打开"插入音频"对话框，选择音频文件后，单击"打开"按钮，即可在幻灯片中插入保存在计算机中的音频，如图6-36所示。插入音频后，将激活"图片工具"和"音频工具"功能选项卡。在"图片工具"功能选项卡中可编辑音频文件图片，如设置图片样式、调整图片大小等。在"音频工具"功能选项卡中可调整音频音量、剪辑音频、设置音频的播放效果等。

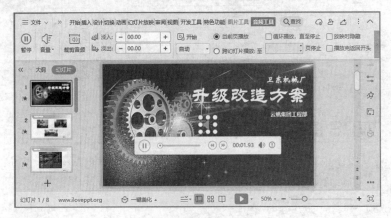

图6-36　插入音频的效果

3. 幻灯片分节

为大型演示文稿的幻灯片分节不仅可让演示文稿的逻辑性更强，还可以与他人协作创建演示文稿，如每人可以负责制作单独一节的幻灯片。其操作方法为：在"幻灯片"窗格中，将鼠标指针定位到需要分节的幻灯片前面或选择该幻灯片，在"开始"功能选项卡中单击"节"按钮，在打开的列表框中选择"新增节"选项，即可创建一个节。所创建的节名称都是默认的，为了更好地管理演示文稿中的幻灯片，可更改节名称。更改节名称的方法为：在需要重命名的节名称上单击鼠标右键，在弹出的快捷菜单中选择"重命名节"命令，打开"重命名"对话框，在"名称"文本框中输入节名称，单击"重命名"按钮即可，如图6-37所示。

图6-37　幻灯片分节

在需要删除的节上单击鼠标右键，在弹出的快捷菜单中选择"删除节"命令，即可删除当前选择的节；若选择"删除节和幻灯片"命令，可删除该节，并同时删除该节中的所有幻灯片；若选择"删除所有节"命令，可将演示文稿中创建的所有节删除。

4. 设置页眉和页脚

用户在制作演示文稿的过程中可以为幻灯片设置页眉和页脚，包括日期、时间、编号和页码等内容，使幻灯片更加专业。其操作方法为：在"插入"功能选项卡中，单击"页眉页脚"按钮，打开图6-38所示的"页眉和页脚"对话框，在"幻灯片"选项卡中对日期和时间、幻灯片编号以及页脚等内容进行设置。设置完成后单击"全部应用"按钮，即可为所有幻灯片应用统一的页眉和页脚。

图6-38 "页眉和页脚"对话框

6.2 WPS演示的简单应用——制作"散文课件"演示文稿

课件是演示文稿中非常常见的一种类型，课件多用于教师教学，随着多媒体教学的普及和推广，演示文稿类课件的应用率越来越高。在制作课件时，需要根据学科的性质来确定演示文稿的主题，如散文类课件在制作上应更注重美观性，以便将学生带入散文中营造的氛围。本例将制作"散文课件"，最终效果如图6-39所示（配套资源：效果\第6章\散文课件.pptx）。

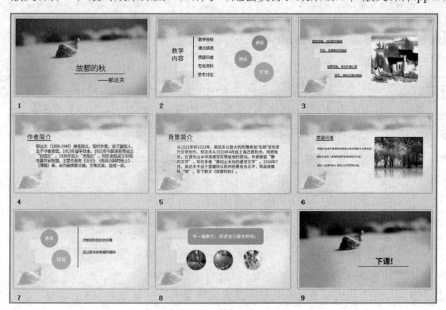

图6-39 "散文课件"最终效果

制作本散文课件涉及新建与保存演示文稿、新建幻灯片、设置背景、输入与编辑文本、插入形状、插入图片、设置切换效果等方面的操作。本例将从第1张幻灯片开始，依次完成所有幻灯片的制作。其具体操作如下。

步骤1：启动WPS Office 2019，进入WPS演示工作界面，新建空白演示文稿，将其保存为"散文课件.pptx"演示文稿。

步骤2：单击"幻灯片"窗格底部的"新建幻灯片"按钮，在打开的列表框中选择"空白演示"幻灯片选项，如图6-40所示。新建空白幻灯片后，按【Ctrl+M】组合键，快速新建7张幻灯片。

微课：制作"散文课件"演示文稿

图6-40　新建"空白"幻灯片

步骤3：选择第1张幻灯片，在"设计"功能选项卡中单击"背景"按钮，打开"对象属性"窗格，在"填充"栏中单击选中"图片或纹理填充"单选项，在"图片填充"下拉列表框中选择"本地文件"选项，如图6-41所示。

步骤4：打开"选择纹理"对话框，在地址栏中选择图片的保存位置，选择"背景1.jpg"选项（配套资源：素材\第6章\散文课件\背景1.jpg），单击"打开"按钮，如图6-42所示，返回"对象属性"窗格，单击"全部应用"按钮，为所有幻灯片应用该背景图片。

步骤5：使用相同方法，为第1张和第9张幻灯片的背景应用"背景.jpg"图片（配套资源：素材\第6章\散文课件\背景.jpg）。

图6-41　选择图片填充方式

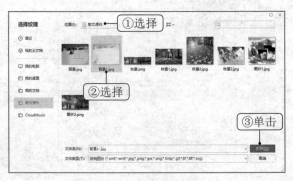

图6-42　选择填充图片

步骤6：关闭"对象属性"窗格，在第1张幻灯片中选择"标题"和"副标题"占位符，按【Delete】键删除。在"插入"功能选项卡中单击"文本框"按钮下方的下拉按钮，在打开的列表框中选择"横向文本框"选项。

步骤7：将鼠标指针移到第1张幻灯片编辑区下方横线的上方，拖动鼠标，绘制横向文本框，如图6-43所示。

步骤8：在绘制的文本框中输入"故都的秋"，字体格式设置为思源黑体、54。复制该文本框，粘贴到本幻灯片编辑区横线的下方，将文本修改为"——郁达夫"，字号大小修改为"40"，修改"——"的字体为"Arial(正文)"，效果如图6-44所示。

步骤9：选择第2张幻灯片，在幻灯片页面左侧绘制文本框，输入相应文本，字体为"思源黑体"，字号大小分别为"44"和"28"。

步骤10：在"插入"功能选项卡中单击"形状"按钮，在打开的列表框中选择"直线"选项，在幻灯片编辑区中绘制直线，如图6-45所示。

图6-43 绘制文本框

图6-44 输入的文本效果

步骤11：在"绘图工具"功能选项卡中单击"轮廓"按钮右侧的下拉按钮，在打开的列表框中选择"黑色，文本1"选项，如图6-46所示。

图6-45 绘制直线

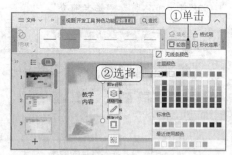

图6-46 设置直线轮廓颜色

步骤12：在"插入"功能选项卡中单击"形状"按钮，在打开的列表框中选择"椭圆"选项，按住【Shift】键在幻灯片页面右侧绘制圆形。取消轮廓颜色，然后在"绘图工具"功能选项卡中单击"填充"按钮右侧的下拉按钮，在打开的列表框中选择"热情的粉红，着色6，浅色40%"选项，如图6-47所示。

步骤13：复制两个圆形，将填充颜色分别更改为"白色，背景2，深色25%""矢车菊蓝，着色2，深色40%"，然后调整3个圆形的大小和位置，效果如图6-48所示。

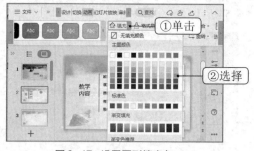

图6-47 设置圆形填充色

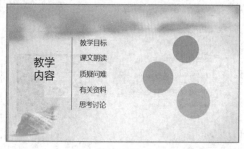

图6-48 圆形最终效果

步骤14：分别在3个圆形上单击鼠标右键，在弹出的快捷菜单中选择"编辑文字"命令，分别输入"朗读""领会""讨论"文本，字号大小分别设置为"28""32""36"，如图6-49所示。

步骤15：选择第3张幻灯片，绘制文本框，输入相应文本，在"开始"功能选项卡中单击"下划线"按钮为文本添加下划线。

步骤16：在"插入"功能选项卡中单击"图片"按钮，打开"插入图片"对话框，选择插入"图片1.jpg"图片（配套资源：素材\第6章\散文课件\图片1.jpg）。选择插入的图片，在"图片工具"功能选项卡中单击"图片效果"按钮，在打开的列表框中选择【柔化边缘】/【5磅】，如图6-50所示。

图6-49　在形状中添加文本

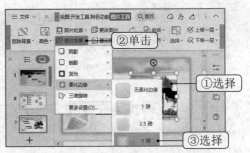

图6-50　插入并设置图片效果

步骤17： 在第4张和第5张幻灯片中绘制文本框并输入文本，字体为"思源黑体"，字号大小为"44""28"，并分别为"作者简介""背景介绍"文本添加下划线，如图6-51、图6-52所示。

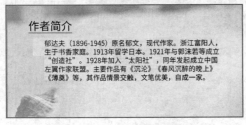

图6-51　第4张幻灯片的效果

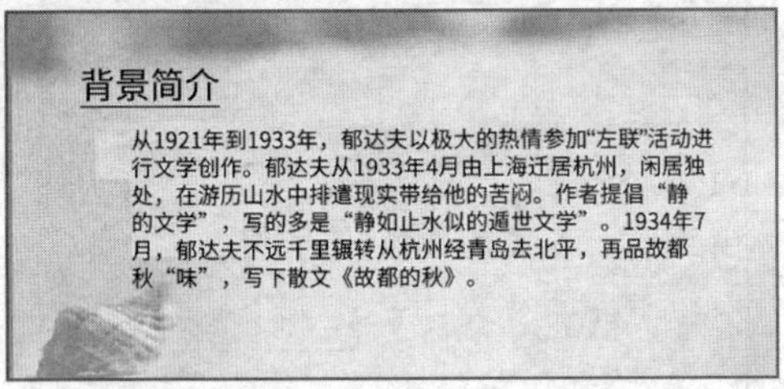

图6-52　第5张幻灯片的效果

步骤18： 选择第6张幻灯片，首先在左侧绘制文本框并输入文本，字体为"思源黑体"，字号大小为"32""18"，并为"质疑问难"文本添加下划线，然后在右侧插入"图片2.jpg"图片（配套资源：素材\第6章\散文课件\图片2.jpg）。

步骤19： 选择插入的图片，首先在"图片工具"功能选项卡中单击"裁剪"按钮，裁剪图片，然后为图片设置"紧密倒影，接触"图片效果，如图6-53所示。

步骤20： 选择第7张幻灯片，从左至右，绘制两个大小不同的圆形并输入文本，字体为"思源黑体"，字号为"32""36"，再绘制直线并设置轮廓色为"黑色，文本1"，绘制文本框并输入文本，字体为"思源黑体"，字号为"24"，如图6-54所示。

图6-53　第6张幻灯片的效果

图6-54　第7张幻灯片的效果

步骤21： 选择第8张幻灯片，在上方绘制圆角矩形形状，设置填充色为"热情的粉红，着色6，深色40%"，输入"写一篇散文，讲述自己故乡的秋。"文本，字体为"思源黑体"，字号为"32"。

步骤22： 在圆角矩形形状下方绘制3个圆形，选择第一个圆形，在"绘图工具"功能选项卡中单击"填充"按钮右侧的下拉按钮，在打开的列表框中选择【图片或纹理】/【本地图片】，如图6-55所示。

步骤23： 打开"选择纹理"对话框，选择"秋景1.jpg"图片（配套资源：素材\第6章\散文课件\秋景1.jpg）填充圆形形状。使用相同方法，为其他两个圆形填充"秋景2.jpg""秋景3.jpg"图片（配套资源：素材\第6章\散文课件\秋景2.jpg；素材\第6章\散文课件\秋景3.jpg），效果如图6-56所示。

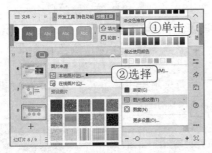

图6-55 设置圆形填充色   图6-56 圆形最终效果

步骤24：选择第9张幻灯片，在右下方的横线上方绘制文本框并输入"下课！"文本，字体格式为思源黑体、54。

6.3 WPS演示的高级应用——制作"销售总结"演示文稿

销售总结类演示文稿是公司常用的一类演示文稿，用于反映公司当前的销售情况，以分析市场整体状况、公司运作情况等。本例制作的"销售总结"演示文稿效果如图6-57所示（配套资源：效果\第6章\销售总结.pptx）。

图6-57 "销售总结"最终效果

本例制作"销售总结"演示文稿，涉及编辑幻灯片母版、设置页脚、添加动画及设置超链接、放映演示文稿等方面的操作，其具体操作如下。

步骤1：打开"销售总结.pptx"工作簿（配套资源：素材\第6章\销售总结.pptx），在"视图"功能选项卡中单击"幻灯片母版"按钮。

步骤2：进入幻灯片母版视图，选择第1张幻灯片，在"插入"功能选项卡中单击"图片"按钮，打开"插入图片"对话框，插入"模板图片.png"图片（配套资源：素材\第6章\模板图片.png）。

步骤3：将插入的图片移动到幻灯片编辑区的左上角，如图6-58所示。

微课：制作"销售总结"演示文稿

步骤4： 在"插入"功能选项卡中单击"形状"按钮，在打开的列表框中选择"矩形"选项，在页脚区左侧绘制矩形，并取消矩形形状的轮廓色，将填充色设置为"橙色，着色4"。

步骤5： 在矩形右侧再绘制一个矩形，该矩形左侧边框对齐第1个矩形的右边框，该矩形右侧边框对齐幻灯片的右边框。然后取消矩形形状的轮廓色，将填充色设置为"黑色，文本1，浅色50%"，如图6-59所示。

步骤6： 保持矩形形状的选中状态，在"绘图工具"功能选项卡中单击"下移一层"按钮右侧的下拉按钮，在打开的列表框中选择"置于底层"选项，将形状置于底层。

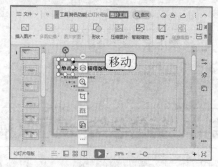

图6-58　插入图片

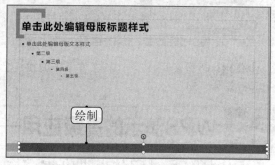

图6-59　插入形状

步骤7： 在"插入"功能选项卡中单击"页眉页脚"按钮，打开"页眉和页脚"对话框的"幻灯片"选项卡，单击选中"幻灯片编号"和"标题幻灯片不显示"复选框，单击"全部应用"按钮，如图6-60所示。

步骤8： 选择页脚区域的"编号"文本框，将字体颜色设置为"白色，背景1"，字号大小设置为"16"，如图6-61所示。

图6-60　显示幻灯片编号

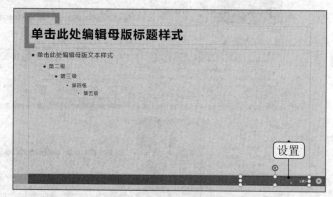

图6-61　设置编号字体格式

步骤9： 选择第2张幻灯片，在"设计"功能选项卡中单击"背景"按钮下方的下拉按钮，在打开的列表框中选择"背景"选项。打开"对象属性"窗格，在"填充"栏中单击选中"隐藏背景图形"复选框，如图6-62所示。

步骤10： 关闭"对象属性"窗格，在"视图"功能选项卡中单击"普通"按钮，退出幻灯片母版视图。

步骤11： 在普通视图模式下，选择第2张幻灯片，选择"01 销售情况统计表"文本内容，在"插入"功能选项卡中单击"超链接"按钮下方的下拉按钮，在打开的列表框中选择"本文档幻灯片页"选项。打开"插入超链接"对话框，在"请选择文档中的位置"列表框中选择第3张幻灯片对应的选项，单击"确定"按钮，如图6-63所示。

步骤12： 使用相同的方法，为"03 F2产品具体销售情况"文本内容创建超链接，链接到第5张幻灯片。

图6-62　隐藏标题幻灯片中的图形

图6-63　设置超链接

步骤13： 选择第3张幻灯片中的图表，在"动画"功能选项卡的"动画"列表框中选择"扇形展开"选项，如图6-64所示。

步骤14： 使用相同的方法，为第5张幻灯片中的表格设置"扇形展开"动画。

步骤15： 为第8张幻灯片中的两张表格设置"擦除"动画，然后在"动画"功能选项卡中单击"自定义动画"按钮，打开"自定义动画"窗格，选择第2个动画选项，在"开始"下拉列表框中选择"之后"选项，如图6-65所示。

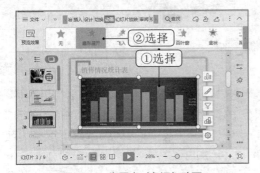

图6-64　为图表对象添加动画

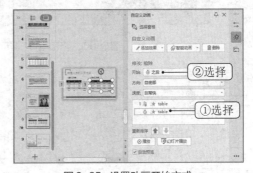

图6-65　设置动画开始方式

步骤16： 关闭"自定义动画"窗格，在"切换"功能选项卡的"切换方案"列表框中选择"百叶窗"选项，单击"应用到全部"按钮，如图6-66所示。

步骤17： 按【F5】键，从头开始放映幻灯片，单击鼠标依次放映幻灯片，当放映至第2张幻灯片时，单击"03 F2产品具体销售情况"超链接，如图6-67所示，跳转到第5张幻灯片，然后继续放映幻灯片，所有幻灯片放映结束后，按【Esc】键退出放映状态。

图6-66　为所有幻灯片设置切换效果

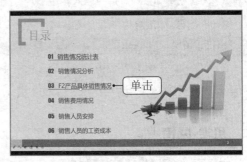

图6-67　放映幻灯片

6.4 章节实训——制作"产品宣传"演示文稿

"产品宣传"演示文稿是用于宣传公司产品的一种常用演示文稿，可以是对某一种特定产品的宣传，也可以是对多类产品的宣传。本实训涉及输入与编辑文本、插入形状、插入图片等方面的操作，制作完成的"产品宣传"演示文稿的参考效果如图6-68所示（配套资源：效果\第6章\产品宣传.pptx）。

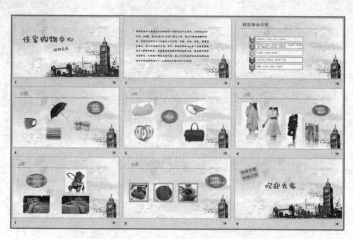

微课：制作"产品宣传"演示文稿

图6-68 "产品宣传"演示文稿最终效果

⚠ 提示

（1）打开"产品宣传.pptx"演示文稿（配套资源：素材\第6章\产品宣传.pptx），在第1张幻灯片中绘制文本框，输入"佳家购物中心""购物指南"文本，字体格式分别为"方正喵呜体、80、红色、加粗""方正喵呜体、36、茶色"。在第2张幻灯片中添加内容文本，设置字体格式为"方正卡通简体、22"。

（2）在第3张幻灯片上方绘制一个直线状的矩形形状，无轮廓，填充颜色为"橙色，着色4，深色25%"，绘制形状后，在形状上方绘制文本框并输入标题文本。再将形状复制到第4~8张幻灯片中，并在形状上方绘制文本框，并分别输入标题文本。

（3）在第3张幻灯片中插入"垂直V形列表"智能图形，输入文本后进行编辑美化。

（4）在第4~8张幻灯片中插入相应图片（配套资源：\素材\第6章\产品图片），并进行编辑美化。

（5）在第4张幻灯片中绘制椭圆，设置渐变填充，渐变样式为"中心辐射"射线渐变，色标颜色为"白色，背景1，深色25%"。然后在椭圆形状中输入文本内容并设置字体格式。

（6）将椭圆形状复制到第5~8张幻灯片中，修改其中的文本内容和字体格式。

（7）在第9张幻灯片中绘制形状和文本框，输入文本内容并设置字体格式。

🧠 思考·感悟

上下沟通达共识，左右协调求进步。

课后练习

1. 制作"飓风国际专用"母版

本次练习将制作"飓风国际专用"母版，用于公司的日常演示文稿制作。首先新建演示文稿，进入幻灯片母版视图，选择第2张幻灯片，设置"右下到左上"的线性渐变填充；然后插入并编辑美化"Logo.png""气泡.png""曲线.png"3张图片（配套资源：素材\第6章\飓风国际专用）；最后设置标题占位符的字体格式。完成制作后的"飓风国际专用"母版参考效果如图6-69所示（配套资源：效果\第6章\飓风国际专用.pptx）。

图6-69 "飓风国际专用"母版效果

2. 编辑"企业资源分析"演示文稿

本次练习先打开"企业资源分析.pptx"演示文稿（配套资源：素材\第6章\企业资源分析.pptx），然后在第2张幻灯片的右下角分别绘制"动作按钮：开始""动作按钮：结束""动作按钮：后退或前一项""动作按钮：前进或下一项"，并将4个动作按钮的高度设置为"0.6厘米"，宽度设置为"1厘米"；然后将动作按钮复制到其他幻灯片中；最后从头开始放映幻灯片，并通过右下角的动作按钮控制幻灯片的放映过程。完成制作后的"企业资源分析"演示文稿局部效果如图6-70所示（配套资源：效果\第6章\企业资源分析.pptx）。

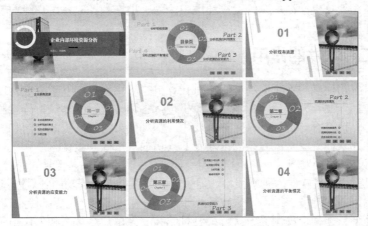

图6-70 "企业资源分析"最终效果

CHAPTER

第 7 章

常用工具软件

随着计算机技术日新月异的发展，各种工具软件已经成为用户使用和维护计算机时必不可少的助手。本章首先介绍工具软件的作用和分类，然后介绍4款常用工具软件的使用，帮助用户掌握计算机系统的日常维护。

课堂学习目标

- 了解工具软件的作用和分类。
- 掌握使用一键Ghost备份和还原系统的操作方法。
- 掌握使用EasyRecovery恢复磁盘数据的操作方法。
- 学会使用VMware Workstation虚拟机。
- 熟练使用360安全卫士。

7.1 工具软件概述

工具软件是在计算机操作系统的支撑环境中，为了扩展和补充系统功能而设计和开发的应用软件。下面分别介绍工具软件的作用和分类。

7.1.1 工具软件的作用

随着计算机应用程度的不断提高，用户对计算机的应用不再局限于文字处理等基本操作，而是希望能够更加全面、轻松、便捷地对计算机进行各种设置，能够自行分析和排除计算机的常见故障，对计算机进行日常维护，并熟练使用一些辅助设备，以提高学习和工作的效率。但是，计算机硬件和软件系统是很复杂的，非专业人员很难掌握其设计方法和工作原理。因此，一些计算机厂商、软件开发商、计算机技术专业研发人员开发了许多工具软件。

虽然计算机常用工具软件的种类很多，但是大多数工具软件的功能针对性强，如Foxmail邮件客户端软件用于邮件管理，迅雷下载软件用于从网络中下载软件、资料等。这些工具软件操作很简单，以简便、易学、易用的方式解决各种问题，为用户在学习和工作中带来诸多便利，使计算机发挥更大的效用。

7.1.2 工具软件的分类

计算机常用工具软件的种类繁多，按应用方向划分，可以将其分为系统工具软件、安全防护工具软件、压缩工具软件、光盘刻录工具软件、网络应用工具软件、图形图像工具软件、音频视频工具软件、汉化翻译工具软件这8类。

●**系统工具软件**：顾名思义，系统工具软件作用于系统，常用于系统优化、系统管理以及系统备份与还原等。如Windows优化大师用于系统优化，增强系统稳定性；驱动精灵用于驱动管理、维护和硬件检测；DiskGenius用于硬盘分区及数据恢复；Ghost用于系统备份与还原等。

●**安全防护工具软件**：安全防护工具软件主要从病毒防护、病毒查杀、系统修复、系统安全监测、系统清理优化等方面提升系统的安全性，如瑞星杀毒软件、金山毒霸、卡巴斯基等计算机杀毒软件，360安全卫士、金山安全卫士、腾讯电脑管家等系统安全防护软件。

●**压缩工具软件**：压缩工具软件主要用于文件的压缩和解压缩操作，可减少文件占用的硬盘存储空间，以及提高文件传输的效率。常用的压缩工具软件有WinRAR、360压缩、快压（KuaiZip）等。

●**光盘刻录工具软件**：利用光盘刻录工具软件可以将用户需要的图片、文字、软件等刻录到光盘上长期保存。如使用Nero刻录软件，可刻录数据光盘以及CD、VCD、DVD等光盘；使用UltraISO可以制作光盘映像文件；使用DAEMON Tools虚拟光驱可以装载映像文件等。

●**网络应用工具软件**：网络应用工具软件包含的工具软件分类丰富，如360安全浏览器、火狐浏览器等网页浏览器，Foxmail、腾讯QQ等网络通信工具，迅雷下载、百度网盘等文件传输工具。

●**图形图像工具软件**：图形图像工具软件用于查看、编辑、管理图形图像，如SnagIt截图软件用于截取图片，ACDSee图像管理软件用于浏览图片、转换图片格式和管理图片，光影魔术手、Photoshop等图像处理软件用于图片的编辑美化。

●**音频视频工具软件**：音频视频工具软件主要用于音频视频播放与剪辑，如迅雷影音、腾讯视频、爱奇艺等视频播放器，GoldWave、Adobe Audition等音频剪辑软件，Adobe Premiere、会声会影、爱剪辑等视频剪辑软件。

●**汉化翻译工具软件**：汉化翻译工具软件主要用于将各种外国语言翻译成汉语，常用的汉化翻译工具软件有金山快译、金山词霸、灵格斯等。

7.2 使用一键Ghost备份和还原系统

一键Ghost是一款系统备份还原工具，具有一键备份系统、一键还原系统等功能。下面介绍使用一键Ghost备份和还原系统的相关知识和操作。

7.2.1 了解一键 Ghost

一键Ghost适用于Windows XP、Windows 7、Windows 8、Windows 10等操作系统，包含硬盘版、光盘版、U盘版和软盘版4种版本，能够适应用户的不同需求，且每种版本还能互相配合，让用户使用起来更加方便。

使用一键Ghost可以将某个磁盘分区或整个硬盘上的内容完全镜像备份。使用一键Ghost备份与恢复系统通常都在DOS状态中进行操作。一键Ghost的4种版本，备份与还原系统的操作方法相似，主要区别在于备份的映像文件分别存放于硬盘、光盘、U盘和软盘中，还原系统时，再通过相应位置中的映像文件进行还原操作。本章将使用一键Ghost硬盘版进行系统备份与还原的操作。

安装一键Ghost需要注意，在设置速度模式时，可选择等待时间更长的选项，如图7-1所示，方便用户在备份或还原系统时手动控制备份或还原系统的过程。

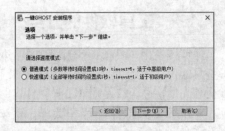

图7-1　设置速度模式

映像文件也被称为镜像文件（扩展名为".iso"，通常是光盘的原始镜像，是直接将光盘做成镜像文件而成的），可以将其视为光盘的"提取物"，是一种光盘文件的完整复制文件，包含了光盘的所有信息，通过专用的虚拟光驱软件可以装载和读取映像文件。映像文件可在网络上搜索下载。一键Ghost软件备份或还原所用的系统映像文件扩展名为".gho"。通常，通过解压缩的方式，可以在.iso映像文件中提取出.gho文件。

7.2.2　转移个人文件

用户在首次备份系统之前，可以使用一键Ghost的"个人文件转移工具"把"我的文档""桌面""收藏夹""IE缓存"等个人文件从系统盘转移到其他磁盘分区，防止还原或重装系统后丢失个人文件。另外，通过文件转移还可以为系统"瘦身"，节省备份系统的时间和减少映像文件的体积。转移个人文件的操作方法为：在桌面双击"一键Ghost"快捷方式图标，或在"开始"菜单中选择【一键Ghost】/【一键Ghost】命令。启动一键Ghost，在其主界面单击"转移"按钮，如图7-2所示，打开"个人文件转移工具"对话框，首先单击选中需要转移的个人文件对应的复选框，然后在"目标文件夹"栏中设置文件的转移位置，其他选项可保持默认，单击"转移"按钮，如图7-3所示，即可开始转移个人文件。

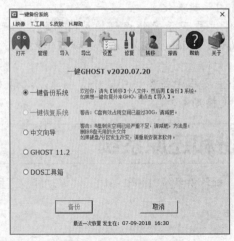

图7-2　单击"转移"按钮

图7-3　转移文件

7.2.3　备份系统

在系统未出现问题时进行备份，当系统出现问题后，即可使用一键Ghost将其恢复到正常状态。启动一键Ghost后，如果没有进行过系统备份，软件将提示可进行备份并默认选中"一键备份系统"单选项,单击"备份"按钮,软件将自动执行备份系统的整个过程。图7-4所示为系统正在备份的界面,备份系统完成后,计算机将自动重启进入操作系统。

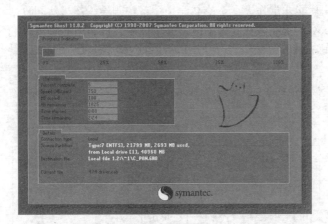

微课:备份系统

图7-4 备份系统

7.2.4 还原系统

当系统出现问题时可选择还原系统,还原系统分为两种情况。一种情况是能够进入操作系统,启动一键Ghost,单击选中"一键恢复系统"单选项,单击"恢复"按钮还原系统,如图7-5所示。另一种情况是不能进入操作系统,此时,可以启动计算机,进入启动项界面,如图7-6所示,选择一键Ghost对应的选项(名称显示为一键Ghost的版本号),进行系统还原操作。

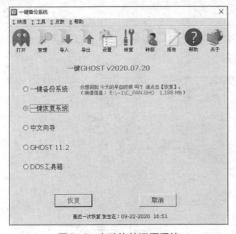

图7-5 启动软件还原系统

图7-6 通过启动项界面还原系统

7.3 使用EasyRecovery恢复磁盘数据

EasyRecovery是一款操作简单的数据恢复软件,它不会在源磁盘分区上写入任何东西,也不会对磁盘分区做任何改变。它支持从各种各样的存储介质恢复删除或者丢失的文件,其支持的媒体介质包括:硬盘驱动器、光驱、闪存以及其他多媒体移动设备。

7.3.1 恢复删除的文件

EasyRecovery的功能非常强大，无论文件是被系统删除，还是从回收站删除，使用EasyRecovery都能恢复。为了保证完全恢复文件，所有被恢复的文件一般将其保存到另外的存储位置。使用EasyRecovery恢复删除文件的具体操作如下。

微课：恢复删除
的文件

步骤1：启动EasyRecovery，打开"选择恢复内容"窗口，首先选择需要恢复的内容，如单击选中"所有数据"复选框，然后单击"下一步"按钮，如图7-7所示。

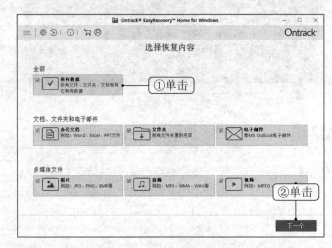

图7-7　选择需要恢复的内容

步骤2：打开"选择位置"窗口，选择需要恢复文件的位置，如图7-8所示，如单击选中"桌面"复选框，单击"扫描"按钮。

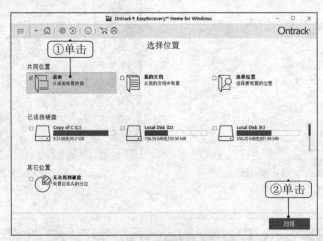

图7-8　选择扫描的位置

步骤3：软件开始扫描选择的位置，扫描成功后，在打开的窗口中显示可以进行恢复操作的文件。单击选中需要恢复文件对应的复选框，单击"恢复"按钮，设置保存位置后，即可开始恢复，如图7-9所示。

图7-9 开始恢复文件

7.3.2 恢复丢失分区中的文件

EasyRecovery能够恢复丢失磁盘分区中的文件，其具体操作如下。

步骤1：启动EasyRecovery，打开"选择恢复内容"窗口，选择需要恢复的内容，单击"下一步"按钮。

步骤2：打开"选择位置"窗口，单击选中"无法找到硬盘"复选框，如图7-10所示，单击"扫描"按钮。

微课：恢复丢失
分区中的文件

图7-10 选择扫描位置

步骤3：打开"选择硬盘，以搜索丢失的分区"窗口，在"选择硬盘"列表框中选择需要扫描的硬盘选项，单击"搜索"按钮。搜索完成后，在"已查找到的分区"列表框中选择需要扫描的磁盘分区选项，单击"扫描"按钮，如图7-11所示。

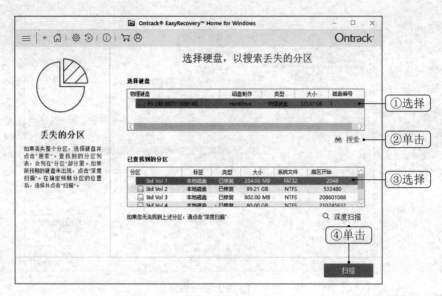

图7-11 扫描丢失的磁盘分区

步骤4： 软件开始扫描磁盘分区，成功扫描后，在打开的窗口中显示可以进行恢复操作的文件。单击选中需要恢复文件对应的复选框，单击"恢复"按钮，设置保存位置后，即可开始恢复，如图7-12所示。

图7-12 恢复丢失磁盘分区中的文件

7.4 VMware Workstation虚拟机

VMware Workstation（简称"VM"）是一款专业的虚拟机软件，它可以同时运行多个虚拟的操作系统，常用于系统重装、多系统安装、软件安装的模拟测试。下面将介绍创建虚拟机，并在虚拟机中安装Windows 10操作系统的相关知识和操作。

7.4.1 了解 VMware Workstation 虚拟机

VM的功能相当强大，应用也非常广泛，只要是使用计算机的职业，都可以利用它来解决一些工作上的难题。下面首先来了解VM的基本概念以及VM对操作系统和主机硬件的基本要求。

1. VM 的基本概念

在使用VM之前需先了解5个相关的概念，下面分别对这些概念进行讲解。

●**虚拟机**：指通过软件模拟具有计算机系统功能，且运行在一个完全隔离的环境中的完整计算机系统。通过虚拟机软件，可以在一台物理计算机上模拟出一台或多台虚拟的计算机，这些虚拟的计算机（简称"虚拟机"）可以像真正的计算机一样进行工作，如可以安装操作系统和应用程序等。虚拟机只是运行在计算机上的一个应用程序，但对于虚拟机中运行的应用程序而言，其操作与在真正的计算机中的操作一致。

●**主机**：指运行虚拟机的物理计算机，即用户所使用的计算机。

●**虚拟机系统**：指虚拟机中安装的操作系统，也称"客户机系统"。

●**虚拟机硬盘**：指虚拟机在主机上创建的一个文件，其容量大小不能超过主机硬盘大小。

●**虚拟机内存**：指主机提供的一段虚拟机运行所需的物理内存，其容量大小不能超过主机的内存容量。

2. VM 对操作系统和主机硬件的基本要求

虚拟机在主机中运行时，要占用部分系统资源，特别是对CPU和内存资源的占用较大。所以，运行VM需要主机的操作系统和硬件配置达到一定的要求，才不会影响系统的运行速度。

（1）VM能够安装的操作系统

VM几乎能够支持所有操作系统的安装，如下所示。

●**Microsoft Windows**：从Windows 3.1到Windows 7/8/10。

●**Linux**：各种Linux版本，从Linux 2.2.x核心到Linux 2.6.x核心。

●**Novell NetWare**：Novell NetWare 5和Novell NetWare 6。

●**Sun Solaris**：Solaris 8、Solaris 9、Solaris 10和Solaris 11 64bit。

●**VMware ESX**：VMware ESX/ESXi 4和VMware ESXi 5。

●**其他操作系统**：MS-DOS、eComStation、eComStation 2、FreeBSD等。

（2）VM对主机硬件的要求

在VM中安装不同的操作系统对主机的硬件要求也不同，表7-1列出了安装常见操作系统时的硬件配置要求。

表 7-1　VM 对主机硬件的要求

操作系统版本	主机磁盘剩余空间	主机内存容量
Windows XP	不少于 40GB	不少于 512MB
Windows Vista	不少于 40GB	不少于 1GB
Windows 7/8/10	不少于 60GB	不少于 1GB

VM可以同时运行两个或两个以上的操作系统，但需要注意的是，计算机的内存容量要同时满足VM中安装的多个操作系统和计算机自身操作系统的需要，否则计算机的系统资源占用率将非常高，甚至影响计算机的正常运行。

（3）VM热键

热键就是自身或与其他按键组合能够起到特殊作用的按键，在VM中的热键默认为【Ctrl】键。在虚拟机运行过程中，【Ctrl】键与其他键组合所能实现的功能如下所示。

- 【Ctrl+B】组合键：开机。
- 【Ctrl+E】组合键：关机。
- 【Ctrl+R】组合键：重启。
- 【Ctrl+Z】组合键：挂起。
- 【Ctrl+N】组合键：新建一个虚拟机。
- 【Ctrl+O】组合键：打开一个虚拟机。
- 【Ctrl+F4】组合键：关闭所选择虚拟机的概要或控制视图。如果打开了虚拟机，将出现一个确认对话框。
- 【Ctrl+D】组合键：编辑虚拟机配置。
- 【Ctrl+G】组合键：为虚拟机捕获鼠标和键盘焦点。
- 【Ctrl+P】组合键：编辑参数。
- 【Ctrl+Alt+Enter】组合键：进入全屏模式。
- 【Ctrl+Alt】组合键：返回正常（窗口）模式。
- 【Ctrl+Alt+Tab】组合键：当鼠标和键盘焦点在虚拟机中时，在打开的虚拟机中切换。
- 【Ctrl+Shift+Tab】组合键：当VM在活动应用状态且鼠标和键盘焦点不在虚拟机中时，在打开的虚拟机中切换。

7.4.2 创建虚拟机

在VM的官方网站可以下载最新版本的软件，将其安装到计算机中后，就可以创建和使用虚拟机了。下面以创建一个Windows 10操作系统的虚拟机为例进行讲解，其具体操作如下。

微课：创建
虚拟机

步骤1：启动VMware Workstation，打开主界面，单击"创建新的虚拟机"按钮，如图7-13所示。

步骤2：打开"新建虚拟机向导"对话框，在其中选择配置的类型，这里单击选中"典型"单选项，单击"下一步"按钮，如图7-14所示。

图7-13 创建新的虚拟机

图7-14 选择配置类型

步骤3：打开"安装客户机操作系统"对话框，单击选中"安装程序光盘映像文件(ISO)"单选项，单击"浏览"按钮，如图7-15所示。

步骤4：打开"浏览ISO映像"对话框，选择操作系统的安装映像文件，单击"打开"按钮，如图7-16所示。

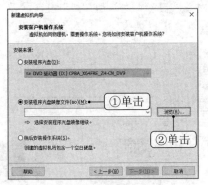

图7-15 选择如何安装

图7-16 选择映像文件

步骤5：返回"安装客户机操作系统"对话框，单击"下一步"按钮，如图7-17所示。

步骤6：打开"选择客户机操作系统"对话框，在"客户机操作系统"栏中单击选中需要创建的虚拟机的操作系统对应的单选项，在"版本"栏的下拉列表框中选择该操作系统的版本，单击"下一步"按钮，如图7-18所示。

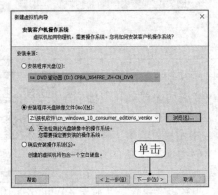

图7-17 确认安装

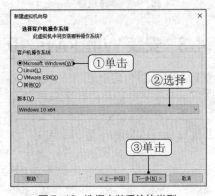

图7-18 选择安装系统的类型

步骤7：打开"命名虚拟机"对话框，在"虚拟机名称"文本框中输入新建虚拟机的名称，单击"浏览"按钮设置虚拟机的保存位置，单击"下一步"按钮，如图7-19所示。

步骤8：打开"指定磁盘容量"对话框，在"最大磁盘大小"数值框中输入创建虚拟机的磁盘大小，单击选中"将虚拟磁盘存储为单个文件"单选项，单击"下一步"按钮，如图7-20所示。

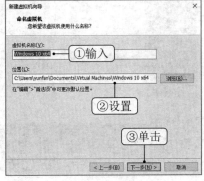

图7-19 设置保存位置

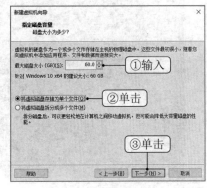

图7-20 指定磁盘容量

步骤9：打开"已准备好创建虚拟机"对话框，单击"完成"按钮，如图7-21所示。

步骤10：VM开始创建虚拟机，创建完成后，在VM主界面窗口左侧的"库"任务窗格中可以看到创建好的虚拟机，在中间窗格的"设备"栏中可查看该虚拟机的相关信息，在右侧窗格中则可以查看虚拟机的详细信息，如图7-22所示。

图7-21　完成创建　　　　　　　　　　图7-22　查看创建的虚拟机

7.4.3　安装 Windows 10

在VM中安装操作系统的操作与在计算机中安装操作系统基本相同，不同之处在于在VM中安装操作系统可以通过ISO文件直接启动虚拟机并直接安装。下面介绍Windows 10的64位ISO文件安装，其具体操作如下。

微课：安装
Windows 10

步骤1：启动VMware Workstation，打开其主界面，在左侧的"库"任务窗格中展开"我的计算机"选项，选择"Windows 10 x64"选项，在右侧的"Windows 10 x64"选项卡中间的任务窗格中单击"开启此虚拟机"选项。

步骤2：VM将启动刚才创建的Windows 10虚拟机，并启动安装程序开始安装Windows 10，包括复制Windows文件、准备安装的文件、安装功能和安装更新等，如图7-23所示，在安装过程中VM将按照安装程序的设置自动重新启动虚拟机。

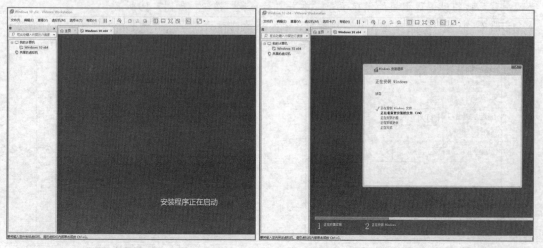

图7-23　安装 Windows 10

步骤3：完成Windows 10的安装后，开始进行系统设置，包括区域、账号、密码、安全、个人隐私和网络等，如图7-24所示。

步骤4：进入Windows 10的操作界面，完成在VM中通过虚拟机安装操作系统的操作，如图7-25所示。

图7-24　进行系统设置

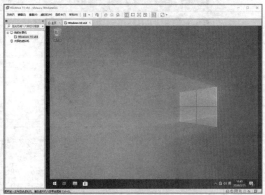

图7-25　完成安装

7.5 360安全卫士

360安全卫士是一款由奇虎360公司推出的上网安全软件，其使用方便、应用全面、功能强大，在国内拥有良好的口碑，图7-26所示为360安全卫士的主界面。上方的功能选项卡展示了360安全卫士的功能，底部是360安全卫士特有的快捷按钮，单击功能选项卡或快捷按钮即可进入相应的操作界面，中间位置用于进行具体操作，同时显示功能信息。

图7-26　360安全卫士的主界面

7.5.1　对计算机进行体检

利用360安全卫士对计算机进行体检，实际上是对计算机进行全面扫描，让用户了解计算机当前的使用状况，并提供安全维护方面的建议。其具体操作如下。

步骤1：在"开始"菜单中选择【360安全中心】/【360安全卫士】命令，启动360安全卫士。

步骤2：在360安全卫士主界面单击"我的电脑"选项卡，窗口中间显示当前计算机的体检状态，单击"立即体检"按钮。

微课：对计算机
进行体检

步骤3：软件将对计算机进行扫描体检，并在窗口中显示体检进度和动态显示检测结果，扫描完成后，单击"一键修复"按钮，如图7-27所示。

图7-27　进行计算机体检

步骤4：软件将自动解决计算机存在的问题，若有些问题需要用户决定是否解决，360安全卫士会弹出相应的对话框进行提示，单击选中"全选"复选框可选中所有选项，然后单击"确认优化"按钮进行优化，如图7-28所示。

图7-28　需用户决定是否解决的问题

步骤5：修复完成后打开图7-29所示的界面，显示修复信息，单击"完成"按钮完成修复。

图7-29　完成修复

通常情况下，对计算机进行体检的目的在于检查计算机是否有漏洞、是否需要安装补丁或是否存在系统垃圾。若体检分数不足100分，一键修复后分数仍不足100分，可浏览窗口中的"系统强化"和"安全项目"等内容，根据提示信息手动进行修复。当然，若只是提示软件更新和IE主页未锁定等信息，则不需要特别在意，其对计算机运行并无影响。

7.5.2 查杀木马

360安全卫士提供了木马查杀功能，使用该功能可对计算机进行扫描并查杀木马文件，实时保护计算机，其具体操作如下。

步骤1：启动360安全卫士，单击"木马查杀"选项卡，单击"快速查杀"按钮，如图7-30所示。

图7-30 选择查杀方式

 在木马查杀界面右侧面板的"更多查杀"栏中单击"全盘查杀"按钮，可对整个硬盘进行病毒查杀；单击"按位置查杀"按钮可指定查杀病毒的位置。

步骤2：系统完成扫描后在窗口中显示扫描结果，并将可能存在风险的项目罗列出来，单击"一键处理"按钮，处理安全威胁，如图7-31所示。

图7-31 扫描并处理安全威胁

7.5.3 清理系统垃圾与痕迹

计算机中残留的无用文件和浏览网页时产生的垃圾文件，以及填写的网页搜索内容和注册表单等痕迹信息会增加系统负担，使用360安全卫士可清理系统垃圾与痕迹信息。其具体操作如下。

微课：清理系统垃圾与痕迹

步骤1：启动360安全卫士，单击"电脑清理"选项卡，单击"全面清理"按钮，如图7-32所示。

图7-32 选择清理方式

 在电脑清理界面右侧面板的"操作中心"栏中单击"自动清理"按钮，可启用自动清理，设置自动清理周期；在"更多清理"栏中单击"经典版清理"按钮则可切换到360安全卫士的经典版清理界面，其信息显示更直观。

步骤2：扫描完成后软件自动选择删除后对系统或文件没有影响的项目，此时，可单击未选中项目下方的"详情"按钮，自行清理，这里单击"可选清理插件"项目下方的"详情"按钮，如图7-33所示。

图7-33 查看详情

步骤3：打开的对话框中提示"清理可能导致部分软件不可用或功能异常"，这里需要用户自行判断，单击选中相应的复选框后单击"清理"按钮，如图7-34所示。

图7-34 自定义清理

步骤4：关闭对话框，返回电脑清理界面，单击"一键清理"按钮清理垃圾。

7.5.4 修复系统漏洞

360安全卫士的系统修复功能主要用于修复漏洞，防止非法用户将病毒或木马植入漏洞，窃取计算机中的重要资料，或者破坏系统，使计算机无法正常运行。修复系统漏洞的具体操作如下。

微课：修复系统漏洞

步骤1：启动360安全卫士，单击"系统修复"选项卡，单击"全面修复"按钮，系统开始扫描当前计算机是否存在漏洞，并将扫描结果显示在窗口中，如图7-35所示。

图7-35 显示扫描结果

步骤2：若系统存在漏洞，则单击"一键修复"按钮，软件将自动对漏洞进行修复。因为修复时间较长，可单击"后台修复"按钮，软件将转入后台修复，不占用桌面，如图7-36所示。

图7-36 后台修复漏洞

步骤3：修复完成后软件将在通知区域提示完成修复，并退出360安全卫士。

7.6 章节实训——查杀病毒

对计算机病毒进行查杀是保障计算机系统安全使用的基本手段，查杀系统病毒应成为计算机使用者良好的习惯。本实训将下载安装360杀毒，对计算机系统进行全盘查杀，并启用定时查杀功能。图7-37所示为360杀毒的主界面。

微课：查杀病毒

图7-37 360杀毒的主界面

⚠️ **提示**

（1）在桌面双击"360杀毒"快捷方式图标，启动360杀毒，单击"全盘扫描"按钮，对计算机系统进行全盘扫描。

（2）扫描完成后，返回360杀毒的主界面，在右上角单击"设置"超链接，在打开的"360杀毒-设置"对话框中单击"病毒扫描设置"选项卡，在"定时查毒"栏中单击选中"启用定时查毒"复选框，设置扫描类型为"快速扫描"，设置扫描时间为每周的周五。

🧠 **思考·感悟**

工业软件是智能制造的关键支撑，壮大国产工业软件，首先应坚定自主创新的信念。

课后练习

1. 下载并安装最新版本的VM。
2. 分别利用VM创建Windows 8和Windows 10这两个虚拟机。
3. 为新建的两个虚拟机安装对应的操作系统。
4. 使用EasyRecovery软件，恢复计算机中被彻底删除的文件。
5. 启动360安全卫士，首先在"我的电脑"选项卡中对计算机进行体检，并根据提示对计算机系统进行修复，然后在"木马查杀"选项卡中使用快速扫描方式查杀木马。
6. 使用一键Ghost对系统进行备份。

第8章
网络与信息安全

随着信息技术的不断发展，计算机网络已经成为计算机应用的重要领域。计算机网络将计算机连入网络，然后共享网络中的资源并进行信息传输。计算机要连入网络必须具备相应的条件。现在最常用的网络是因特网（Internet），它将全世界的计算机联系在一起，通过这个网络，用户可以实现多种功能的应用。本章将分别对计算机的网络与信息安全进行介绍，具体包括计算机网络基础及其应用，信息安全基础、技术及其发展趋势。

课堂学习目标

- 了解计算机网络基础知识。
- 掌握计算机网络常见应用。
- 了解信息安全基础、技术以及信息安全的发展趋势。

8.1 计算机网络基础

为了提高信息社会的生产力，提供一种全社会的、经济的、快速的信息存取手段，计算机网络应运而生。下面介绍计算机网络的发展、计算机网络的硬件与软件、计算机网络的分类，以及计算机网络体系结构。

8.1.1 计算机网络的发展

计算机网络也称为计算机通信网，指将地理位置不同的具有独立功能的多台计算机及其外部设备，通过通信线路连接起来，并在网络操作系统、网络管理软件及网络通信协议的管理和协调下，实现资源共享和信息传递的计算机系统。也可以简单地理解为：计算机网络是一些相互连接的、以共享资源为目的的、自治的计算机的集合。

追溯计算机网络的发展历史，可概括地分成以下4个阶段。

1．雏形阶段

20世纪50年代中期至20世纪60年代中期，以单个计算机为中心的远程联机系统，构成面向终端的计算机网络，称为第一代计算机网络。

2．形成阶段

20世纪60年代中期至20世纪70年代的第二代计算机网络是由多台计算机通过通信线路互连起来的。与第一代计算机网络相比，第二代计算机网络的多台计算机都具有自助处理能力，能完成计算机与计算机之间的通信，因此，第二代计算机网络才算是真正的计算机网络。第二代计算机网络的典型代表是美国国防部高级研究计划局协助开发的"阿帕网"（The Advanced Research Projects Agency Network，ARPAnet），其主机之间不是直接用线路相连，而是由接口报文处理器（Interface Message Processor，IMP）转接后互连的。IMP和它们之间互连的通信线路一起负责主机间的通信任务，构成了通信子网。通信子网互连的主机负责运行程序，提供资源共享，组成资源子网。

3．体系结构标准化阶段

20世纪70年代末至20世纪90年代初的第三代计算机网络是具有统一的网络体系结构并遵守国际标准的开放式和标准化的网络。"阿帕网"兴起后，计算机网络发展迅猛，为了促进网络产品的开发，各大计算机公司纷纷制定自己的网络技术标准。由于没有统一的标准，不同厂商的产品之间互连很困难，人们迫切需要一种开放性的标准化实用网络环境，这最终促成了国际标准的制定。1984年，国际标准化组织（International Organization for Standardization，ISO）正式制定了开放式系统互联（Open System Interconnection，OSI）模型，针对第二代计算机网络中只能和同种计算机互联而言，它支持计算机与其他系统通信和相互开放。

4．高速网络互联阶段

随着社会经济及文化的迅速发展和计算机技术的不断进步，计算机网络日益深入现代社会的各个角落。20世纪90年代中期至今的第四代计算机网络，由于局域网技术发展成熟，出现光纤及高速网络技术，整个网络就像一个对用户透明的大型计算机系统，以因特网为代表的互联网为该阶段的典型应用。

我国互联网的发展历程可以分为3个阶段，分别是1986—1993年的研究试验阶段、1994—1996年的起步阶段、1997年至今的发展阶段。第一阶段主要进行因特网联网技术的研究，该阶段的网络应用仅限于小范围内的电子邮件服务。第二阶段主要实现TCP/IP（Transmission Control Protocol/Internet Protocol，传输控制协议/网际协议）连接，从而开通因特网全功能服务，使互联网进入公众生活并开始发展。第三阶段是互联网的快速发展阶段，在该阶段互联网得到普及并广泛应用到各行各业。同时，中国的网络用户快速增长，电子商务也顺势发展并逐渐兴起，至今已成为人们工作与生活密不可分的一部分。

8.1.2　计算机网络的硬件与软件

网络硬件和软件是计算机网络不可或缺的组成部分。下面分别介绍计算机网络中的硬件和软件。

1．计算机网络中的硬件

要形成一个能传输信号的网络，必须有硬件设备的支持。由于网络的类型不一样，使用的硬件设备可能有所差别，总体来说，计算机网络中的硬件

微课：计算机
网络中的硬件

设备有传输介质、网卡、路由器和交换机等。

（1）传输介质

传输介质是网络中信息传递的媒介，传输介质的性能对传输速率、通信距离、网络节点数目和传输的可靠性均有很大的影响。网络中常用的传输介质包括双绞线、同轴电缆和光导纤维，另外还包括微波和红外线等无线传输介质。下面分别进行介绍。

● 双绞线：双绞线是由两条相互绝缘的导线按照一定的规格互相缠绕（一般以顺时针缠绕）在一起而制成的一种通用配线，属于信息通信网络传输介质。实际使用时，多对双绞线一起包在一个绝缘电缆套管中。典型的双绞线一般有4对，此外也有更多对双绞线放在一个电缆套管里，称为双绞线电缆。

● 同轴电缆：同轴电缆是由一组共轴心的电缆构成的，它是计算机网络中常见的传输介质之一，具有误码率低、性价比较高的特点，在早期的局域网中应用广泛。其具体的结构由内到外包括中心铜线、绝缘层、网状屏蔽层和塑料封套4个部分。应用于计算机网络的同轴电缆主要有两种，即"粗缆"和"细缆"。同轴电缆同样可以组成宽带系统，主要有双缆系统和单缆系统两种类型。同轴电缆网络一般可分为主干网、次主干网和线缆3类。

● 光导纤维：光导纤维简称"光纤"，是一种性能非常优秀的网络传输介质，具有频带宽、损耗低、重量轻、抗干扰能力强、保真度高、工作性能可靠、成本不断下降的优点。光纤是目前网络传输介质中发展最为迅速的一种，也是未来网络传输介质的发展方向。光纤主要在传输距离较长、布线条件特殊的情况下用于大型局域网中主干线路的连接。根据需要还可以将多根光纤合并在一根光缆里面。按光在光纤中的传输模式，光纤可分为单模光纤和多模光纤。

● 无线传输介质：无线传输是利用可以在空气中传播的微波、红外线等无线传输介质进行传输的，无线局域网就是由无线传输介质组成的局域网。利用无线传输介质，可以有效扩展通信空间，摆脱有线介质的束缚。常用的无线通信介质有无线电波、微波和红外线，紫外线和更高的波段目前还不能用于通信。

（2）网卡

网卡（Network Interface Card，NIC）又称网络适配器、网络卡或者网络接口卡，是以太网的必备设备。网卡通常在OSI模型的物理层和数据链路层工作，在功能上相当于广域网的通信控制处理机，通过它将工作站或服务器连接到网络，实现网络资源共享和相互通信。

网络有多种类型，如以太网、令牌环和无线网络等，现在使用最多的仍然是以太网。不同的网络必须采用与之相适应的网卡，网卡的种类有很多，根据不同的标准，有不同的分类方式，最常用的分类方式是将网卡分为有线和无线两种。有线网卡是指必须将网络连接线连接到网卡中，网卡所在的计算机才能访问网络中的计算机，主要包括PCI网卡、集成网卡和USB网卡3种类型。无线网卡是无线局域网的无线网络信号覆盖下通过无线连接网络进行上网使用的无线终端设备，主要包括PCI网卡、USB网卡、PCMCIA网卡和MINI-PCI网卡4种类型。

（3）路由器

路由器（Router）是一种连接多个网络或网段的网络设备，它能将不同网络或网段之间的数据信息进行"翻译"，使不同网段和网络之间能够相互"读懂"对方的数据，从而构成一个更大的网络。路由器的主要工作就是为经过路由器的每个数据帧寻找一条最佳传输路径，并将该数据有效地传送到目的站点。路由器是网络与外界的通信出口，也是联系内部子网的桥梁。在网络组建的过程中，路由器的选择是极为重要的，需要考虑安全性能、处理器、控制软件、容量、网络扩展能力、支持的网络协议和带线拔插等因素。

（4）交换机

交换机（Switch）是一种用于电信号转发的网络设备。它可以为接入交换机的任意两个网络节点提供独享的电信号通路。交换机的雏形是电话交换机系统，经过发展和不断创新，才形成了如今的交换机技术。交换机的主要功能包括物理编址、网络拓扑结构、错误校验、帧序列以及流量控制。最常见的交换机是以太网交换机，其他常见的还有电话语音交换机、光纤交换机等。目前一些高档交换机还具备了一些新的功能，如对VLAN（Virtual Local Area Network，虚拟局域网）的支持、对链路汇聚的支持，有的还具有路由器和防火墙的功能。

2. 计算机网络中的软件

网络的正常工作需要网络软件的控制。网络软件一方面授权用户对网络资源访问，帮助用户方便、快速地访问网络；另一方面，网络软件也能够管理和调度网络资源，提供网络通信和用户所需要的各种网络服务。网络软件包括通信支撑平台软件、网络服务支撑平台软件、网络应用支撑平台软件、网络应用系统、网络管理系统以及用于特殊网络站点的软件等。

通常情况下，网络软件分为通信软件、网络协议软件和网络操作系统3个部分。其中，通信软件和各层网络协议软件是网络软件的主体。

● **通信软件**：通信软件用以监督和控制通信工作，除了作为计算机网络软件的基础组成部分，还可实现计算机与自带终端或附属计算机之间的通信，通常由线路缓冲区管理程序、线路控制程序以及报文管理程序组成。

● **网络协议软件**：网络协议软件是网络软件的重要组成部分，由网络所采用的协议层次模型（如ISO建议的开放系统互联参考模型）组织而成。除物理层外，其余各层协议大都由软件实现，每层协议软件通常由一个或多个进程组成，其主要任务是完成相应层协议所规定的功能，以及与上、下层的接口功能。

● **网络操作系统**：网络操作系统指能够控制和管理网络资源的软件。网络操作系统的功能作用在两个级别上：在服务器机器上，为在服务器上的任务提供资源管理；在每个工作站机器上，向用户和应用软件提供一个网络环境的"窗口"，从而向网络操作系统的用户和管理人员提供一个整体的系统控制能力。网络服务器操作系统要完成目录管理、文件管理、安全性、网络打印、存储管理和通信管理等主要服务；工作站的操作系统软件主要完成工作站任务的识别和与网络的连接，即首先判断应用程序提出的服务请求是使用本地资源还是使用网络资源，若使用网络资源则需完成与网络的连接。常用的网络操作系统有Netware系统、Windows NT系统、UNIX系统和Linux系统等。

8.1.3 计算机网络的分类

从不同的角度可以将计算机网络分为不同的类型。一般主要从覆盖范围的角度进行分类，可以将计算机网络分为局域网、城域网和广域网，下面分别进行介绍。

1. 局域网

局域网（Local Area Networks，LAN）是将一定区域内的各种计算机、外部设备和数据库连接起来形成的计算机网络，是目前最常见、应用最广泛的计算机网络之一。

如今，几乎每个工作单位都有自己的局域网，甚至多数家庭都有自己的小型局域网，被广泛用来连接个人计算机和消费类电子设备，使它们能够共享资源和交换信息。局域网的网络覆盖范围有限，网络涉及的地理距离一般是几米至10千米以内，一般位于一座建筑物内或建筑物附近。局域网在计算机数量配置上没有太多的限制，少的可以只有两台，多的可达几百台。

局域网的组成大体由计算机设备、网络连接设备、网络传输介质三大部分构成。其中，计算机设备包括服务器与工作站；网络连接设备包括网卡、集线器、交换机；网络传输介质简单来说就是网线，主要有同轴电缆、双绞线及光缆3种。

2. 城域网

城域网（Metropolitan Area Network，MAN）是在一个城市范围内建立的计算机通信网，采用和局域网类似的技术，是一种大型的局域网。一个城域网通常连接着多个局域网，与局域网相比扩展的距离更长，连接的计算机数量更多，连接距离可以为10千米~100千米。城域网分为核心层、汇聚层和接入层。其中，核心层主要提供高带宽的业务承载和传输，完成和已有网络的互联互通，其特征为宽带传输和高速调度；汇聚层的主要功能是给业务接入节点提供用户业务数据的汇聚和分发处理，同时实现业务的服务等级分类；接入层利用多种接入技术，进行带宽和业务分配，实现用户的接入，使接入节点设备完成多业务的复用和传输。

3. 广域网

广域网（Wide Area Network，WAN），也称为"外网""公网"，是连接不同地区局域网或城域网计算机通信的远程网，所覆盖的地理范围从几百千米到几千千米，常以国家或城市为单位进行覆盖，一般由通信公司建立和维护。广域网能够实现大范围的局域网互联，被广泛应用于电力、医疗、税务、交通、银行和调度系统等领域。

8.1.4 计算机网络体系结构

目前，大多数计算机网络产品都遵循国际标准化组织制定的OSI模型。OSI模型的体系结构分为7层，由低层至高层分别为：物理层、数据链路层、网络层、传输层、会话层、表示层、应用层。各层功能分别如下。

●**物理层**：物理层不是指具体的传输媒体，而是考虑怎样在传输媒体上传输数据比特流。它的作用是尽可能屏蔽传输媒体和通信手段的差异，使数据链路层感觉不到这些差异。在物理层，数据还没有被组织，仅作为原始的位流或电气电压处理，单位是比特。

●**数据链路层**：负责在两个相邻结点间的线路上，无差错地传送以帧为单位的数据，并进行流量控制。每一帧包括一定数量的数据和一些必要的控制信息。数据链路层主要负责建立、维持和释放数据链路的连接。在传送数据时，如果接收方检测到所传数据中有差错，就要通知发送方重发这一帧。

●**网络层**：为传输层实体提供端到端的交换网络数据传送功能，使得传输层摆脱路由选择、交换方式、拥挤控制等网络传输细节；可以为传输层实体建立、维持和拆除一条或多条通信路径；对网络传输中发生的不可恢复的差错予以报告。网络层将数据链路层提供的帧组成数据包，数据包中封装有网络层包头，其中含有逻辑地址信息，即源站点和目的站点地址的网络地址。

●**传输层**：为会话层实体提供透明、可靠的数据传输服务。传输层包括两种协议：传输控制协议（Transmission Control Protocol，TCP），提供面向连接、可靠的数据传输服务，数据单位为报文段；用户数据报协议（User Datagram Protocol，UDP），提供无连接、尽最大努力的数据传输服务，数据单位为用户数据报。TCP主要提供完整性服务，UDP主要提供及时性服务。

●**会话层**：为彼此合作的表示层实体提供建立、维护和结束会话连接的功能；完成通信进程的逻辑名字与物理名字间的对应；提供会话管理服务。

●**表示层**：为应用层进程提供能解释所交换信息含义的一组服务，即将欲交换的数据从适合某一用户的抽象语法，转换为适合OSI系统内部使用的传送语法，提供格式化的表示和转换数据服务。数据的压缩、解压缩、加密和解密等工作都由表示层负责。

●**应用层**：提供OSI用户服务，即确定进程之间通信的性质，以满足用户需要，以及提供网络与用户应用软件之间的接口服务。

　　OSI体系结构中，1至4层被认为是低层，这些层与数据移动密切相关。5至7层是高层，包含应用程序级的数据。每一层负责一项具体工作，然后把数据传送到下一层。

8.2　计算机网络应用

　　以因特网为代表的互联网是目前覆盖面最广、规模最大和信息资源最丰富的计算机网络。下面主要介绍互联网中常见的基本应用，包括浏览器、搜索引擎、腾讯QQ、电子邮件、百度网盘的使用。

8.2.1　浏览器

　　查看互联网上的文字、图片、视频等信息，必须依靠专门的工具，即浏览器。同时，浏览器也是搜索引擎的载体，同一个浏览器上可以用不同的搜索引擎进行信息搜索。Windows 10自带了Microsoft Edge浏览器、Internet Explorer浏览器（简称"IE浏览器"），除此之外，常见的浏览器还有QQ浏览器、Firefox、百度浏览器、搜狗浏览器、360浏览器、UC浏览器、世界之窗浏览器等。这些浏览器都是IE浏览器的衍生产品。用户使用这些浏览器需要先进行安装。

　　不同的浏览器功能都是类似的，界面也有一定相似之处。通过"开始"菜单启动浏览器对应的程序，即可打开浏览器，图8-1所示为Microsoft Edge浏览器的主界面。在浏览器中用户一般常用两个区域，即地址栏和内容显示区。其中，地址栏用于输入需打开的网址，或者单击超链接后，在地址栏中显示该网页对应的网址。地址栏中的网址还可复制，然后在其他地方进行粘贴，如可将网址复制粘贴到QQ、微信等通信软件中，然后发送给他人。内容显示区在浏览器中所占面积最大，显示了网页中的所有内容，用于用户查看和使用。

图8-1　Microsoft Edge 浏览器的主界面

8.2.2　搜索引擎

　　搜索引擎是专门用来查询信息的网站，可以提供全面的信息查询功能。目前，常用的搜索引擎有百度、搜狗、必应、360搜索等。使用搜索引擎搜索信息的方法有很多，下面介绍3种常用的方法。

1．只搜索含有完整关键词的信息

　　用户在搜索引擎中输入信息时，搜索引擎会拆分所输入的词语，只要信息中包含了所拆分的关键词都会显示出来，因此会导致用户搜索到很多无用的信息。要想只搜索含有完整关键词的信息，可通过输入括号来解决。

微课：只搜索含有完整关键词的信息

下面在百度搜索引擎中搜索只包含"计算机等级考试"的内容，其具体操作如下。

步骤1：在地址栏中输入百度的网址，按【Enter】键打开"百度"网站首页。

步骤2：在搜索框中输入关键词"（计算机等级考试）"文本，单击"百度一下"按钮，如图8-2所示。

步骤3：在打开的网页中将会显示搜索结果，如图8-3所示，单击任意一个超链接，即可在打开的网页中查看具体内容。

图8-2　搜索关键词

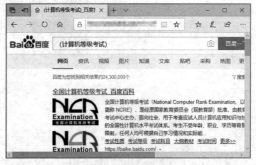

图8-3　搜索结果

2. 避免同音字干扰搜索结果

用户在使用搜索引擎搜索信息时，搜索引擎还会搜索与它同音的关键字的信息，为了避免这一情况的发生，可通过输入双引号的方式来解决。

下面在百度搜索引擎中搜索"赵丽英"的相关资料，其具体操作如下。

微课：避免同音字干扰搜索结果

步骤1：打开"百度"网站首页，在搜索框中输入关键字——合计社，单击"百度一下"按钮，此时将出现包含与关键字相关的同音字"合集社"的相关信息，如图8-4所示。

步骤2：在搜索框中输入关键字——"合计社"，然后单击"百度一下"按钮，即可查找到合计社的相关信息，如图8-5所示。

图8-4　搜索结果

图8-5　搜索结果

3. 只搜索标题含有关键字的内容

若用户通过直接输入关键字进行搜索时出现了很多无用的信息，则可通过"intitle:标题"的方法只搜索标题含有关键字的内容。在搜索框中输入关键字"intitle:人间四月天"，单击"百度一下"按钮，即可在列表窗口显示标题含有"人间四月天"这几个关键字的相关信息，如图8-6所示。

图8-6　搜索结果

8.2.3　腾讯 QQ

腾讯QQ（简称"QQ"）是由腾讯公司开发的一款基于因特网的即时通信工具，用户可以在百度搜索引擎中搜索后下载。QQ用于与他人进行通信联络，如信息交流、文件传送等。

● 信息交流：启动QQ，输入用户名和密码，单击"登录"按钮，如图8-7所示。登录QQ工作界面，其中显示了用户添加的所有QQ好友，如图8-8所示，找到需要交流的对象并在其头像上双击，打开与其对应的交流窗口。在窗口下方输入需要与对方交流的文字，单击"发送"按钮，该信息自动显示在窗口上方，对方的信息也会在上方显示，如图8-9所示。

要想使用QQ与对方进行交流，必须先将对方添加为好友，其方法是在QQ工作界面下方单击"加好友/群"按钮，打开QQ好友添加窗口，输入对方的QQ号码后进行查找，然后将查找到的对象添加为好友。添加好友是双方面的，只能是对方同意后，你的QQ界面上才能出现添加的好友，然后与其交流。

图8-7　输入用户信息

图8-8　QQ 工作界面

图8-9　文字交流

● 文件传送：QQ支持文件传送功能，该功能非常便捷。找到需要发送的文件，将其拖动到QQ聊天窗口下方，如图8-10所示，聊天窗口右侧自动打开"传送文件"窗格，如图8-11所示。此时对方的窗口中将出现文件接收的提示，对方按提示设置即可将文件保存到计算机中。

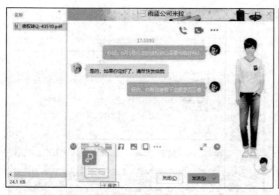

图8-10 拖动文件　　　　　　　　　　　　　　　　图8-11 发送文件

8.2.4　电子邮件

电子邮件（E-mail）是一种用电子手段提供信息交换的通信方式，通过网络中的电子邮件系统，用户可以与世界各地的网络用户联系，或接收大量新闻资讯、专题邮件等。虽然即时通信软件的兴起，使人们的交流更加便捷，但由于电子邮件具有存储时间长，方便用户随时提取等优势，其使用频率仍然很高。

要使用电子邮件必须先有一个电子邮箱，很多综合网站都提供申请电子邮箱服务，如新浪、网易等，各类邮箱的使用方法大致相同，用户可自行选择。随着QQ的发展，QQ也拥有了邮箱功能。对于工作中经常使用QQ的用户来说，QQ邮箱非常便捷，是很多用户的首选。下面将使用QQ邮箱进行电子邮件的基本操作。

1. 接收邮件

如果他人向自己的邮箱中发送了邮件，可进入邮箱接收邮件并查看内容，其具体操作如下。

微课：接收邮件

步骤1：启动IE浏览器，在地址栏中输入QQ邮箱网址，按【Enter】键打开QQ邮箱登录界面，输入邮箱的用户名和密码，单击"登录"按钮，如图8-12所示。如果用户已登录QQ，在QQ工作界面上方单击"QQ邮箱"按钮，可直接进入自己的QQ邮箱。

步骤2：打开邮箱主页，其中显示了邮箱的基本情况，未读邮件数量、收件箱的邮件数量等，如图8-13所示，在左侧的列表框中选择"收件箱"选项。

图8-12 登录邮箱

图8-13 邮箱主页

步骤3：打开收件箱，其中显示了所有收到的邮件列表，选择一个邮件，在打开的窗口中将显示该邮件的内容，如图8-14所示。

步骤4：如果该邮件还附有附件，将在邮件下方显示文件的情况，如图8-15所示。此时可根据提示选择下载或预览附件。

图8-14 查看收件内容

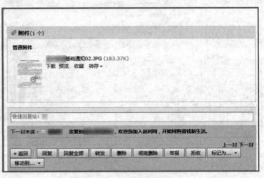

图8-15 下载或预览附件

2. 发送邮件

向他人发送邮件一般分为两种情况，一是用户主动向对方发送邮件，二是回复接收到的邮件。如果是主动发送邮件，在邮箱主页中选择"写信"，即可打开写邮件界面，如图8-16所示；如果是回复邮件，在查看邮件的界面中单击"回复"按钮，打开写邮件界面，该界面中已填写了对方的邮箱地址，用户不用再次填写。

写邮件时收件人和主题是必须填写的部分。收件人即对方的电子邮箱地址，电子邮箱地址的结构是：用户名@邮件服务器，如×××@163.com。用户也可根据需要同时填写多个收件人，只需在收件人电子邮箱地址之间用英文分号隔开即可。主题即该封邮件的标题。写邮件界面下方最大的空白区域即为邮件内容的区域，编辑邮件完成后单击"发送"按钮，可将电子邮件发送至对方邮箱。

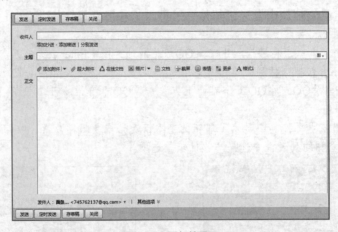

图8-16 写邮件界面

8.2.5 百度网盘

网盘又称网络U盘和网络硬盘，它是由网络公司推出的在线存储服务，向用户提供文件的存储、访问、备份、共享等管理服务。网盘支持独立文件和批量文件的上传与下载，还具有超大容量、永久保存等特点，随着网络的发展，网盘的使用已非常广泛。

使用百度网盘，可以在网页端操作，也可以使用客户端进行操作。打开百度网盘官方网站，输入百度账号或通过QQ账号登录，即可进入百度网盘网页端。如果要使用百度网盘的客户端，首先需要在计算机中安装百度云管家，然后在"开始"菜单中选择【百度网盘】/【百度网盘】命令，启动百度云管家，输入百度账号或通过QQ账号登录，其主界面如图8-17所示，主要包含功能选项卡、切换窗格、工具栏和文件显示区等部分。

百度网盘的客户端主界面与网页端页面不仅组成框架和结构相似，其操作方法也是相同的，这里主要介绍使用百度网盘的客户端进行文件传输的相关操作。

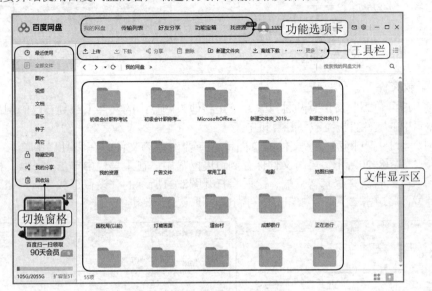

图8-17 百度网盘客户端主界面

1. 上传文件

将计算机中的文件上传到网盘中，首先需要在计算机中选择所需文件，将其拖动到百度网盘客户端的文件显示区，或者在工具栏中单击"上传"按钮，打开"请选择文件/文件夹"对话框，在对话框中选择待上传的文件，最后单击"存入百度网盘"按钮。

在百度网盘中管理文件，与在计算机的资源管理器中管理文件的操作相似。在百度网盘客户端的文件显示区空白处中单击鼠标右键，在弹出的快捷菜单中选择"新建文件夹"命令，可新建文件夹；选择文件或文件夹后，单击鼠标右键，在弹出的快捷菜单中选择"删除"命令，可删除选择的文件或文件夹。

2. 分享文件

上传到百度网盘中的文件可在网络中进行分享，其他用户通过分享链接，可下载上传的文件，实现文件传输。下面介绍分享文件、创建分享链接的方法，其具体操作如下。

微课：分享文件

步骤1：在网盘中选择要进行分享的文件，在工具栏中单击"分享"按钮。

步骤2：打开"分享文件"对话框，单击"私密链接分享"选项卡，然后在"分享形式"栏中单击选中"有提取码"单选项，在"有效期"栏中单击选中"7天"单选项，单击"创建链接"按钮，此时将自动创建分享链接和提取码，如图8-18所示。

步骤3：单击"复制链接及提取码"按钮，如图8-19所示，将链接及提取码通过QQ等方式发送给好友，好友可通过链接打开网页，输入提取码进行下载操作。

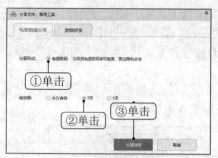

图8-18　设置私密链接分享

图8-19　创建分享链接

3. 下载文件

通过百度网盘下载文件有两种方式，一是将他人网盘中的文件下载到自己的网盘中存储，二是将网盘中的文件直接下载到计算机中。

在浏览器中打开网盘分享文件的页面，选择要保存的文件，在工具栏中单击"保存到网盘"按钮，如图8-20所示，可将文件保存到百度网盘中。在工具栏中单击"下载"按钮，此时要求启动百度云管家并登录客户端，之后将打开图8-21所示的"设置下载存储路径"对话框，设置保存位置后单击"下载"按钮，即可将文件下载到计算机中。

图8-20　将文件保存到网盘

图8-21　将文件保存到计算机中

将文件保存到网盘后，在百度网盘客户端中选择该文件，单击鼠标右键，在弹出的快捷菜单中选择"下载"命令，可将网盘中的文件下载至计算机中。

8.3　信息安全

随着计算机网络的不断普及与发展，计算机网络逐渐渗透到人们工作生活的各个领域，成为人们工作生活不可缺少的一部分。但随之而来的就是计算机的信息安全问题。让用户在安全、可靠的环境中进行各项网络活动，保障自身权益不受损害，是非常重要的。下面分别对信息安全基础和信息安全技术进行介绍。

8.3.1　信息安全基础

从广义上讲，信息安全包含计算机网络环境中的各种安全问题，如计算机系统物理安全、网络安全、数据安全等，任何一个环节存在安全隐患，都会对信息安全产生影响。从狭义上讲，信息安全即信息的存储和传输安全。下面首先来了解信息安全面临的威胁和信息安全的基本要求。

1. 信息安全面临的威胁

计算机技术的不断发展，使信息安全面临的威胁变得多样化，主要包括计算机病毒、流氓软件、木马程序、网络钓鱼和系统漏洞等。下面分别介绍。

（1）计算机病毒

计算机病毒（Computer Virus）是编制者在计算机程序中插入的破坏计算机功能或者数据的代码，是一种能够影响计算机使用，并能进行自我复制的计算机指令或者程序代码。计算机病毒具有传播性、感染性、隐蔽性、潜伏性、可激发性、表现性和破坏性。一旦感染了病毒，计算机中的程序将受到损坏，用户的信息还会被非法盗取，用户自身权益受到损害。病毒可以通过杀毒软件进行清除与查杀，建议用户养成定期检查计算机病毒的习惯，以保证自己的切身利益。

不仅个人计算机容易受到病毒的侵害，手机也容易感染病毒。一般手机病毒可以通过短信、电子邮件、浏览网站、下载铃声和应用蓝牙等方式进行传播，可能出现手机关机、死机、自动拨打电话、自动发送短信和资料被盗取等情况。

（2）流氓软件

流氓软件是介于正规软件与病毒之间的软件，其表现一般是散布广告，以达到宣传的目的。流氓软件一般不会影响用户的正常活动，但可能出现以下3种情况。

● 上网时不断有窗口弹出。

● 浏览器被莫名修改，增加了许多工作条。

● 在浏览器中打开网页时，网页会变成不相干的其他页面。

流氓软件一般是在用户没有授权的情况下强制安装的，当出现上述情况时用户需要警惕，尽快清除网页中保存的账户信息资料，并通过软件管理软件进行清除。流氓软件会恶意收集用户信息，并且不经用户许可卸载系统中的非恶意软件，甚至捆绑一些恶意插件，导致用户资料泄露、文件受损等。

（3）木马程序

木马程序（Trojan Horse Program）通常称为木马、恶意代码等，指潜伏在计算机中，可受外部用户控制以窃取本机信息或者控制权的程序。木马程序是比较常见的病毒文件，但不具有自我繁殖性，也不会"刻意"感染其他文件，一般通过伪装来吸引用户下载执行，使木马程序的发起人可以任意毁坏、窃取被感染者的文件，甚至远程操控用户的计算机。

（4）网络钓鱼

网络钓鱼（Phishing）是一种通过欺骗性的电子邮件和伪造的Web站点来进行网络诈骗的方式。它一般通过伪造或发送声称来自银行或其他知名机构的欺骗性信息，以引诱用户泄露自己的信息，如银行卡账号、身份证号码和动态口令等。

网络钓鱼是目前十分常见的一种电子商务安全问题，其实施途径多种多样，可通过假冒网站、手机银行和运营商向用户发送诈骗信息，也可以通过手机短信、电子邮件、微信消息和QQ消息等形式实施不法活动，如常见的中奖诈骗、促销诈骗等。用户在进行电子商务活动时，不要轻信他人发送的消息，不要打开来路不明的邮件，不要轻易泄露自己的私人资料，尽量减少交易的风险。

（5）系统漏洞

系统漏洞（System Vulnerabilities）是指应用软件或操作系统软件在逻辑设计上的缺陷或错误。不同的软、硬件设备和不同版本的系统都存在不同的安全漏洞，容易被不法分子通过木马、病毒等方式进行控制，窃取用户的重要资料。不管是计算机操作系统、手机运行系统，还是应用软件都容易因为漏洞问题而遭受攻击，因此，建议用户使用最新版本的应用程序，并及时更新应用商提供的漏洞补丁。

2. 信息安全的基本要求

信息安全需要实现以下5个方面的安全性。

● **机密性**：机密性也叫保密性，是指信息在传输或存储时不被他人窃取。一般可通过密码技术对传输的信息进行加密处理。

● **完整性**：完整性主要包括两个方面。一是保证信息在传输、使用和存储等过程中不被篡改、丢失和缺损；二是保证信息处理方法正确，不因不正当操作导致内容丢失。

● **可用性**：可用性指可被授权实体访问并按需求使用的特性，即当需要时能够存取所需的信息。网络环境下拒绝服务、破坏网络和有关系统的正常运行等都属于对可用性的攻击。

● **可控性**：对信息的传播及内容具有控制能力，如能够阻止未授权的访问。

● **不可否认性**：不可否认性也叫不可抵赖性，是指用户不能否认自己的行为与参与活动的内容。传统方式下，用户可以通过在交易合同、契约或贸易单据等书面文件上手写签名或使用印章来进行鉴别。在网络环境下，一般通过数字证书机制的时间签名和时间戳来进行验证。

8.3.2 信息安全技术

信息安全问题一直受到国内外的高度关注，并且随着计算机技术的发展出现了相应的解决方法。下面将对常用的信息安全技术进行介绍，包括防火墙技术、加密技术、认证技术、虚拟专用网络（Virtual Private Network，VPN）、安全套接层协议（Secure Sockets Layer，SSL）和公钥基础设施（Public Key Infrastructure，PKI）。

1. 防火墙技术

防火墙技术是针对因特网不安全因素所采取的一种保护措施，用于在内部网与外部网、专用网与公共网等多个网络系统之间构造一道安全的保护屏障，阻挡外部不安全的因素，防止未授权用户的非法侵入。防火墙主要由服务访问政策、验证工具、包过滤和应用网关4个部分组成，任何程序或用户都需要通过层层关卡才能进入网络，过滤不安全的服务从而降低风险。

在实际应用防火墙时可以设置防火墙的保护级别，对不同的用户和数据进行限制。设置的保护级别越高，限制越强，可能会禁止一些服务，如视频流。在受信任的网络上通过防火墙访问互联网时，经常会存在延迟且需要多次登录的情况。

随着现代通信技术与信息安全技术的不断发展，防火墙越来越成熟，功能也更加丰富，主要包括以下3个方面。

● **模式的变化**：传统防火墙一般设置在网络的边界位置，以数据流进行分隔，从而形成了很好的针对外部网络的防御方式。但内部网络同样会遭受恶意攻击，因此现在的防火墙产品开始采用分布式结构，通过网络节点来最大限度地覆盖需要保护的对象，大大提高了防火墙的防护强度。

● **功能多样化**：防火墙不仅完善了自身已有的功能，如信息记录功能，还进行了功能扩展，如虚拟专用网、认证、授权、记账、公钥基础设施、互联网协议安全性等功能也被集成到防火墙中，有些甚至还添加了防病毒和入侵检测等功能。未来，防火墙的功能将更加多元化，且朝着入侵防御系统的方向发展。但在扩展防火墙功能的同时，不能忽略防火墙本身的性能与安全问题。

● **性能的提升**：防火墙模式与功能的改变必然会引起性能的提升，因为只有更强的性能才能保证这些功能的正常运作。在未来，一些经济实用且经过验证的技术手段，如并行处理技术，将被应用到防火墙中，以提升防火墙的性能，这将提升防火墙的过滤能力。同时，规则处理的方式和算法等软件性能也将得到提升，以衍生出更多的专用平台技术。

2. 加密技术

加密技术是实现信息保密性、真实性和完整性的前提。它是一种主动的安全防御策略，通过基于数学方法的程序和保密的密钥对信息进行编码，将计算机数据变成一堆杂乱无章、难以理解的字符，即将明文变为密文，从而阻止非法用户对信息的窃取。

微课：加密技术

加密技术与密码学息息相关，涉及信息（明文、密文）、密钥（加密密钥、解密密钥）和算法（加密算法、解密算法）3种基本术语。明文是指传输的原始信息，对信息进行加密后，明文则变为密文。密钥和算法都是加密的技术，密钥是进行明文与密文转换时算法中的一组参数，可以是数字、字母或词语。算法是明文与密钥的结合，通过加密运算则成为密文；若是密文通过解密算法运算，则变为明文。

（1）对称加密技术

对称加密采用对对称密码编辑技术，要求发送方和接收方使用相同的密钥，即文件加密与解密使用相同的密钥。采用这种方法进行信息加密，需要双方都知道这个密钥，并在安全通信前将密钥发送给对方。对称加密的工作流程如图8-22所示。

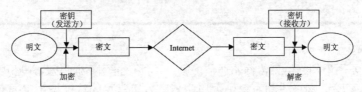

图8-22 对称加密的工作流程

对称加密算法较常用的有数据加密标准（Data Encryption Standard，DES）、高级加密标准（Advanced Encryption Standard，AES）和三重数据加密标准（3DES）。

● **数据加密标准（DES）**：DES是一种使用密钥加密的块算法，于1977年被美国联邦政府的国家标准局确定为联邦资料处理标准（Federal Information Processing Standard，FIPS），并授权在非密级政府通信中使用。DES的算法是把64位的明文输入块变为64位的密文输出块，其密钥也是64位，但由于密钥表中每个字节的第8位（第8、16、24、32、40、48、56、64位）都用作奇偶校验，因此，密钥的实际有效长度为56位。

● **高级加密标准（AES）**：AES是基于比利时密码学家Joan Daemen和Vincent Rijmen设计的Rijndael密钥系统来定义的，目的是取代DES，解决某些DES使用过程中的缺陷。AES是一种区块加密标准，其固定区块长度为128位，密钥长度则可以是128、192或256位。

● **三重数据加密标准（3DES）**：3DES是一种三重数据加密算法块密码的通称。它使用3条56位的密钥对数据进行3次加密，以增加DES的有效密钥长度。3DES的加密过程为：先用密钥a对64位的信息块加密，再用密钥b对加密的结果解密，然后用密钥c对解密结果再加密。3DES比最初的DES更加安全，但需要使用更多的处理器资源。

（2）非对称加密技术

非对称加密技术使用公开密钥（简称"公钥"）和私有密钥（简称"私钥"）来进行加密和解密。公钥是公开的，私钥则由用户自己保存，它们之间进行信息传输的工作过程如图8-23所示，具体介绍如下。

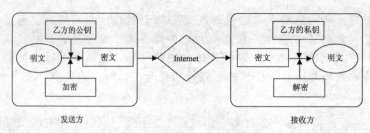

图8-23 非对称加密的工作过程

- 乙方生成一对密钥（公钥和私钥）并向其他方公开公钥。
- 得到公钥的甲方使用该密钥对机密信息进行加密，然后再发送给乙方。
- 乙方用自己保存的另一专用密钥（私钥）对加密后的信息进行解密。

非对称加密比对称加密的安全性更好，就算攻击者截获了传输的密文并得到乙方的公钥也无法进行破解。但非对称加密需要的时间更长，速度更慢。因此，非对称加密只适合对少量数据进行加密，目前互联网中常用的电子邮件和文件加密软件PGP（Pretty Good Privacy，优良保密协议）就采用了非对称加密技术。

若乙方要回复加密信息给甲方，需要甲方先公布自己的公钥给乙方进行加密，再用自己的私钥进行解密。

3. 认证技术

加密技术主要用于网络信息传输的通信保密，不能保证网络通信双方身份的真实性，因此还需要认证技术来验证网络活动对象是否属实与有效。常见的认证技术主要包括身份认证技术、数字摘要、数字信封、数字签名和数字时间戳，下面对这些认证技术进行介绍。

（1）身份认证技术

身份认证技术是一种用于鉴别、确认用户身份的技术。通过对用户的身份进行认证，判断用户是否具有对某种资源的访问和使用权限，以保证网络系统的正常运行，防止非法用户冒充并攻击系统。

身份认证技术主要基于机密技术的公钥加密体制，普遍采用RSA算法。身份认证的过程只在两个对话者之间进行，它要求被认证对象提供身份凭证信息和与凭证有关的鉴别信息，且鉴别信息要事先告诉对方，以保证身份认证的有效性和真实性。身份认证是网络安全的第一道关口，其认证方法主要包括以下3种。

- **根据所知道的信息认证**：一般以静态密码（登录密码、短信密码）和动态口令等方式进行验证，但密码和口令容易泄露，安全性不高。
- **根据所拥有的信息认证**：通过用户自身拥有的信息，如网络身份证（Electronic Identity，EID）、网络护照（Virtual Identity Electronic Identification，VIEID）、密钥盘（Key Disk）、智能卡等进行身份认证，认证的安全性较高，但认证系统较为复杂。
- **根据所具有的特征认证**：通过用户的生物特征，如声音、虹膜和指纹等进行认证，其安全性最高，但实现技术更加复杂。

为了保证身份认证的有效性，常采用两到三种认证方法结合的方式进行认证。

（2）数字摘要

数字摘要可以用于证实消息来源的有效性，以防止数据的伪造和篡改。它通过采用单向

Hash函数（单向散列函数）将需要加密的明文"摘要"成一串固定长度（128位）的密文，这个密文就是所谓的数字指纹，并在传输信息时将密文加入文件一并传送给接收方，接收方收到文件后，使用相同的方法进行变换运算，若得到相同的摘要码，则判定文件未被篡改。

（3）数字信封

数字信封又称数字封套，是一种结合对称加密技术与非对称加密技术进行信息安全传输的技术。使用数字信封只有规定的收信人才能阅读通信的内容，信息发送方采用对称密钥来加密信息内容，然后用接收方的公钥加密，形成数字信封，并将它和加密后的信息一起发送给接收方。接收方先用相应的私有密钥打开数字信封，得到对称密钥，然后使用对称密钥解开加密信息。数字信封具有算法速度快、安全性高等优点，可以很好地保证数据的机密性。

（4）数字签名

数字签名是基于公开密钥加密技术来实现的，因此又叫公钥数字签名。数字签名可简单地理解为附加在数据单元上的一些数据，或是对数据单元所做的密码变换。它可以帮助数据单元的接收者判断数据的来源，保证数据的完整性并防止数据被篡改。

数字签名采用双重加密方法，即使用数字摘要和RSA加密来保证信息安全，其工作过程如下。

● 报文发送方采用单向Hash函数加密产生一个128位的数字摘要。

● 发送方用自己的私钥对数字摘要进行加密，形成发送方的数字签名。

● 将数字签名作为报文的附件和报文一起同时传输给接收方。

● 接收方使用发送方的公钥对摘要进行解密，同时从接收到的原始报文中使用同样的单向Hash函数加密得到一个数字摘要。

● 将解密后的摘要和接收方重新加密产生的摘要进行对比，若两者相同，则判断信息在传送过程中没有被破坏、篡改。

（5）数字时间戳

为了保证电子商务活动的参与方与交易方不能否认其行为，避免随意修改交易时间，需要一个权威第三方来提供可信赖的且不可抵赖的时间戳服务——数字时间戳。数字时间戳（Digital Time-stamp，DTS）是一种对交易日期和时间采取的安全措施，由专门的机构提供。数字时间戳是一个经加密后形成的凭证文档，它包括以下3个部分。

● 时间戳文件的摘要。

● 数字时间戳发送和接收文件的日期和时间。

● 数字时间戳的数字签名。

4. 虚拟专用网络

虚拟专用网络（VPN），是对企业内部网的扩展，它可以帮助异地用户、公司分支机构、商业伙伴及供应商同公司的内部网建立可信的安全连接，并保证数据的安全传输。VPN通过专门的隧道加密技术在公共数据网络上仿真一条点到点的专线技术，是在互联网上临时建立的安全专用虚拟网络，用户节省了租用专线的费用以及长途电话费，同时除了购买VPN设备或VPN软件产品外，企业所付出的仅仅是向企业所在地的互联网服务提供商（Internet Service Provider，ISP）支付一定的上网费用。

VPN可以按4种标准进行分类。

（1）按VPN隧道协议分类

VPN的隧道协议主要有3种，即PPTP（Point to Point Tunneling Protocol，点对点隧道协议）、L2TP（Layer 2 Tunneling Protocol，第二层隧道协议）和IPSec（Internet Protocol Security，互联网安全协议），其中PPTP和L2TP协议工作在OSI模型的第二层，又称为第二层隧道协议，IPSec是第三层隧道协议。

隧道协议用一种网络层的协议来传输另一种网络层协议，其基本功能是封装和加密，主要利用网络隧道来实现。

（2）按VPN应用分类

按应用的不同，VPN可将其分为以下几类。

● **远程接入VPN（Access VPN）**：客户端到网关，使用公网作为骨干网在设备之间传输VPN数据流量。

● **内联网VPN（Intranet VPN）**：网关到网关，通过公司的网络架构连接来自同公司的资源。

● **外联网VPN（Extranet VPN）**：与合作伙伴企业网构成外联网，将一个公司与另一个公司的资源进行连接。

（3）按所用设备类型分类

网络设备提供商针对不同客户的需求，开发出了不同的VPN网络设备。其主要包括交换机、路由器和防火墙。因此按设备类型，VPN可分为以下几类。

● **交换机式VPN**：主要应用于连接用户较少的VPN网络。

● **路由器式VPN**：路由器式VPN部署较容易，只要在路由器上添加VPN服务即可。

● **防火墙式VPN**：防火墙式VPN是最常见的一种VPN的实现方式，许多厂商都提供这种配置类型。

（4）按实现原理划分

按实现原理，VPN可分为以下两类。

● **重叠VPN**：此VPN需要用户自己建立端节点之间的VPN链路，主要包括GRE（Generic Routing Encapsulation，通用路由封装）协议、L2TP和IPSec等众多技术。

● **对等VPN**：由网络运营商在主干网上完成VPN通道的建立，主要包括MPLS（Multi-Protocol Label Switching，多协议标签交换）、VPN技术。

5．安全套接层协议

安全套接层协议（SSL）是基于Web应用的安全协议，主要用于解决Web上信息传输的安全顾虑。它指定了一种在应用程序协议（如HTTP、Telnet、NNTP和FTP等）和TCP/IP之间提供数据安全性分层的机制，为TCP/IP连接提供数据加密、服务器认证、消息完整性以及可选的客户机认证。

SSL是一个层次化的协议，包括SSL记录协议（SSL Record Protocol）和SSL握手协议（SSL Handshake Protocol）。SSL记录协议建立在可靠的传输协议上，用于为上层协议提供数据封装、压缩和加密等支持；SSL握手协议建立在SSL记录协议上，用于完成服务器和客户之间的相互认证、协商加密算法和加密密钥等发生在应用协议层传输数据之前的事务。

SSL的具体实现过程包括两个方面：一是将传输的信息分成可以控制的数据段，并对这些数据段进行压缩、文摘和加密等操作，然后进行结果的传送；二是对接收的数据进行解密、检验和解压操作，并将数据传送给上层协议。

6．公钥基础设施

为了解决互联网环境的一系列安全问题，实现密码技术的变革，需要一套完整的因特网安全解决方案来支持，即公钥基础设施技术。

公钥基础设施（PKI）是一组安全服务的集合，采用证书管理公钥，通过第三方的可信任机构——认证中心（Certificate Authority，CA）将用户的公钥和其他标识信息（如身份证号码、姓名和E-mail等）捆绑在一起，用以验证用户在互联网中的身份。

公钥基础设施是利用公钥理论和技术建立的提供安全服务的基础设施，其系统组成部分包括认证中心、数字证书库、密钥备份及恢复系统、证书作废系统和应用接口等。

●**认证中心（CA）**：认证中心是数字证书的申请及签发机关，也是PKI系统最核心的组成部分。CA用于负责管理PKI结构下的所有用户（包括各种应用程序）的证书，并进行用户身份的验证。为了保证验证结构的准确性，要求CA必须具备权威性。

●**数字证书库**：用于存储已签发的数字证书及公钥，并为用户提供所需的其他用户的证书及公钥。

●**密钥备份及恢复系统**：为了避免用户丢失解密数据的密钥，导致数据无法解密，PKI需要提供备份与恢复密钥的功能。并且，为了保证密钥的唯一性，只能使用解密密钥进行备份与恢复，私钥不能作为其备份与恢复的依据。

●**证书作废系统**：与纸质证书一样，网络证书也有一定的有效期限，在有效期内，证书能够正常使用并用于用户身份的验证。但若发生密钥介质丢失或用户身份变更等情况，则需要废除原有的证书，重新安装新的证书。

●**应用接口（Application Programming Interface，API）**：应用接口为众多应用程序提供了接入PKI的接口，使这些应用能够使用PKI进行身份验证，确保网络环境的安全。

8.4　信息安全的发展趋势

随着网络应用的迅速发展，信息安全步入全新的网络时代。保证系统数据安全和业务连续性成为信息安全的首要目的。很多用户认为，只要有了完善的技术防范机制就能完全杜绝网络威胁，这种想法是错误的。信息安全和威胁始终是"矛与盾"的关系，尽管信息安全技术一再更新和完善，黑客攻击等安全问题还是时有发生。对于普通用户而言，保障网络安全，防范信息安全行之有效的办法是做好计算机网络的日常维护，提高安全防范意识，不给信息安全威胁有可乘之机。

微课：身边的信息安全

8.4.1　身边的信息安全

信息安全威胁存在的方式多种多样，能够通过各种伪装来迷惑用户，使用户不知不觉主动激发安全威胁。并且，由于人们对互联网的依赖性，在大部分用户都缺乏网络安全知识、网络法律和道德意识的情况下，更容易受到非法用户的攻击。因此，提高安全防范意识十分有必要。

安全防范意识是最基本的信息安全管理措施，用户在进行网络活动时需要时刻保持防范意识，才能最大限度地降低风险。以下是一些提高安全防范意识的防范措施。

●了解必要的计算机网络安全知识，做到有备无患。

●养成良好的上网习惯，不要打开陌生的电子邮件、广告网页。

●禁止磁盘或文件自动运行，在网络中下载的文件、程序或手机应用软件，应该经过杀毒软件查杀后再打开。

●密码设置尽量复杂，不要使用生日、身份证号码等容易被破解的密码。且养成定期修改密码的习惯。

●谨慎保管交易密码并定期进行修改。

●不要浏览非法网站，随意泄露个人信息。

- 安装合适的防火墙与杀毒软件，阻挡来自外界的威胁。
- 定期清理计算机垃圾，并查杀病毒。
- 重要的文件要加密，并进行备份。
- 对于陌生文件，不要出于好奇心理随意接收和打开。最好先进行病毒查杀或拒收。
- 使用手机上网时，不要随意连接公众场所的免费Wi-Fi，避免信息泄露。

对于普通用户来说，做好信息安全的日常防范十分重要。它可以帮助用户在一定程度上降低安全风险，保证用户免受非法用户的侵害。只有树立正确的网络安全观，提高个人网络安全防范意识，构建防范信息风险的心理屏障，才能增加网络安全的防御能力。

除此之外，在当前的移动互联网时代，网络环境日益开放，任何个人都可以成为网络信息的内容生产者。尤其是当代大学生，更应该遵守以下网络行为规范。

- 自觉抵制各种网上错误思潮，不在网上制作、复制、发布、传播有悖国家法律、法规，危害国家安全，泄露国家机密的信息或言论。
- 不擅自制作或发布传播有悖国家法律、法规的个人网页。不在网上散布谣言。
- 不浏览低级趣味网站，重视参加网络活动的安全性，不做虚假、虚伪的网上交友，不随意公布自己的个人或家庭信息。
- 不沉溺于计算机和网络，特别是不沉溺于网上聊天和网上游戏等，确保计算机和网络的使用不影响学业和正常生活。
- 不得从事危害计算机网络安全的活动，如盗用他人账号、IP地址，制作或故意传播计算机病毒及其他任何具有破坏性的程序等危害计算机信息安全的行为。
- 不得利用计算机网络侵犯用户通信秘密和他人隐私。

8.4.2　移动互联网环境下的安全问题

移动互联网是在移动通信技术和移动终端技术的飞速发展下产生的，是一种通过智能移动终端，采用移动无线通信方式获取业务和服务的新兴业务。虽然移动互联网使人们能够随时随地享受网络服务、给生活带来便利、提高工作效率，但也面临着各种安全问题，主要包括无线通信网络和移动终端的安全威胁，其次是软件病毒和垃圾短信造成的威胁。

1. 无线通信网络的安全威胁

移动电子商务的运营和使用环境都是在无线通信网络中进行，无线网络的数据传输是在空气中以广播的方式传播的，所以无线通信网络所面临的安全问题比有线网络更加严峻。总体而言，无线通信网络的安全威胁体现在以下几个方面。

- **窃听的威胁**：这里所说的窃听是黑客常用的一种网络攻击手段，当黑客或不法分子采取某种方法登录网络主机并取得超级用户权限后，便可有效地截获网络上的数据。由于无线网络传输介质的安全性比有线网络更低，因此无线网络面临窃听的威胁也更高。
- **网络漫游的威胁**：一般情况下将数据上传到网络服务器中保存，可以在任何地方任意操作数据，该数据可以是文本、影音及其他相对安全的数据。通常情况下在外地使用即为漫游。网络漫游涉及上传等操作，必然需要面对数据传输过程中可能面临的断链、窃听等威胁。
- **对数据完整性的威胁**：数据完整性指存储在数据库中的所有数据值均正确的状态。如果数据库中存储了不正确的数据值，则该数据库已丧失数据的完整性。对无线网络而言，确保数据的完整性就是移动终端无论在任何环境下，都能接收或发送正确的数据。就目前而言，无线网络在不同地区、不同环境下，信号是有强弱区别的，数据完整性在通信顺畅的条件下执行得更好，在通信不顺畅的条件下执行得相对较差。

●**无线通信标准的攻击**：就目前而言，无线通信标准的种类多种多样，包括Wi-Fi、蓝牙和其他非Wi-Fi技术。它们都有特定的网络标准，仅Wi-Fi技术而言，就包括IEEE802.11a、IEEE802.11b、IEEE802.11g和IEEE802.11n等多种标准。随着技术的发展，无线通信标准都会或多或少暴露出自身的漏洞或缺陷，这就成了黑客的攻击缺口，为移动电子商务的开展埋下了隐患。

●**窃取用户的合法身份**：当用户在无线网络的环境下进行移动电子商务活动时，如果自己的合法身份被不法分子盗用，不仅会使个人隐私遭到泄露，还极有可能损失金钱。这个威胁与用户利益直接相关，并且此类事件一直都在发生，是无线网络面临的又一重大威胁。

2. 移动终端的安全威胁

移动终端或称为移动通信终端，泛指可以在移动中使用的计算机设备，广义上包括智能手机、笔记本电脑、平板电脑、POS机、车载电脑。但是大部分情况下是指智能手机及平板电脑。随着网络和技术的发展，移动终端成为移动电子商务活动正常开展的必不可少的组成部分，因此移动终端面临的安全威胁，将直接影响移动电子商务活动的开展。下面具体介绍移动终端所面临的5种安全威胁。

●**移动终端物理安全**：物理安全是指在使用移动终端的过程中不会受到人为或自然因素的危害而使信息丢失、泄露和破坏。针对此种安全威胁，可对终端设备采取的安全技术措施包括：受灾防护、区域防护、设备防盗、设备防毁、防止电磁信息泄露、防止线路截获、抗电磁干扰和电源保护等。

●**移动终端数据破坏**：数据破坏包括数据源的数据缺损、数据传输过程中数据缺损、异常操作导致数据缺损等，这些情况都会导致无法正常使用移动终端进行移动电子商务活动。其中，数据源的数据缺损是指操作系统、应用软件自身的数据遭到了破坏；数据传输过程中的数据缺损是指在上传或下载过程中，由于传输协议、无线通信标准等某些方面出现问题而导致的数据破坏；异常操作导致数据缺损则是指用户自身进行了错误的操作导致数据丢失或受到破坏。

●**移动终端被攻击**：随着移动电子商务的不断发展，网络攻击对象也开始向移动终端转移，相对于服务器端而言，移动终端被攻击的可能性要高许多，黑客和不法分子可以将手机病毒、木马传播到移动终端，以便实施其不正当的攻击活动。

●**RFID被解密**：射频识别（Radio Frequency Identification，RFID）目前应用得越来越广泛，如手机上安装此技术后便可成为电子钱包，在消费时直接通过RFID进行付费等，这也使RFID的安全性遭受到一定的威胁，一旦其芯片中的数据信息被解密，便可能出现用户丢失数据、损失金钱等情况。

●**在线终端易被攻击**：这种情况特指使用移动终端进行移动电子商务活动时容易遭到攻击，因为一些攻击手段仅针对在线的环境，用户在线下时无法对其造成影响。

3. 软件病毒造成的安全威胁

这里的软件病毒主要指的是手机病毒，无论桌面网络系统还是移动网络系统，都会面临软件病毒造成的安全威胁。被感染软件病毒后，移动终端便会出现各种问题，如耗能增大、内部程序出错和自动发送信息等。

4. 垃圾短信泛滥造成的安全威胁

垃圾短信是指未经用户同意向用户发送的用户不愿意收到的短信息，或用户不能根据自己的意愿拒绝接收的短信息。垃圾短信被用于进行勒索、诈骗等违法犯罪活动、传播不实消息和谣言、传播毒化社会风气的信息等。对移动电子商务而言，垃圾短信泛滥造成的安全威胁体现在以下3个方面。

●**影响运营商利益**：过多的垃圾短信会耗费运营商的一些资源，严重时可能造成运营商通信线路的拥堵甚至崩塌，从而导致无线网络出现故障。

●**负能量**：垃圾短信绝大多数情况下传递的都是骚扰型、欺诈型和非法广告型的内容，这些信息会影响社会风化、引发社会恐慌，严重时还可能破坏社会稳定。

●**浪费时间**：移动终端经常收到垃圾短信，无论是否浏览，都需要花费时间对其进行清理，如查看、删除等。

8.5 章节实训——传输电子邮件

本次实训将通过QQ邮箱传输电子邮件，邮件内容包括正文和附件。撰写电子邮件的内容效果如图8-24所示。

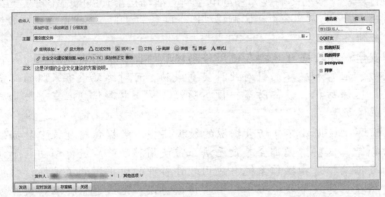

微课：传输电子邮件

图8-24 传输电子邮件

⚠️ **提 示**

（1）打开QQ邮箱，进入"写信"页面，首先将鼠标指针定位到"收件人"文本框中，通过右侧的"通讯录"添加收件人。

（2）在"主题"文本框中输入邮件主题，在"正文"文本框中输入邮件正文，单击"添加附件"超链接上传附件。

🧠 **思考·感悟**

没有网络安全就没有国家安全，没有信息化就没有现代化。

微课：计算机网络

课后练习

1. 进入百度搜索引擎，搜索"计算机网络"的相关内容并进行学习。
2. 申请一个QQ号码，添加一名好友并与其交流，交流内容包含文件发送与屏幕截图。
3. 使用QQ邮箱向一位朋友发送电子邮件。
4. 下载安装百度云管家，进入百度网盘客户端，上传文件到百度网盘并保存。

第9章

计算机前沿技术

计算机网络的发展以及计算机技术的不断创新，不仅给IT界带来了重大影响，更对社会的发展起到了积极的作用。本章将介绍一些目前发展迅速或得到广泛应用的计算机前沿技术，包括人工智能、5G与物联网、大数据和云计算等。

📶 课堂学习目标

- 认识人工智能。
- 认识5G与物联网。
- 认识大数据。
- 认识云计算。

9.1 人工智能

人工智能是计算机科学的一个分支，它试图通过了解智能的实质，生产出一种能以与人类智能相似的方式做出反应的智能机器。随着科技的发展，人工智能不再限于简单的人机交流层面，有些领域已经可以使用人工智能技术来代替人完成一些高难度、高危险的工作。人工智能研究的领域比较广泛，包括机器人、语言识别、图像识别以及自然语言处理等。下面介绍人工智能的定义、发展和实际应用。

9.1.1 人工智能的定义

人工智能（Artificial Intelligence，AI）也叫作机器智能，是指由人工制造的系统所表现出来的智能，可以概括为研究智能程序的一门科学。人工智能研究的主要目标在于用机器来模仿和执行人脑的某些智力功能，探究相关理论、研发相应技术，如判断、推理、识别、感知、理解、思考、规划、学习等思维活动。目前，人工智能技术已经渗透到人们日常生活的各个方面，如游戏、新闻媒体、金融等，并运用于各种领先的研究领域，如量子科学。

人工智能并不是触不可及的，Windows 10的Cortana、百度的度秘、苹果的Siri等智能助理和智能聊天类应用，都属于人工智能的范畴，甚至一些简单的带有固定模式的资讯类新闻，也是由人工智能来完成的。

9.1.2　人工智能的发展

1956年夏季，以麦卡赛、明斯基、罗切斯特和香农等为首的一批年轻科学家一起聚会，共同研究和探讨用机器模拟智能的一系列有关问题，并首次提出了"人工智能"这一术语，它标志着"人工智能"这门新兴学科的正式诞生。

从1956年正式提出人工智能学科算起，几十年来，人工智能研究取得长足的发展，成为一门广泛的交叉和前沿科学。总的来说，研究人工智能的目的就是让计算机这台机器能够像人一样去思考。当计算机出现后，人类才开始真正有了一个可以模拟人类思维的工具。

如今，全世界大部分大学的计算机系都在研究"人工智能"这门学科。1997年5月，IBM研制的深蓝（Deep Blue）计算机战胜了国际象棋大师卡斯帕罗夫。在一些方面，人工智能凭借其高速度、高准确率等特性帮助人类分担着以前只能由人完成的工作，极大地推动了人类社会的发展。

9.1.3　人工智能的实际应用

曾经，人工智能只在一些科幻影片中出现，但伴随着科学的不断发展，人工智能在很多领域得到了不同程度的应用，如在线客服、自动驾驶、智慧生活、智慧医疗等，如图9-1所示。

1.　在线客服

在线客服是一种以网站为媒介的即时沟通通信技术，主要以聊天机器人的形式自动与消费者沟通，并及时解决消费者的一些问题。聊天机器人必须善于理解自然语言，懂得语言所传达的意义，因此，这项技术十分依赖自然语言处理技术，一旦这些机器人能够理解不同的语言表达方式所包含的实际目的，那么将在很大程度上代替人工客服。

图9-1　应用人工智能的主要领域

2.　自动驾驶

自动驾驶是现在逐渐发展成熟的一项智能应用。自动驾驶一旦实现，将会有以下改变。

●汽车本身的形态会发生变化。自动驾驶的汽车不需要司机和方向盘，其形态设计可能会发生较大的变化。

●未来的道路将发生改变。未来道路会按照自动驾驶汽车的要求重新进行设计，专用于自动驾驶的车道可能变得更窄，交通信号可以更容易被自动驾驶汽车识别。

●完全意义上的共享汽车将成为现实。大多数的汽车可以用共享经济的模式，随叫随到。因为不需要司机，这些车辆可以保证24小时随时待命，可以在任何时间、任何地点提供高质量的租用服务。

3.　智慧生活

目前的机器翻译水平，已经可以做到基本表达原文语意，不影响理解与沟通。但假以时日，不断提高翻译准确度的人工智能系统，很有可能像AlphaGo那样悄然越过业余译员和职业译员之间的技术鸿沟，一跃而成为翻译大师。

到那时，不只是手机可以与人进行智能对话，每个家庭里的每一件家用电器，都会拥有足够强大的对话功能，为人们提供更加方便的服务。

4. 智慧医疗

智慧医疗是专有医疗名词，通过打造健康档案区域医疗信息平台，利用先进的物联网技术，实现患者与医务人员、医疗机构、医疗设备之间的互动，从而逐步达到信息化。

大数据和基于大数据的人工智能，为医生辅助诊断疾病提供了支持。将来医疗行业将融入更多的人工智能、传感技术等高科技，使医疗服务走向真正意义的智能化。在人工智能的帮助下，同样数量的医生可以服务几倍、几十倍甚至更多的用户群体。

人工智能可以分为弱人工智能和强人工智能两个方面，其中，弱人工智能应用得非常广泛，如手机的自动拦截骚扰电话、邮箱的自动过滤等都属于弱人工智能。强人工智能和弱人工智能的区别在于，强人工智能有自己的思考方式，能够进行推理、制定并执行计划，并且拥有一定的学习能力，能够在实践中不断进步。

9.2 5G与物联网

物联网（Internet of Things）起源于传媒领域，是信息科学技术产业的第三次革命。物联网将现实世界数字化，其应用范围十分广泛。下面将从物联网的定义、关键技术、应用及5G与物联网融合4个方面来介绍5G与物联网的相关知识。

9.2.1 物联网的定义

物联网是互联网、传统电信网等信息的承载体，它是让所有具有独立功能的普通物体实现互联互通的网络。简单来说，物联网就是把所有能行使独立功能的物品，通过信息传感设备与互联网连接起来，进行信息交换，以实现智能化识别和管理。

在物联网上，每个人都可以应用电子标签连接真实的物体。通过物联网可以用中心计算机对机器、设备、人员进行集中管理和控制，也可以对家庭设备、汽车进行遥控，以及搜索设备位置、防止物品被盗等，通过收集这些小的数据，最后聚集成大数据，从而实现物和物相连。

9.2.2 物联网的关键技术

目前，物联网的发展非常迅速，尤其在智慧城市、工业、交通以及安防等领域取得了突破性的进展。未来的物联网发展，必须从低功耗、高效率、安全性等方面出发，并重视物联网的关键技术的发展。物联网的关键技术主要有以下5项。

● **射频识别（RFID）技术**：RFID是一种通信技术，它同时融合了无线射频技术和嵌入式技术，在自动识别、物品物流管理方面的应用前景十分广阔。RFID主要的表现形式是RFID标签，具有抗干扰性强、数据容量大、安全性高、识别速度快等优点，主要工作频率有低频、高频和超高频。但此技术还存在一些技术方面的难点，如选择最佳工作频率和机密性的保护等，尤其是超高频频段的技术还不够成熟，相关产品价格较高，稳定性不理想。

● **传感器技术**：传感器技术是计算机应用中的关键技术，通过传感器可以把模拟信号转换成数字信号供计算机处理，目前，传感器技术的技术难点主要是应对外部环境的影响，例如，当受到自然环境中温度等因素的影响时，传感器的零点漂移和灵敏度会发生变化。

● **云计算技术**：云计算技术是把一些相关网络技术和计算机发展融合在一起的产物，具备强大的计算和存储能力。常用的搜索功能就是一种对云计算技术的应用。

●**无线网络技术**：物体与物体"交流"需要高速、可进行大批量数据传输的无线网络，设备连接的速度和稳定性与无线网络的速度息息相关。目前，我们使用的大部分网络属于4G，正在向5G迈进，而物联网的发展也将受益，进而取得更大的突破。

●**人工智能技术**：人工智能技术是研究、开发用于模拟、延伸和扩展人的智能的理论、方法、技术及应用系统的一门新的技术科学。人工智能与物联网有着十分密切的关联，物联网实现物物相连，人工智能让连接起来的物体进行自主学习，从而实现整体智能化。

9.2.3 物联网的应用

物联网由蓝图逐步变成了现实，目前很多场合都有物联网的影子。下面将对物联网的应用领域进行简单的介绍，包括物流、交通、安防、医疗、建筑、能源环保、家居、零售8个领域。

●**智慧物流**：智慧物流以物联网、人工智能、大数据等信息技术为支撑，在物流的运输、仓储、配送等各个环节实现系统感知、全面分析和处理等功能。其在物联网领域的应用主要体现在3个方面，包括仓储、运输监测和快递终端。在运输监测方面，可以通过物联网技术实现对货物以及运输车辆的监测，包括货物车辆位置、状态以及货物温湿度、油耗及车速等的监测。

●**智能交通**：智能交通是物联网的一种重要体现形式，利用信息技术将人、车和路紧密地结合起来，改善交通运输环境、保障交通安全并提高资源利用率。智能交通在物联网技术的应用，包括智能公交车、智慧停车、共享单车、车联网、充电桩监测以及智能红绿灯等领域。

●**智能安防**：传统安防对人员的依赖性比较大，非常耗费人力，而智能安防能够通过设备实现智能判断。目前，智能安防最核心的部分是智能安防系统，该系统能够对拍摄的图像进行传输与存储，并对其进行分析与处理。一个完整的智能安防系统主要包括门禁、报警和监控三大部分，行业应用中主要以视频监控为主。

●**智能医疗**：在智能医疗领域，新技术的应用必须以人为中心。而物联网技术是数据获取的主要途径，能有效地帮助医院实现对人和物的智能化管理。对人的智能化管理指的是通过传感器对人的生理状态（如心跳频率、血压高低等）进行监测，将获取的数据记录到电子健康文件中，方便个人或医生查阅；对物的智能化管理是指通过RFID对医疗设备、物品进行监控与管理，实现医疗设备、用品可视化，主要表现为数字化医院。

●**智慧建筑**：建筑是城市的基石，技术的进步促进了建筑的智能化发展，以物联网等新技术为主的智慧建筑也越来越受到人们的关注。当前的智慧建筑主要体现在节能方面，对设备进行感知、传输数据并实现远程监控，在节约能源的同时还减少了楼宇人员的维护工作。

●**智慧能源环保**：智慧能源环保属于智慧城市的一个部分，将物联网技术应用于传统的水、电、光能设备，并进行联网，如用智能水电表实现远程抄表。通过监测，不仅提升了能源的利用效率，而且还减少了能源的损耗。

●**智能家居**：智能家居指的是使用不同的方法和设备，来提高人们的生活能力，使生活变得更舒适和高效。物联网应用于智能家居领域，能够对家居类产品的位置、状态、变化进行监测，分析其变化特征。智能家居行业的发展主要分为单品连接、物物联动和平台集成3个阶段。其发展的方向首先是连接智能家居单品，随后走向不同单品之间的联动，最后向智能家居系统平台发展。当前，各个智能家居类企业正处于从单品向物物联动的过渡阶段。

●**智能零售**：行业内将零售按照距离分为远场零售、中场零售、近场零售3种，三者分别以电商、超市和自动售货机为代表。物联网技术可以用于中场和近场零售，且主要应用于近场零售，通过将传统的便利店和售货机进行数字化升级和改造，打造无人零售模式。通过数据分析，充分运用门店内的客流和活动，为用户提供更好的服务。

9.2.4　5G 与物联网的融合

现在是移动互联网时代，移动互联网的演进历程是移动通信和互联网等技术汇聚、融合的过程，其中，不断演进的移动通信技术是其持续且快速发展的主要推手。至今，移动通信技术已经从1G时代发展到5G时代。

5G与以往的移动通信技术相比，在通信和带宽能力方面达到了新的高度，就像3G支持图像、4G支持视频一样，5G是支持物联网的网络。也就是说，5G是物联网的网络接入层，是实现物联网网络连接的一种方式，支持各种规模、速度以及前所未有复杂性的设备，能够满足物联网应用覆盖面广、高速稳定等需求。

随着5G的落地应用，未来物联网的发展将获得更为全面的支撑。以工业物联网为例，5G将在以下3个方面助力工业物联网的发展。

● **拓展工业物联网的应用边界**：5G在很大程度上考虑了物联网的需求，包括高速率（eMBB，10Gbit/s）、低时延高可靠（uRLLC，1ms）、低功耗大连接（mMTC，一百万个连接/平方千米）等特征。在5G的支持下，工业物联网的应用边界将得到拓展，促使物联网可以应用在更多的场景下。对于场景覆盖面较大的企业来说，5G带来的变化更为明显，如物流企业等。

● **促进工业物联网的智能化**：5G将在很大程度上促进工业物联网的智能化发展，涉及云计算、大数据等技术体系的部署，借助于5G的支撑，人工智能将在数据和算力两方面得到更为有效的保障。当然，智能化也是工业物联网最终的诉求之一。

● **促进工业物联网的全面落地**：5G对于促进工业物联网的落地应用也有非常积极的意义，一方面5G可以支撑更多的物联网设备，另一方面也能够保障这些设备之间安全可靠的通信。

9.3　大数据

用户在使用计算机时会发现，网页中经常会推荐一些曾经搜索或关注过的信息，如在天猫上购买了一双运动鞋，之后打开天猫主页，在推荐购买区都会显示一些同类的商品。这就是大数据技术的一种应用，它将用户的使用习惯、搜索习惯记录到数据库中，应用独特的算法计算出用户可能感兴趣的内容，并将相同类目的内容推荐到用户眼前。下面我们将具体介绍大数据的相关知识和应用。

9.3.1　大数据的定义

数据是指存储在某种介质上包含信息的物理符号。在电子网络时代，随着人们生产数据的能力和数量的飞速提升，大数据应运而生。大数据是指无法在一定时间范围内用常规软件工具进行捕捉、管理、处理的数据集合。要想从大数据中获取有用的信息，就需要对其进行分析，这不仅需要采用集群的方法获取强大的数据分析能力，还需对面向大数据的新数据分析算法进行深入的研究。

大数据技术是指为了传送、存储、分析和应用大数据而采用的软件和硬件技术，也可将其看作面向数据的高性能计算系统。就技术层面而言，大数据必须依托分布式架构来对海量的数据进行分布式挖掘，利用云计算的分布式处理、分布式数据库、云存储和虚拟化技术，因此，大数据与云计算密不可分。

9.3.2　大数据的发展

在大数据行业的火热发展下，大数据的应用越来越广泛，国家相继出台的一系列政策更是加快了大数据产业的落地。大数据发展经历了图9-2所示的4个阶段。

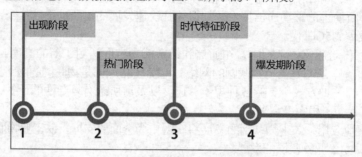

图9-2　大数据的4个发展阶段

1.　出现阶段

1980年，阿尔文·托夫勒著的《第三次浪潮》书中将"大数据"称为"第三次浪潮的华彩乐章"。1997年，美国研究员迈克尔·考克斯和大卫·埃尔斯沃斯首次使用"大数据"这一术语来描述20世纪90年代的挑战。

"大数据"在云计算出现之后才凸显其真正的价值，2006年提出云计算的概念，2007—2008年随着社交网络的快速发展，"大数据"概念被注入了新的生机。2008年9月《自然》杂志推出了名为"大数据"的封面专栏。

2.　热门阶段

2009年，欧洲一些领先的研究型图书馆和科技信息研究机构建立了伙伴关系，致力于改善在互联网上获取科学数据的简易性。2010年肯尼斯库克尔发表大数据专题报告《数据，无所不在的数据》。2011年6月麦肯锡发布了关于"大数据"的报告，正式定义了大数据的概念，后逐渐受到各行各业关注；2011年11月，我国工业和信息化部发布《物联网"十二五"发展规划》，将信息处理技术作为4项关键技术创新工程之一提出来，其中包括了海量数据存储、图像视频智能分析、数据挖掘，这些是大数据的重要组成部分。

3.　时代特征阶段

2012年维克托·迈尔·舍恩伯格和肯尼斯·库克耶所著的《大数据时代》一书，把大数据的影响划分为3个不同的层面来分析，分别是思维变革、商业变革和管理变革。"大数据"这一概念乘着互联网的浪潮在各行各业中逐渐占据举足轻重的地位。

4.　爆发期阶段

2017年，在政策、法规、技术、应用等多重因素的推动下，跨部门数据共享共用的格局基本形成。京、津、沪、冀、辽、贵、渝等省（市）人民政府相继出台了大数据研究与发展行动计划，整合数据资源，实现区域数据中心资源汇集与集中建设。

9.3.3　大数据处理的基本流程

大数据处理的数据源类型多种多样，在不同的场合通常需要使用不同的处理方法。在处理大数据的过程中，通常包含数据抽取与集成、数据分析、数据解释与展现这3个基本环节。

1. 数据抽取与集成

数据抽取和集成是大数据处理的第一步，从抽取的数据中提取关系和实体，经过关联和聚合等操作，按照统一定义的格式对数据进行存储。如基于物化或数据仓库技术方法的引擎（Materialization or ETL Engine）、基于联邦数据库或中间件方法的引擎（Federation Engine or Mediator）和基于数据流方法的引擎（Stream Engine）均是现有主流的数据抽取和集成方式。

2. 数据分析

数据分析是大数据处理的核心步骤，在决策支持、商业智能、推荐系统、预测系统中应用广泛。在从异构的数据源中获取了原始数据后，将数据导入一个集中的大型分布式数据库或分布式存储集群，进行一些基本的预处理工作，然后根据自己的需求对原始数据进行分析，如数据挖掘、机器学习、数据统计等。

3. 数据解释与展现

在完成数据的分析后，应该使用合适的、便于理解的展示方式将正确的数据处理结果展示给终端用户，可视化和人机交互是数据解释的主要技术。使用可视化技术，可以将处理的结果通过图形的方式直观地呈现给用户，而人机交互技术可以引导用户对数据进行逐步分析，使用户参与数据分析的过程，并深刻理解数据分析结果。

9.3.4 大数据的典型应用案例

在以云计算为代表的技术创新背景下，收集和处理数据变得更加简便，中华人民共和国国务院在印发的《促进大数据发展行动纲要》中系统地部署了大数据发展工作，通过各行各业的不断创新，大数据也将创造更多价值。下面介绍3种大数据典型应用案例。

● **高能物理**：高能物理是一个与大数据联系十分紧密的学科。科学家往往要从大量的数据中发现一些小概率的粒子事件，如比较典型的离线处理方式，由探测器组负责在实验时获取数据，而LHC（Large Hadron Collider，大型强子对撞机）实验每年采集的数据高达15PB。高能物理中的数据不仅海量，且没有关联性，要从海量数据中提取有用的事件，就可使用并行计算技术对各个数据文件进行较为独立的分析处理。

● **推荐系统**：推荐系统可以通过电子商务网站向用户提供商品信息和建议，如商品推荐、新闻推荐、视频推荐等。而实现推荐过程则需要使用大数据，用户在访问网站时，网站会记录和分析用户的行为并建立模型，将该模型与数据库中的产品进行匹配后，才能完成推荐过程。为了实现这个推荐过程，需要存储海量的用户访问信息，并基于大量数据的分析，推荐出与用户行为相符合的内容。

● **搜索引擎系统**：搜索引擎是非常常见的大数据系统，为了有效地完成互联网上数量巨大的信息的收集、分类和处理工作，搜索引擎系统大多基于集群架构，搜索引擎的发展历程为大数据研究积累了宝贵的经验。

9.4 云计算

在"互联网+"（"互联网+"即"互联网+各个传统行业"的简称，它利用信息通信技术和互联网平台，让互联网与传统行业深度融合，创造出新的发展业态）背景下，国内云计算市场迎来了快速发展期，呈现出巨大的发展潜力。同时，随着大数据、物联网、人工智能等新兴领域和传统行业的转型发展趋势的明朗，企业对云服务的需求日趋旺盛。

下面来了解云计算的定义与发展、云计算技术的特点，以及云计算的应用。

9.4.1 云计算的定义与发展

云计算是国家战略性新兴产业，是基于互联网服务的增加、使用和交付模式。云计算通常涉及通过互联网来提供动态易扩展且经常是虚拟化的资源，是传统计算机技术和网络技术发展相融合的产物。下面分别介绍云计算的定义和发展。

1. 云计算的定义

云计算技术是硬件技术和网络技术发展到一定阶段出现的新的技术模型，是对实现云计算模式所需的所有技术的总称。分布式计算技术、虚拟化技术、网络技术、服务器技术、数据中心技术、云计算平台技术、分布式存储技术等都属于云计算技术的范畴，同时云计算技术也包括新出现的Hadoop、HPCC、Storm、Spark等技术。云计算技术意味着计算能力也可作为一种商品通过互联网进行流通。

云计算技术中主要包括3种角色，分别为资源的整合运营者、资源的使用者和终端客户。资源的整合运营者负责资源的整合输出，资源的使用者负责将资源转变为满足客户需求的应用，而终端客户则是资源的最终消费者。

云计算技术作为一项应用范围广、对产业影响深的技术，正逐步向信息产业等各种产业渗透，产业的结构模式、技术模式和产品销售模式等都会随着云计算技术发生深刻的改变，进而影响人们的工作和生活。

2. 云计算的发展

2010年开始，云计算作为一个新的技术趋势得到了快速的发展。云计算的崛起无疑会改变IT产业，也将深刻改变人们的工作方式和公司经营的方式。云计算的发展基本可以分为4个阶段。

（1）理论完善阶段

1984年，Sun公司的联合创始人约翰·盖奇（John Gage）提出"网络就是计算机"的名言，用于描述分布式计算技术带来的新世界，今天的"云计算"正在将这一理念变成现实；1997年，南加州大学教授拉姆纳特·切拉帕（Ramnath Chellappa）提出"云计算"的第一个学术定义；1999年，马克·安德森（Marc Andreessen）创建了响云（LoudCloud），它是第一个商业化的基础设施即服务（Infrastructure as a Service，IaaS）平台；1999年3月，赛富时（Salesforce）成立，成为最早出现的云服务。

（2）准备阶段

IT企业、电信运营商、互联网企业等纷纷推出云服务，云服务形成。2008年10月，微软（Microsoft）公司发布其公共云计算平台——Windows Azure Platform，由此拉开了Microsoft的云计算大幕。2008年12月，高德纳（Gartner）公司披露十大数据中心突破性技术，虚拟化和云计算上榜。

（3）成长阶段

云服务功能日趋完善，种类日趋多样，传统企业也开始通过自身能力扩展、收购等模式，投入云服务之中。2009年4月，威睿（VMware）公司推出业界首款云操作系统VMware vSphere 4。2009年7月，中国的企业云计算平台诞生。其后不久，中国移动云计算平台"大云"计划启动。2010年1月，微软公司正式发布Microsoft Azure云平台服务。

（4）高速发展阶段

"云计算"行业市场通过深度竞争，逐渐形成主流平台产品和标准，其产品功能比较健全、市场格局相对稳定，云服务进入成熟阶段。2014年，阿里云启动"云合"计划；2015年，华为在北京正式对外宣布"企业云"战略；2016年，腾讯云战略升级，并宣布"云出海"计划等。

9.4.2　云计算技术的特点

传统计算模式向云计算模式的转变如同单台发电模式向集中供电模式的转变，云计算是将计算任务分布在由大量计算机构成的资源池中，使用户能够按需获取算力、存储空间和信息服务。与传统的资源提供方式相比，云计算主要具有以下8个特点。

●超大规模："云"具有超大的规模，谷歌云计算已经拥有100多万台服务器，亚马逊、IBM、微软等公司的"云"均拥有几十万台服务器。"云"能赋予用户前所未有的计算能力。

●高可扩展性：云计算是将资源高效地集约化使用。分散在不同计算机上的资源，其利用率非常低，通常会造成资源的极大浪费，而将资源集中起来后，资源的利用效率会大大地提升。而资源的集中化和资源需求的不断提高，也对资源池的可扩张性提出了要求，因此云计算系统必须具备优秀的资源扩张能力，才能方便新资源的加入，以及有效地应对不断增长的资源需求。

●按需服务：对于用户而言，云计算系统最大的好处是可以适应用户对资源不断变化的需求，云计算系统按需向用户提供资源，用户只需为自己实际消费的资源量进行付费，而不必自己购买和维护大量固定的硬件资源。这不仅为用户节约了成本，还可促使应用软件的开发者创造出更多有趣和实用的应用。同时，按需服务让用户在服务选择上具有更大的空间，通过交纳不同的费用来获取不同层次的服务。

●虚拟化：云计算技术利用软件来实现硬件资源的虚拟化管理、调度及应用，支持用户在任意位置、使用各种终端获取应用服务。通过"云"这个庞大的资源池，用户可以方便地使用网络资源、计算资源、数据库资源、硬件资源、存储资源等，大大降低了维护成本，提高了资源的利用率。

●通用性：云计算不针对特定的应用，在"云"的支撑下可以构造出千变万化的应用，同一个"云"可以同时支撑不同的应用运行。

●高可靠性：在云计算技术中，用户数据存储在服务器端，应用程序在服务器端运行，计算由服务器端处理，数据被复制到多个服务器节点上，当某一个结点任务失败时，即可在该结点进行终止，再启动另一个程序或节点，保证应用和计算的正常进行。

●低成本："云"的自动化集中式管理使大量企业无须负担日益高昂的数据中心管理成本，"云"的通用性使资源的利用率较之传统系统大幅提升，因此用户可以充分享受"云"的低成本优势。

●潜在的危险性：云计算服务除了提供计算服务外，还会提供存储服务。对于选择云计算服务的政府机构、商业机构而言，就存在数据（信息）被泄漏的危险，因此这些政府机构、商业机构（特别是像银行这样持有敏感数据的商业机构）在选择云计算服务时一定要保持足够的警惕。

9.4.3　云计算的应用

云计算有5个关键技术，分别是虚拟化技术、编程模式、海量数据分布存储技术、海量数据管理技术、云计算平台管理技术。随着云计算技术产品、解决方案的不断成熟，云计算技术的应用领域也在不断扩展，衍生出了云制造、教育云、环保云、物流云、云安全、云存储、云游戏、移动云计算等各种功能，对医药医疗领域、制造领域、金融与能源领域、电子政务领域、教育科研领域的影响巨大，为电子邮箱、数据存储、虚拟办公等方面也提供了非常大的便利。下面介绍3种常用的云计算应用。

1. 云安全

云安全是云计算技术的重要分支，广泛应用于反病毒领域。云安全技术可以通过网状的大量客户端对网络中软件的异常行为进行监测，获取互联网中木马和恶意程序的最新信息，自动分析和处理信息，并将解决方案发送到每一个客户端。

云安全融合了并行处理、网格计算、未知病毒行为判断等新兴技术和概念，理论上可以把病毒的传播范围控制在一定区域内，且整个云安全网络对病毒的上报和查杀速度非常快，在反病毒领域中意义重大。不过，云安全涉及的安全问题也非常广泛，对最终用户而言，云安全技术在用户身份安全、共享业务安全和用户数据安全等方面的问题需要格外关注。

● **用户身份安全**：用户登录到云端使用应用与服务，系统在确保使用者身份合法之后才为其提供服务，如果非法用户取得了用户身份，则会对合法用户的数据和业务产生危害。

● **共享业务安全**：云计算通过虚拟化技术实现资源共享调用，可以提高资源的利用率，但同时共享也会带来安全问题，云计算不仅需要保证用户资源间的隔离，还要针对虚拟机、虚拟交换机、虚拟存储等虚拟对象提供安全保护策略。

● **用户数据安全**：数据安全问题包括数据丢失、泄露、篡改等，因此必须采取复制、存储加密等有效的保护措施，确保数据的安全。此外，账户、服务和通信劫持，不安全的应用程序接口，操作错误等问题也会对云安全造成隐患。

云安全系统的建立并非轻而易举，要想保证系统正常运行，不仅需要海量的客户端、专业的反病毒技术和经验、大量的资金和技术投入，还必须提供开放的系统，让大量合作伙伴加入。

2. 云存储

云存储是一种新兴的网络存储技术，可将储存资源放到"云"上供用户存取。云存储通过集群应用、网络技术或分布式文件系统等功能将网络中大量不同类型的存储设备集合起来协同工作，共同对外提供数据存储和业务访问功能。通过云存储，用户可以在任何时间、任何地点，将任何可联网的装置连接到"云"上存取数据。

在使用云存储功能时，用户只需为实际使用的存储容量付费，不用额外安装物理存储设备，减少了IT和托管成本。同时，存储维护工作转移至服务提供商，在人力物力上也降低了成本。但云存储也反映了一些可能存在的问题，例如，如果用户在云存储中保存重要数据，则数据安全可能存在潜在隐患，其可靠性和可用性取决于广域网的可用性和服务提供商的预防措施等级。对于一些具有特定记录保留需求的用户，在选择云存储服务之前还需进一步了解和掌握云存储。

云盘也是一种以云计算为基础的网络存储技术，目前，各大互联网企业也在陆续开发自己的云盘，如百度网盘等。

3. 云游戏

云游戏是一种以云计算技术为基础的在线游戏技术，云游戏模式中的所有游戏都在服务器端运行，并通过网络将渲染后的游戏画面压缩传送给用户。

云游戏技术主要包括云端完成游戏运行与画面渲染的云计算技术，以及玩家终端与云端间的流媒体传输技术。对于游戏运营商而言，只需花费服务器升级的成本，不需要不断投入巨额的新主机研发费用；对于游戏用户而言，用户的游戏终端无须拥有强大的图形运算与数据处理能力等，只需拥有流媒体播放能力与获取玩家输入指令并发送给云端服务器的能力。

9.5 章节实训——计算机技术案例分析

本次实训通过查阅相关资料，或者在网络中搜索计算机新技术（如人工智能、物联网、大数据、云计算）应用的企业案例。通过该实训，一方面可巩固本章所学知识，另一方面可对计算机新技术的知识和应用进行更多的探索。

微课：计算机技术案例分析

要求如下。

（1）简要叙述企业概况。

（2）介绍企业应用计算机技术的最新产品，及该产品的功能和应用场景等。

（3）列举企业产品的应用实例。

⚠️ **提示**

首先可通过百度等搜索引擎，查找应用计算机新型技术的相关企业；然后进入企业的官方网站查找相关的信息并进行总结。用户也可以通过如"艾瑞网"等专业互联网数据资讯网站查找计算机新技术的应用案例。

思考·感悟

2G、3G、4G、5G，我国通信技术从跟跑到领跑，从模仿到创造，离不开工匠精神的磨砺。

课后练习

1. 什么是人工智能，人工智能可以分为几个等级？

2. 根据你的了解，列举出人工智能除了应用于在线客服、自动驾驶、智慧生活、智慧医疗，还被应用于哪些领域，并对其在该领域的具体应用进行说明，将结果填入表9-1中。

表 9-1 人工智能的应用领域

应用领域	应用说明

3. 谈谈你对5G和物联网的认识，5G与物联网有何关系？

4. 用流程图描述大数据处理的基本流程。

5. 人工智能、物联网、大数据与云计算未来的发展前景如何？

第 10 章
综合应用实训

本章将通过综合实训巩固前面所学知识和操作。实训分为Windows操作篇、WPS办公软件应用篇和工具与网络应用篇，内容包括安装操作系统、Windows 10基础操作、磁盘与系统维护，WPS文字、WPS表格和WPS演示的应用，计算机安全维护、网络应用与设置。

课堂学习目标

● 掌握安装操作系统、Windows 10基础操作和磁盘与系统维护的方法。

● 熟练掌握WPS文字、WPS表格和WPS演示的具体操作。

● 掌握计算机的日常安全维护以及浏览器与网络的常见设置。

10.1 Windows操作篇

Windows操作篇的实训内容包括安装操作系统、Windows 10基础操作和磁盘与系统维护这3个部分。下面分别进行具体的操作讲解。

综合应用实训一：安装操作系统

操作系统是计算机软件的核心，是计算机能正常运行的基础，没有操作系统，计算机将无法完成任何工作。操作系统的安装方式通常有两种——使用光盘安装和使用U盘安装。

● **使用光盘安装**：使用光盘安装就是购买正版的操作系统安装光盘，将其放入光驱，通过该安装光盘启动计算机，然后将光盘中的操作系统安装到计算机硬盘的系统分区中，这也是较常用的操作系统安装方式。图10-1所示为Windows 10的安装光盘。

● **使用U盘安装**：使用U盘安装是现在非常流行的操作系统安装方式。使用U盘安装操作系统，首先需要准备好U盘、

图10-1 Windows 10的安装光盘

U盘启动盘制作工具和系统安装文件（一般为系统映像文件）。然后使用U盘启动盘制作工具制作U盘启动盘，并使用U盘启动计算机引导安装系统。使用U盘安装Windows 10较简单，在微软官方网站下载系统安装文件即可完成。

下面介绍在计算机中使用U盘下载并安装Windows 10，其具体操作如下。

步骤1：在另外一台计算机中打开微软官方网站，进入Windows 10的下载网页，单击"立即下载工具"按钮，如图10-2所示。

步骤2：Windows操作系统的U盘安装程序下载完成后，双击运行该安装程序。

步骤3：打开"适用的声明和许可条款"界面，查看软件的许可条款，然后单击"接受"按钮，如图10-3所示。

微课：安装操作系统

图10-2　下载Windows 10媒体创建工具

图10-3　接受许可条款

步骤4：打开"你想执行什么操作？"界面，单击选中"为另一台电脑创建安装介质(U盘、DVD或ISO文件)"单选项，单击"下一步"按钮，如图10-4所示。

步骤5：打开"选择语音、体系结构和版本"界面，单击取消选中"对这台电脑使用推荐的选项"复选框，在"语言""版本""体系结构"下拉列表框中选择需要安装的操作系统设置，单击"下一步"按钮，如图10-5所示。

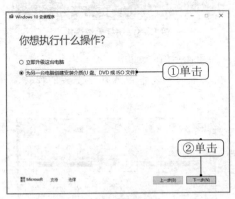

图10-4　选择操作

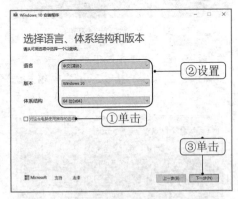

图10-5　设置操作系统

步骤6：打开"选择要使用的盘介质"界面，单击选中"U盘"单选项，单击"下一步"按钮，如图10-6所示。

步骤7：打开"选择U盘"界面，在下面的可移动驱动器栏中选择U盘对应的盘符，单击"下一步"按钮，如图10-7所示。

图10-6　选择启动盘介质

图10-7　选择U盘

步骤8： 启动软件开始从网上下载Windows 10的安装程序储存到U盘中，并将U盘创建为启动盘。完成后，在打开的窗口中显示U盘准备就绪。

步骤9： 将制作好启动和安装程序的U盘插入需要安装操作系统的计算机，启动计算机后将自动运行下载到其中的安装程序。这时将对U盘进行检测，屏幕中将显示安装程序正在加载安装需要的文件，如图10-8所示。

步骤10： 文件复制完成后将运行Windows 10的安装程序，打开"Windows安装程序"对话框，这里保持默认设置，单击"下一步"按钮，如图10-9所示。

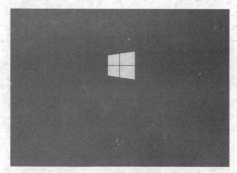
图10-8　载入光盘文件

图10-9　选择系统语言

步骤11： 在打开的界面中单击"现在安装"按钮，如图10-10所示。

步骤12： 打开"选择要安装的操作系统"界面，在其中的列表框中选择要安装的操作系统的版本，单击"下一步"按钮，如图10-11所示。

图10-10　开始安装

图10-11　选择操作系统

步骤13：打开"适用的声明和许可条款"界面，单击选中"我接受许可条款"复选框，单击"下一步"按钮，如图10-12所示。

步骤14：打开"你想执行哪种类型的安装？"界面，单击相应的选项，如图10-13所示。

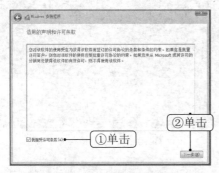

图10-12　接受许可条款

图10-13　选择安装类型

步骤15：在打开的"你想将Windows安装在哪里？"界面中选择安装Windows 10的磁盘分区，单击"下一步"按钮，如图10-14所示。

步骤16：打开"正在安装Windows"界面，显示复制Windows文件和准备要安装的文件的状态，并用百分比的形式显示安装的进度，如图10-15所示。

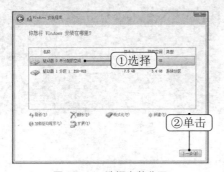

图10-14　选择安装分区

图10-15　正在安装

步骤17：在安装文件的过程中会要求重启计算机，约10秒后会自动重启，或者单击"立即重启"按钮可直接重新启动计算机，如图10-16所示。

步骤18：Windows 10将对系统进行设置，并进行设备准备，如图10-17所示。

图10-16　重启计算机

图10-17　准备设备

步骤19：准备完成并自动重启计算机，打开"让我们先从区域设置开始。"界面，选择默认的选项，单击"是"按钮，如图10-18所示。

步骤20：打开"这种键盘布局是否合适？"界面，选择一种输入法后，单击"是"按钮，如图10-19所示。

图10-18 设置区域

图10-19 设置输入法

步骤21：打开"是否想要添加第二种键盘布局？"界面，通常可以直接单击"跳过"按钮，如图10-20所示。

步骤22：打开"谁将会使用这台电脑？"界面，在文本框中输入账户名称，单击"下一步"按钮，如图10-21所示。

图10-20 继续设置输入法

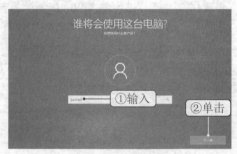

图10-21 设置账户

步骤23：打开"创建容易记住的密码"界面，在文本框中输入用户密码，单击"下一步"按钮，如图10-22所示。

步骤24：打开"确认你的密码"界面，在文本框中再次输入用户密码，单击"下一步"按钮，如图10-23所示。

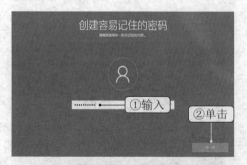

图10-22 设置密码

图10-23 确认密码

步骤25：打开"为此账户创建安全问题"界面，在下拉列表框中选择一个安全问题，在下面的文本框中输入安全问题的答案，单击"下一步"按钮，如图10-24所示。

步骤26：用同样的方法继续选择另外两个安全问题，然后分别输入安全问题的答案，单击"下一步"按钮。

步骤27：打开"在具有活动历史记录的设备上执行更多操作"界面，单击"是"按钮，如图10-25所示。

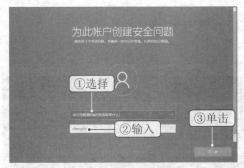

图 10-24　创建安全问题

图 10-25　发送活动记录

步骤28：打开"为你的设备选择隐私设置"界面，设置各种隐私选项，单击"接受"按钮，如图10-26所示。

步骤29：继续进行系统安装，安装完成后，将显示Windows 10的系统桌面，如图10-27所示。

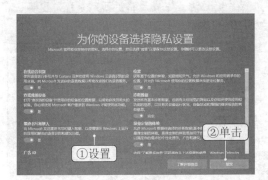

图 10-26　隐私设置

图 10-27　安装完成

步骤30：单击"开始"按钮，在打开菜单中的"此电脑"命令上单击鼠标右键，在弹出的快捷菜单中选择【更多】/【属性】命令，如图10-28所示。

步骤31：打开"系统"窗口，在"Windows激活"栏中单击"激活Windows"超链接，如图10-29所示。

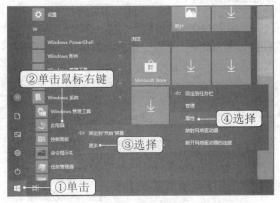

图 10-28　选择操作

图 10-29　激活Windows

步骤32：打开"激活"窗口，单击"更改产品密钥"超链接，如图10-30所示。

步骤33：打开"输入产品密钥"对话框，在"产品密钥"文本框中输入产品密钥，单击"下一步"按钮，如图10-31所示。

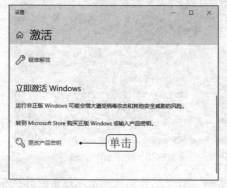

图10-30　更改产品密钥

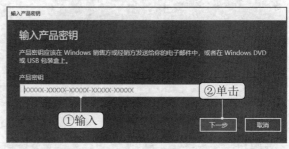

图10-31　输入产品密钥

步骤34：打开"激活Windows"对话框，单击"激活"按钮，如图10-32所示。

步骤35：Windows操作系统将连接到互联网中进行系统激活，完成后将返回"系统"窗口，在"Windows激活"栏中显示"Windows已激活"，如图10-33所示。

图10-32　确认激活操作

图10-33　完成操作系统激活

综合应用实训二：Windows 10 基础操作

在使用计算机的过程中，管理文件、文件夹、应用程序和硬件等资源是常见操作。本次实训的内容包括管理文件资源、管理应用程序、管理硬件设备3部分。下面分别进行具体的操作讲解。

1. 管理文件资源

下面在E盘新建"产品介绍.txt"和"公司员工考勤统计.xlsx"文件，然后创建"办公"文件夹和"表格""文档"子文件夹，最后进行移动、复制、重命名等操作，其具体操作如下。

步骤1：双击桌面上的"此电脑"图标，打开"此电脑"窗口，在"设备和驱动器"栏中，双击"本地磁盘(E:)"图标，打开"本地磁盘(E:)"窗口。

步骤2：在窗口的空白处单击鼠标右键，在弹出的快捷菜单中选择【新建】/【文本文档】命令，如图10-34所示。

微课：管理
文件资源

步骤3：新建一个名为"新建文本文档.txt"的文件，且文件名呈可编辑状态，输入"产品介绍"，然后单击空白处或按【Enter】键完成文件命名。

步骤4：在窗口的空白处单击鼠标右键，在弹出的快捷菜单中选择【新建】/【XLSX 工作表】命令，新建一个Excel文件，输入文件名"公司员工考勤统计"，按【Enter】键完成文件命名。

步骤5：在窗口的空白处单击鼠标右键，在弹出的快捷菜单中选择【新建】/【文件夹】命令，新建一个文件夹，且文件夹名称呈可编辑状态，输入"办公"，按【Enter】键完成文件夹的新建，效果如图10-35所示。

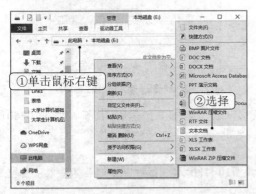

图 10-34　新建文本文档

图 10-35　新建文件、文件夹的效果

步骤6：双击新建的"办公"文件夹，打开"办公"窗口，新建"表格"和"文档"文件夹。

步骤7：在"办公"窗口的地址栏中单击"本地磁盘(E:)"，返回"本地磁盘(E:)"窗口。

步骤8：按住【Ctrl】键并选择"产品介绍.txt"和"公司员工考勤统计.xlsx"文件，按住鼠标左键不放拖动至"办公"文件夹图标上，复制粘贴文件，如图10-36所示。

步骤9：双击"办公"文件夹图标，打开该文件夹，单击两次"产品介绍.txt"文件的文件名称，文件名称呈可编辑状态，如图10-37所示，输入"公司简介"文本，按【Enter】键完成文件重命名。

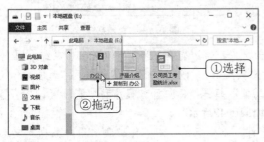

图 10-36　复制粘贴文件

图 10-37　重命名文件

步骤10：选择重命名后的"公司简介.txt"文件，拖动至"文档"文件夹图标上，移动文件。使用相同方法，将"公司员工考勤统计.xlsx"文件移至"表格"文件夹中。

2．管理应用程序

准备好软件的安装程序后，便可以开始安装软件，安装后的软件将会显示在"开始"菜单中的"所有程序"列表框中，部分软件还会自动在桌面上创建快捷方式图标。下面先在计算机中安装"搜狗五笔输入法"，然后卸载"网易云音乐"，其具体操作如下。

微课：管理应用程序

步骤1：使用Microsoft Edge浏览器下载搜狗五笔输入法的安装程序，打开安装程序所在的文件夹，找到并双击"sogou_wubi_31a.exe"文件。

步骤2：打开"搜狗五笔输入法3.1正式版安装"对话框，单击"下一步"按钮，如图10-38所示。

步骤3：打开"许可证协议"界面，单击"我接受"按钮，如图10-39所示。

图10-38　进入安装向导

图10-39　接受许可证协议

步骤4：打开"选择安装位置"界面，保持默认设置，单击"下一步"按钮，如图10-40所示。如果想要更改软件的安装路径，可单击"浏览"按钮，在打开的"浏览文件夹"对话框中自定义搜狗五笔输入法的安装位置。

步骤5：在打开的界面中单击"安装"按钮，如图10-41所示。稍后，搜狗五笔输入法将被成功安装到Windows 10中。

图10-40　保持默认安装路径

图10-41　安装软件

步骤6：双击桌面上的"控制面板"图标，或者在"开始"菜单中选择【Windows 系统】/【控制面板】命令，打开"控制面板"窗口，在"查看方式"下拉列表框中选择"大图标"选项。

步骤7：在大图标视图模式下，单击"程序和功能"超链接，打开"程序和功能"窗口，选择"网易云音乐"选项，单击"卸载/更改"按钮，如图10-42所示。

步骤8：在打开的对话框中提示是否卸载该软件，单击取消选中"保留我的用户数据"复选框，然后单击"确定"按钮卸载软件，如图10-43所示。

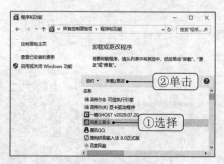

图10-42　卸载软件

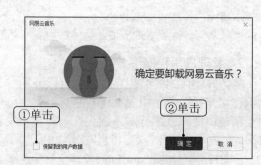

图10-43　确认卸载软件

3. 管理硬件设备

常用的外部硬件设备通常可分为即插即用型和非即插即用型两种。一般不需要手动安装驱动程序，可以直接连接到计算机中使用的硬件设备称为即插即用型硬件，如鼠标、键盘以及U盘和移动硬盘等。

微课：管理
硬件设备

非即插即用型硬件是指连接到计算机后，需要用户自行安装与之配套的驱动程序的计算机硬件设备，如打印机、扫描仪等。

下面先安装Lenovo M7216NWA型号打印机，连接打印机后安装打印机的驱动程序，最后设置明基MP625P投影仪，其具体操作如下。

步骤1：不同的打印机有不同类型的接口，常见的接口有USB、LPT和COM，可参见打印机的使用说明书。将数据线的一端插入计算机主机机箱后面相应的插口中，再将另一端与打印机背面接口相连，然后接通打印机的电源。

步骤2：在"此电脑"窗口中，找到下载的打印机驱动程序，双击运行打印机驱动程序，打开"Macromedia Flash Player 8"对话框，选择打印机型号，如图10-44所示。

步骤3：在打开的对话框中单击"安装程序"按钮，打开"安装软件"界面，其中提供了几种安装方式，这里选择"安装多功能套装软件"选项，如图10-45所示。

图10-44　选择打印机型号

图10-45　选择安装方式

步骤4：打开"Lenovo打印设备安装"对话框，单击选中"本地连接（USB）"单选项，如果安装的是网络打印机，则选择其他两种连接方式，然后单击"下一步"按钮，如图10-46所示。

步骤5：开始安装打印机驱动程序，并显示安装进度，如图10-47所示。稍等片刻后，将提示打印机驱动程序安装和配置成功的信息。

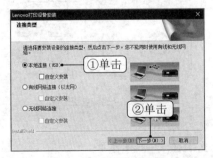

图10-46　选择连接类型

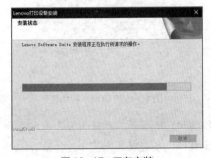

图10-47　正在安装

步骤6：关闭所有设备，连接信号源至投影仪。将电源线插入投影仪和电源插座，如图10-48所示，打开电源插座开关，接通电源后，检查投影仪上的电源指示灯是否亮起。

步骤7：取下镜头盖，如图10-49所示，如果镜头盖一直保持关闭，可能会因为投影灯泡产生的热量而变形。

步骤8：按投影仪或遥控器上的【Power】键启动投影仪，如图10-50所示。当投影仪电源打开时，电源指示灯会先闪烁，然后常亮绿灯。启动过程约需30秒。启动后稍等片刻，将显示启动标志。

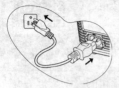

图10-48　接通电源

图10-49　取下镜头盖

图10-50　启动投影仪

步骤9：如果是初次使用投影仪，需按照屏幕上的说明选择语言，如图10-51所示。

步骤10：接通所有连接的设备，然后投影仪开始搜索输入信号。屏幕左上角显示当前扫描的输入信号。如果投影仪未检测到有效信号，屏幕上将一直显示"无信号"信息，直至检测到输入信号。

步骤11：也可手动浏览选择可用的输入信号，按投影机或遥控器上的【Source】键，显示信号源选择栏，按方向键选择所需信号，然后按【Mode/Enter】键，如图10-52所示。

图10-51　选择语言

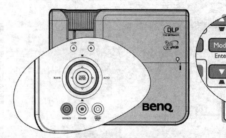
图10-52　设置输入信号

步骤12：按"快速装拆"按钮并将投影仪的前部抬高，图像调整好之后，释放"快速装拆"按钮，以将支脚锁定。旋转后调节支脚，对水平角度进行微调，如图10-53所示。若要收回支脚，可抬起投影仪并按"快速装拆"按钮，然后慢慢将投影仪向下压，接着反方向旋转并调节支脚。

步骤13：按投影仪或遥控器上的【Auto】键，在3秒内，内置的智能自动调整功能将重新调整频率和脉冲值，以提供最佳图像质量，如图10-54所示。

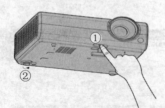
图10-53　微调水平角度

图10-54　自动调整图像

步骤14：使用变焦环将投影图像调整至所需的尺寸。

步骤15：旋动调焦圈使图像聚焦，就可以使用投影仪播放视频和图像了。

▌综合应用实训三：磁盘与系统维护

用户在计算机中安装操作系统后，需要时常对磁盘和系统进行维护。本次实训依次进行清理磁盘、整理磁盘碎片、检查磁盘、设置虚拟内存和管理自启动程序等磁盘与系统维护的基本操作，其具体操作如下。

步骤1：在"开始"菜单中选择【Windows管理工具】/【磁盘清理】命令，打开"磁盘清理：驱动器选择"对话框。

步骤2：在对话框中选择需要进行清理的C盘，单击"确定"按钮，打开"(C:)的磁盘清理"对话框，在"要删除的文件"列表框中单击选中需删除文件对应的复选框，单击"确定"按钮，如图10-55所示。

微课：磁盘与系统维护

步骤3：打开确认对话框，单击"删除文件"按钮，如图10-56所示。

图10-55 选择需删除的文件

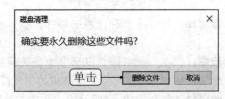

图10-56 确认删除

步骤4：在"开始"菜单中选择【Windows管理工具】/【碎片整理和优化驱动器】命令，打开"优化驱动器"对话框。

步骤5：选择要整理的G盘，单击"分析"按钮，如图10-57所示。开始对所选的磁盘进行分析，分析结束后，单击"优化"按钮，开始对所选的磁盘进行碎片整理，如图10-58所示。

步骤6：使用相同方法，对其他盘进行碎片整理。

图10-57 分析G盘

图10-58 整理G盘磁盘碎片

步骤7：在桌面上双击"此电脑"图标，打开"此电脑"窗口，在需检查的磁盘E上单击鼠标右键，在弹出的快捷菜单中选择"属性"命令。

步骤8：打开"本地磁盘(E:)属性"对话框，单击"工具"选项卡，单击"查错"栏中的"检查"按钮，如图10-59所示。

步骤9：打开"错误检查((本地磁盘(E:))"对话框，选择"扫描驱动器"选项，如图10-60所示，程序将开始自动检查磁盘逻辑错误。

图 10-59　启动检查功能　　　　　　　　　　　　图 10-60　扫描驱动器

步骤10：扫描结束后，系统将打开提示框提示已成功扫描，单击"关闭"按钮完成磁盘检查操作。

步骤11：在"此电脑"图标上单击鼠标右键，在弹出的快捷菜单中选择"属性"命令，打开"系统"窗口，单击左侧导航窗格中的"高级系统设置"超链接。

步骤12：打开图10-61所示的"系统属性"对话框，单击"高级"选项卡，单击"性能"栏中的"设置"按钮。

步骤13：打开图10-62所示的"性能选项"对话框，单击"高级"选项卡，单击"虚拟内存"栏中的"更改"按钮。

步骤14：打开"虚拟内存"对话框，单击取消选中"自动管理所有驱动器的分页文件大小"复选框，在"每个驱动器的分页文件大小"栏中选择"C:"。单击选中"自定义大小"单选项，在"初始大小"文本框中输入"1000"，在"最大值"文本框中输入"5000"，依次单击"设置"按钮和"确定"按钮，如图10-63所示。

图 10-61　"系统属性"对话框　　图 10-62　"性能选项"对话框　　图 10-63　设置C盘虚拟内存

步骤15：在桌面任务栏中单击鼠标右键，在弹出的快捷菜单中选择"任务管理器"命令，打开"任务管理器"对话框。

步骤16：单击"启动"选项卡，在列表框中选择不需要开机启动的软件，单击"禁用"按钮，禁用程序开机自启动，如图10-64所示。

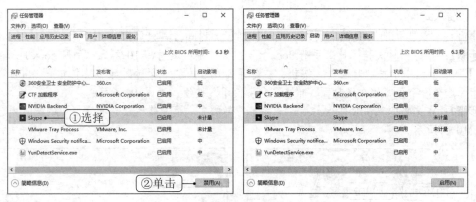

图10-64　设置开机时不自动启动的程序

10.2 WPS办公软件应用篇

本篇将使用WPS文字编排"员工手册"文档、使用WPS表格制作"日常费用统计表"表格、使用WPS演示制作"入职培训"演示文稿。下面分别进行具体的操作讲解。

综合应用实训一：使用 WPS 文字编排"员工手册"文档

员工手册是员工的行动指南，它起到展示企业形象、传播企业文化的功能。不同公司员工手册的内容可能不相同，但总体说来员工手册包含手册前言、公司简介、手册总则、培训开发、任职聘用、考核晋升、员工薪酬、员工福利、工作时间、行政管理等内容。

本次实训将使用WPS文字编排"员工手册"文档，涉及插入封面、应用并修改样式、插入分页符、插入并编辑图片、设置页眉与页脚、添加目录等方面的操作。"员工手册"文档完成后的效果如图10-65所示（配套资源：效果\第10章\员工手册.docx）。下面进行具体的操作讲解。

微课：使用WPS文字编排"员工手册"文档

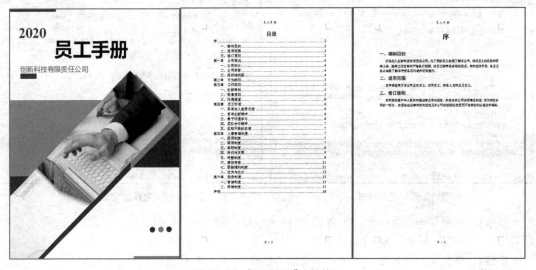

图10-65　"员工手册"文档效果

1．插入封面

下面在"员工手册"文档中插入"项目计划"类封面，其具体操作如下。

步骤1：打开素材文档"员工手册.docx"（配套资源：素材\第10章\员工手册.docx），在【插入】/【页面】组中单击"封面页"按钮，在打开列表框的"推荐封面页"栏中单击"项目计划"选项卡，选择一个免费的在线封面，单击"免费使用"按钮，如图10-66所示。

步骤2：在文档的第一页插入封面，删除不需要的文本框，修改其余文本框中的文本内容，效果如图10-67所示。

图10-66　插入封面　　　　　　　　　　图10-67　封面效果

2．应用并修改样式

下面在"员工手册.docx"文档中应用"标题1"样式、"标题2"样式，然后修改"标题2"的样式，其具体操作如下。

步骤1：选择正文第一行"序"文本，或将鼠标指针定位到该行，在【开始】/【样式】组的列表框中选择"标题1"样式，如图10-68所示。

步骤2：用相同的方法在文档中为每一章的章标题、"声明"文本应用"标题1"样式，效果如图10-69所示。

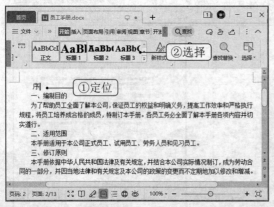
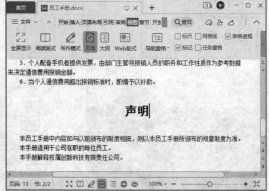

图10-68　应用样式　　　　　　　　　　图10-69　为其他文本应用样式

步骤3：使用相同方法，为"标题1"下的子标题，如"一、编制目的""二、适用范围"等标题应用"标题2"样式，如图10-70所示。

步骤4：将鼠标指针定位到任意一个使用"标题2"样式的段落中，系统自动选择"样式"组列表框中的"标题2"选项，在该样式选项上单击鼠标右键，在弹出的快捷菜单中选择"修改样式"命令，如图10-71所示。

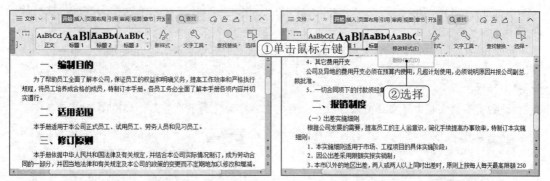

图10-70 应用"标题2"样式　　　　　　图10-71 选择"修改样式"命令

步骤5：打开"修改样式"对话框，在"格式"栏中选择字体为"黑体"，字号为"小三"，取消加粗，单击"格式"按钮，在打开的列表框中选择"段落"，如图10-72所示。

步骤6：打开"段落"对话框，在"缩进"栏的"特殊格式"下拉列表框中选择"(无)"选项，单击"确定"按钮，如图10-73所示。

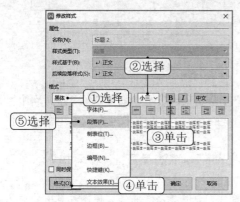

图10-72 修改样式

图10-73 设置段落

步骤7：返回"修改样式"对话框，单击"确定"按钮。返回文档，可看到文档中应用相同样式的文本的格式已发生改变，如图10-74所示。

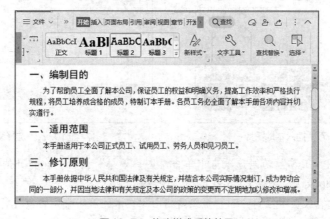

图10-74 修改样式后的效果

3. 插入分页符

下面在"员工手册.docx"文档中插入分页符，将"序"及其文本单独作为一页，其具体操作如下。

步骤1： 在文档中将文本插入点定位到需要设置新页的起始位置，这里定位到"第一章"文本前，然后在"插入"功能选项卡中单击"分页"按钮，在打开的列表框中选择"分页符"选项，如图10-75所示。

步骤2： 返回文档中可看到插入分页符后正文内容自动跳到下页显示，如图10-76所示。

图10-75　插入分页符　　　　　　　　　　　图10-76　分页效果

4. 插入并编辑图片

下面在"员工手册.docx"文档中插入并编辑图片，其具体操作如下。

步骤1： 在文档中将文本插入点定位到"二、公司宗旨"文本的上一个空白段落行中，在【插入】/【插图】组中单击"图片"按钮下方的下拉按钮，在打开的列表框中单击"本地图片"按钮，如图10-77所示。

步骤2： 打开"插入图片"对话框，选择"公司图片.png"（配套资源：素材\第10章\公司图片.png），单击"打开"按钮，如图10-78所示。

步骤3： 选择插入的图片，在"开始"功能选项卡中单击"居中对齐"按钮，使图片居中显示。

图10-77　插入本地图片　　　　　　　　　　图10-78　选择图片

步骤4： 在"图片工具"功能选项卡中单击"图片效果"按钮，在打开的列表框中选择【发光】/【暗海洋绿，8pt发光，着色1】选项，如图10-79所示。

步骤5： 将文本插入点定位到"三、组织结构图"文本的下一个空白段落行中，插入"组织结构图.png"（配套资源：素材\第10章\组织结构图.png），如图10-80所示。

图10-79 设置发光效果

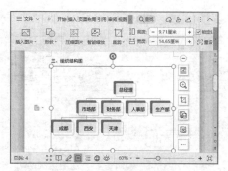

图10-80 插入组织结构图

步骤6：在"图片工具"功能选项卡中单击"裁剪"按钮，将鼠标指针移到图片上方中间的编辑点上，向下拖动鼠标指针裁剪图片，如图10-81所示。

步骤7：将鼠标指针移到图片下方中间的编辑点上，向上拖动鼠标指针裁剪图片。完成图片裁剪后，适当调整图片的大小并将其设置为居中对齐，效果如图10-82所示。

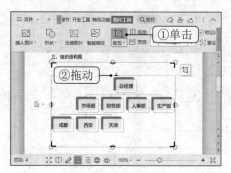

图10-81 裁剪图片

图10-82 编辑图片后的效果

5. 设置页眉与页脚

下面在"员工手册.docx"文档中插入页眉与页脚，其具体操作如下。

步骤1：在页眉区双击，进入页眉页脚编辑状态，在页眉文本框中输入"员工手册"，并将字体格式设置为华文行楷、小四、居中对齐，如图10-83所示。

步骤2：在"页眉和页脚"功能选项卡中单击"页眉页脚切换"按钮，如图10-84所示。

图10-83 编辑页眉

图10-84 切换页眉和页脚位置

步骤3：跳转到页脚区，单击页脚文本框上方的"插入页码"按钮，在打开列表框的"样式"下拉列表框中选择"第1页"选项，在"位置"栏中选择"居中"选项，单击选中"整篇文档"单选项，单击"确定"按钮，如图10-85所示。插入页码后的效果如图10-86所示。

步骤4：在文档编辑区中双击，退出页眉页脚编辑状态。

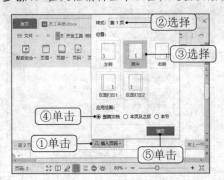

图10-85 设置页码

图10-86 插入页码后的效果

6. 添加目录

下面在"员工手册.docx"文档中添加目录，其具体操作如下。

步骤1： 将文本插入点定位到"序"文本前，在"引用"功能选项卡中单击"目录"按钮，在打开的列表框中选择"自定义目录"。

步骤2： 打开"目录"对话框，在"制表符前导符"下拉列表框中选择"⋯⋯⋯"选项，在"显示级别"数值框中输入"2"，单击"确定"按钮，如图10-87所示。

步骤3： 返回文档编辑区，可看到插入目录后的效果，在目录的第一行文字前加入一个空行，然后输入"目录"文本，设置其字体格式为黑体、小二、居中显示，效果如图10-88所示。

步骤4： 按【Ctrl+S】组合键保存文档，完成本例操作。

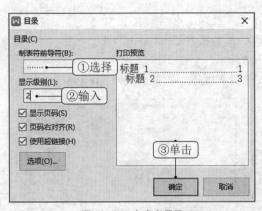

图10-87 自定义目录

图10-88 目录效果

综合应用实训二：使用 WPS 表格制作"日常费用统计表"表格

日常费用统计表是公司管理中使用非常频繁的表格类型之一，用于记录日常办公费用的支出项目和经费等。小型公司一般统计公司整体的日常费用，而大中型公司一般以部门或工作组为单位统计办公费用支出。

本次实训将使用WPS表格制作"日常费用统计表.xlsx",录入数据后,使用图表分析各项费用支出比例。本实训主要涉及创建工作簿、输入数据、设置单元格格式、数据排序与分类汇总、插入与设置图表等方面的操作。制作完成后的"日常费用统计表"表格的最终效果如图10-89所示(配套资源:效果\第10章\日常费用统计表.xlsx)。下面进行具体的操作讲解。

微课:使用WPS表格制作"日常费用统计表"表格

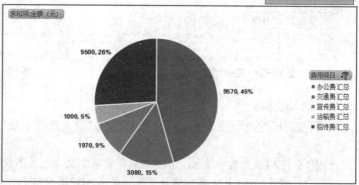

图10-89 "日常费用记录表"表格效果

1. 创建工作簿

下面新建"日常费用统计表.xlsx"工作簿,并将默认的"Sheet1"工作表重命名为"日常费用记录",其具体操作如下。

步骤1:启动WPS Office 2019,单击"新建"按钮,进入WPS Office 2019的工作界面,在上方选择"表格"选项,切换至WPS表格工作界面,在"推荐模板"中选择"新建空白文档"选项,新建名为"工作簿1"的空白表格。

步骤2:按【Ctrl+S】组合键,打开"另存文件"对话框,在"位置"栏中选择保存路径,在"文件名"下拉列表框中输入"日常费用统计表.xlsx"文本,单击"保存"按钮,如图10-90所示。

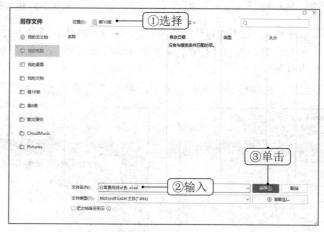

图10-90 保存工作簿

步骤3:在"Sheet1"工作表标签上单击鼠标右键,在弹出的快捷菜单中选择"重命名"命令,如图10-91所示。

步骤4：工作表标签进入可编辑状态，输入"日常费用记录"文本，按【Enter】键完成重命名操作，效果如图10-92所示。

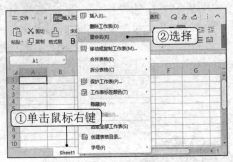

图10-91　选择"重命名"命令

图10-92　重命名工作表的效果

2. 输入数据

下面在"日常费用统计表.xlsx"工作簿的"日常费用记录"工作表中输入数据，其具体操作如下。

步骤1：在A1单元格中输入"日常费用记录表"文本，如图10-93所示。

步骤2：按【Enter】键确认输入，然后在A2:D2单元格区域输入"日期""费用项目""说明""金额（元）"文本，如图10-94所示。

图10-93　输入标题

图10-94　输入表头

步骤3：在A3单元格中输入"2020/11/3"文本。选择A3单元格，将鼠标指针移到单元格的右下角，当鼠标指针变为 ✛ 形状时，按住【Ctrl】键向下拖动鼠标指针，如图10-95所示，至A17单元格后释放鼠标，填充相同数据。

步骤4：选择A5单元格，在编辑框中将日期末尾的数字"3"修改为"6"，如图10-96所示。

图10-95　填充数据

图10-96　修改数据

步骤5： 使用相同的方法，完成其他日期数据的修改，修改数据后的效果如图10-97所示。

步骤6： 继续在B3:D17单元格区域中输入与"费用项目""说明""金额（元）"对应的数据，如图10-98所示，完成所有数据的输入（配套资源：素材\第10章\日常费用统计.xlsx）。

图10-97 完成数据修改后的效果

图10-98 输入其他数据

3. 设置单元格格式

下面在"日常费用统计表.xlsx"工作簿中，进行合并单元格、设置数据字体格式、调整行高和列宽、设置底纹和边框、设置数字格式等操作，具体操作如下。

步骤1： 选择A1:D1单元格区域，在"开始"功能选项卡中单击"合并居中"按钮下方的下拉按钮，在打开的列表框中选择"合并居中"选项，如图10-99所示。

步骤2： 合并单元格后，在"开始"功能选项卡中将单元格中的字体格式设置为方正大黑简体、18。

步骤3： 选择A2:D17单元格区域，在"开始"功能选项卡中单击"水平居中"按钮，设置数据水平居中，效果如图10-100所示。

图10-99 合并单元格

图10-100 设置字体与对齐后的效果

步骤4： 在"开始"功能选项卡中单击"行和列"按钮，在打开的列表框中选择"最适合的列宽"选项，如图10-101所示。

步骤5： 再次单击"行和列"按钮，在打开的列表框中选择"行高"选项。打开"行高"对话框，在"行高"数值框中输入"15"，单击"确定"按钮，如图10-102所示。

图10-101 调整列宽

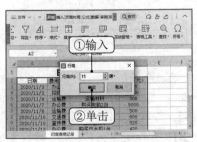

图10-102 设置行高

步骤6：选择A2:D17单元格区域，单击鼠标右键，在弹出的快捷菜单中选择"设置单元格格式"命令。

步骤7：打开"单元格格式"对话框，单击"边框"选项卡，在"线条"栏中选择"━━━"样式选项，在"预置"栏中单击"外边框"按钮；在"线条"栏中选择"━━━"样式选项，在"预置"栏中单击"内部"按钮，单击"确定"按钮，如图10-103所示。

步骤8：选择A2:D2单元格区域，在"开始"功能选项卡中单击"填充颜色"按钮右侧的下拉按钮，在打开的列表框中选择"黑色,文本1,浅色50%"选项，如图10-104所示。

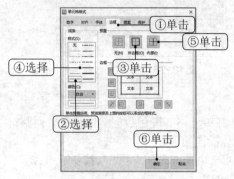

图 10-103 设置边框

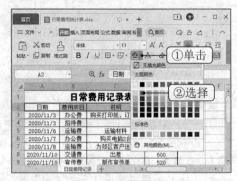

图 10-104 设置底纹

步骤9：保持A2:D2单元格区域的选择状态，将字体颜色设置为"白色，背景1"，并加粗显示。

步骤10：选择D3:D17单元格区域，单击鼠标右键，在弹出的快捷菜单中选择"设置单元格格式"命令。

步骤11：打开"单元格格式"对话框，单击"数字"选项卡，在"分类"列表框中选择"货币"选项，在"货币符号"下拉列表框中选择"¥"选项，在"小数位数"数值框中输入"1"，单击"确定"按钮，如图10-105所示。

步骤12：返回表格，可查看到设置数字格式后的效果，如图10-106所示。

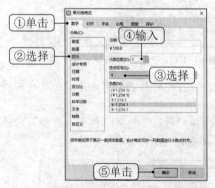

图 10-105 设置数字格式

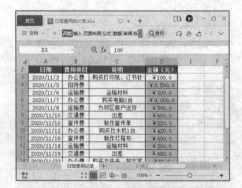

图 10-106 设置数字格式后的效果

4. 数据排序

下面在"日常费用统计表.xlsx"工作簿中按"费用项目"与"金额（元）"2个关键字进行降序排列，其具体操作如下。

步骤1：选择B3单元格，在"数据"功能选项卡中单击"排序"→"自定义排序"按钮，打开"排序"对话框。

步骤2：在"主要关键字"下拉列表框中选择"费用项目"选项，在"次序"下拉列表框中选择"升序"选项；单击"添加条件"按钮，在"次要关键字"下拉列表框中选择"金额（元）"选项，在"次序"下拉列表框中选择"升序"选项，单击"确定"按钮，如图10-107所示。

步骤3：返回工作表中可看到首先以"费用项目"列的数据按升序排列，然后在费用项升序排列的基础上，再按"金额"数据升序排列，如图10-108所示。

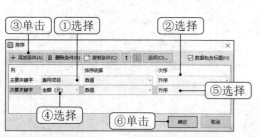

图10-107 应用样式

图10-108 排序效果

5. 数据分类汇总

下面在"日常费用统计表.xlsx"工作簿中根据"费用项目"数据进行分类汇总，其具体操作如下。

步骤1：选择A2:D17单元格区域，然后单击"数据"功能选项卡，在"分级显示"组中单击"分类汇总"按钮。

步骤2：在打开的"分类汇总"对话框的"分类字段"下拉列表框中选择"费用项目"选项，在"汇总方式"下拉列表框中选择"求和"选项，在"选定汇总项"列表框中单击选中"金额（元）"复选框，然后单击"确定"按钮，如图10-109所示。

步骤3：返回工作表中可看到分类汇总后相同"费用项目"列的数据的"金额"已经进行求和，其结果显示在相应的项目数据下方，如图10-110所示。

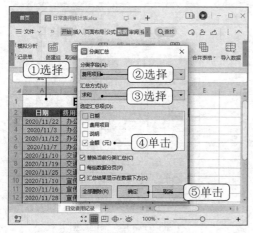

图10-109 设置数据分类汇总

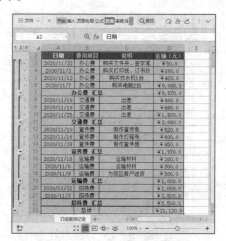

图10-110 数据分类汇总的效果

6. 创建与设置数据透视图

下面在"日常费用统计表.xlsx"工作簿中，首先根据分类汇总数据创建数据透视图，添加"费用项目"和"金额"两个字段，并在创建的数据透视图中筛选费用项目，只显示金额汇总项；然后将图表类型更改为饼图，并添加数据标签，其具体操作如下。

　　步骤1：选择A2:D22单元格区域，在"插入"功能选项卡中单击"数据透视图"按钮，如图10-111所示。

　　步骤2：打开"创建数据透视图"对话框，单击选中"新工作表"单选项，单击"确定"按钮，如图10-112所示。

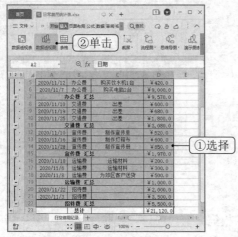

图10-111　选择数据区域

图10-112　创建数据透视图

　　步骤3：创建空白的数据透视图后，在"分析"功能选项卡中单击"字段列表"按钮。

　　步骤4：打开"数据透视图"窗格，在"字段列表"列表框中单击选中"费用项目"和"金额（元）"复选框，如图10-113所示。

　　步骤5：关闭"数据透视图"窗格，在数据透视图中单击"费用项目"按钮，在打开的列表框中单击"办公费""交通费""宣传费""运输费""招待费"复选框，将其取消选中，单击"确定"按钮，如图10-114所示。

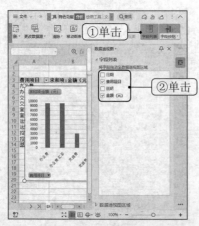

图10-113　添加字段

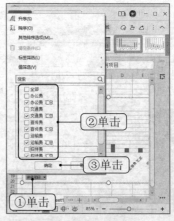

图10-114　筛选数据

　　步骤6：选择数据透视图，在"图表工具"功能选项卡中单击"更改类型"按钮，打开"更改图表类型"对话框，在左侧选择"饼图"选项，在右侧选择"饼图"选项，单击"插入"按钮，如图10-115所示。

　　步骤7：在"图表工具"功能选项卡中单击"样式"列表框右侧的下拉按钮，在打开的列表框中选择"样式0"选项,如图10-116所示。

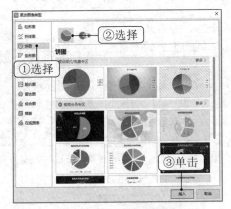

图10-115 更改图表类型

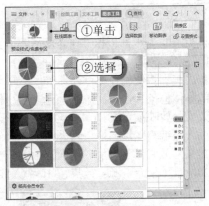

图10-116 设置图表样式

步骤8: 在"图表工具"功能选项卡中单击"添加元素"按钮,在打开的列表框中选择【数据标签】/【数据标签外】,如图10-117所示。

步骤9: 在添加的数据标签上单击鼠标右键,在弹出的快捷菜单中选择"设置数据标签格式"命令。

步骤10: 打开"属性"窗格,在"标签包括"栏中单击选中"百分比"复选框,如图10-118所示。

图10-117 添加数据标签

图10-118 显示数据标签百分比

步骤11: 关闭"属性"窗格,保持数据标签的选择状态,将其字体设置为"方正大黑简体",然后适当调整数据透视图的大小和位置。最后将"Sheet2"工作表重命名为"透视图",如图10-119所示,完成后按【Ctrl+S】组合键保存工作簿。

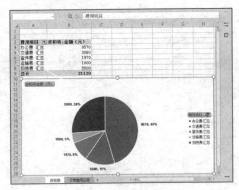

图10-119 数据透视图效果

综合应用实训三：使用 WPS 演示制作"入职培训"演示文稿

入职培训主要用于公司新进职员的工作态度、思想修养等方面培训，以端正员工的工作思想和工作态度，不同公司对员工培训的重点和内容有所不同。

微课：使用WPS演示制作"入职培训"演示文稿

本次实训将使用WPS演示制作"入职培训"演示文稿，首先搭建演示文稿的整体框架，再依次录入演示文稿所需内容，最后设置幻灯片对象的动画效果并放映演示文稿。本实训主要涉及应用设计方案、输入与设置文本、插入与编辑图片、插入智能图形、绘制与编辑形状、设置动画、设置切换效果、放映演示文稿等方面的操作。制作完成后的"入职培训"演示文稿的最终效果如图10-120所示（配套资源：效果\第10章\入职培训.pptx）。下面进行具体的操作讲解。

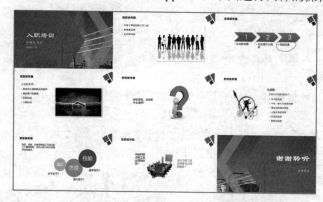

图10-120 "入职培训"演示文稿效果

1. 应用设计方案

下面在"入职培训"演示文稿中应用"职业培训"设计方案，其具体操作如下。

步骤1：启动WPS Office 2019，单击"新建"按钮，进入WPS Office 2019的工作界面，在上方选择"演示"选项，切换至WPS演示工作界面，在"推荐模板"中选择"新建空白文档"选项，新建名为"演示文稿1"的空白演示文稿。

步骤2：按【Ctrl+S】组合键，打开"另存文件"对话框，在"位置"栏中选择保存路径，在"文件名"下拉列表框中输入"入职培训.pptx"，单击"保存"按钮。

步骤3：在"设计"功能选项卡中的"设计方案"列表框中单击"更多设计"按钮，如图10-121所示。

图10-121 单击"更多设计"按钮

　　步骤4： 在打开的对话框中单击"在线设计方案"选项卡，在右侧面板上方单击"免费专区"超链接，在"快速找到"栏中单击"更多"超链接，在打开列表框的"场景"栏中选择"教育培训"选项，单击"确定"按钮，如图10-122所示。

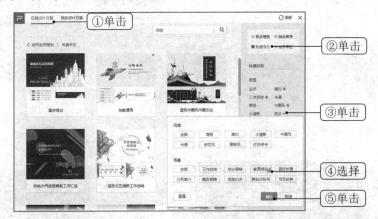

图10-122　筛选设计方案

　　步骤5： 在打开的页面中浏览设计方案，将鼠标指针移到所需设计方案缩略图上方，单击"应用风格"按钮，如图10-123所示。

图10-123　选择设计方案

　　步骤6： 应用设计方案的效果如图10-124所示。

图10-124　应用设计方案的效果

2. 输入与设置文本

下面在"入职培训"演示文稿的标题幻灯片中输入文本并进行设置，其具体操作如下。

步骤1：将文本插入点定位到标题文本框，输入"入职培训"文本，然后在副标题文本框中输入文本"演讲者：老洪"文本，在第一个"编辑文本"文本框中输入"2020.7.15"文本，如图10-125所示。

步骤2：选择最下方的"编辑文本"文本框，按【Delete】键删除，然后在"开始"功能选项卡中将标题文本字体格式设置为隶书、66，副标题文本字体格式设置为华文行楷、28，日期文本的字体格式设置为微软雅黑、20，效果如图10-126所示。

图10-125　输入文本

图10-126　设置文本字体后的效果

3. 插入与编辑图片

下面在"入职培训"演示文稿中执行新建幻灯片的操作，然后在幻灯片中插入并编辑图片，其具体操作如下。

步骤1：选择第1张幻灯片，在"插入"功能选项卡中单击"新建幻灯片"按钮下方的下拉按钮，在打开的列表框中选择"两栏内容"选项，新建"两栏内容"版式幻灯片，如图10-127所示。

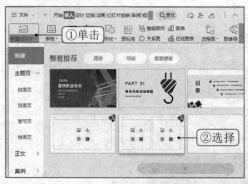

图10-127　新建"两栏内容"版式幻灯片

步骤2：在标题文本框中输入标题，在左侧的正文文本占位符中输入文本，字号设置为"20"，在右侧的占位符中单击"插入图片"按钮，如图10-128所示，或在"插入"功能选项卡中单击"图片"按钮。

步骤3：在打开的"插入图片"对话框中选择素材文件夹中的"1.jpg"图片（配套资源：素材\第10章\入职培训\1.jpg），单击"打开"按钮，如图10-129所示。

图10-128 输入文本并使用占位符插入图片　　　　　　　图10-129 插入图片

步骤4： 插入图片后，将鼠标指针移动到图片右下角的控制点上，按住【Ctrl】键，按住鼠标左键不放向右下角拖动鼠标指针，等比调整图片大小，如图10-130所示。

步骤5： 将鼠标指针移到图片中间位置，按住鼠标左键不放拖动鼠标指针适当调整图片的位置，如图10-131所示。

图10-130 调整图片大小　　　　　　　　　　　　图10-131 移动图片位置

步骤6： 然后向下调整左侧占位符的位置，效果如图10-132所示。

步骤7： 选择幻灯片中的图片，在"图片工具"功能选项卡中单击"图片效果"按钮，在打开的列表框中选择【阴影】/【右下斜偏移】选项，如图10-133所示。

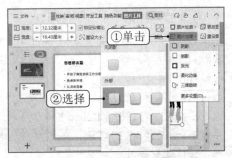

图6-132 调整占位符的位置　　　　　　　　　　图10-133 设置图片样式

步骤8： 选择第2张幻灯片，依次按【Ctrl+C】组合键和【Ctrl+V】组合键，在其后面复制一张相同的幻灯片。

步骤9： 选择第3张幻灯片，修改左侧占位符中的文本，然后在上方绘制一个横向文本框，在其中输入"企业的本质："文本，字体格式设置为微软雅黑（正文）、24、蓝色，如图10-134所示。

步骤10：选择右侧的图片，在"图片工具"功能选项卡中单击"更改图片"按钮，在打开的"更改图片"对话框中选择"2.jpg"图片（配套资源：素材\第10章\入职培训\2.jpg），单击"打开"按钮，更改图片后的效果如图10-135所示。

图10-134 设置文本

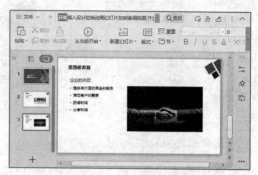
图10-135 更改图片后的效果

步骤11：新建"两栏内容"版式幻灯片，将内容占位符删除，在左侧绘制文本框并输入文本，字体格式设置为微软雅黑（正文）、24、蓝色、加粗，然后在右侧插入并设置"3.bmp"图片（配套资源：素材\第10章\入职培训\3.bmp），效果如图10-136所示。

步骤12：使用编辑文本和插入图片的方法，完成第5张幻灯片的制作，效果如图10-137所示。

图10-136 第4张幻灯片的效果

图10-137 第5张幻灯片的效果

4. 插入智能图形

下面在"入职培训"演示文稿中插入并编辑智能图形，其具体操作如下。

步骤1：选择第2张幻灯片，依次按【Ctrl+C】组合键和【Ctrl+V】组合键，在其后面复制一张相同的幻灯片。

步骤2：选择第3张幻灯片，拖动鼠标指针框选除标题外的正文内容，按【Delete】键删除，然后再选择正文占位符，按【Delete】键删除。

步骤3：选择第3张幻灯片，在"插入"功能选项卡中单击"智能图形"按钮，在打开的下拉列表框中选择"智能图形"。

步骤4：在打开的"选择智能图形"对话框中单击"流程"选项卡，在中间的列表框中选择"基本V形流程"选项，然后单击"插入"按钮，如图10-138所示。

步骤5：将文本插入点定位至智能图形的左侧第一个形状中，输入"1"。

步骤6：在"设计"功能选项卡中单击"添加项目符号"按钮，在形状下方添加项目符号，输入"企业的本质"，如图10-139所示。

步骤7：利用相同方法，在其他形状中输入文本，然后插入项目符号，输入文本后设置字号为

"24"，效果如图10-140所示。

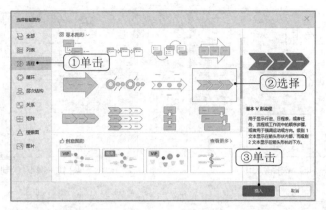

图10-138　插入智能图形

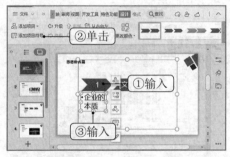

图10-139　添加项目符号并输入文本

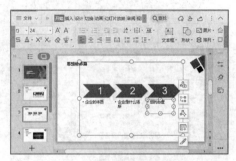

图10-140　编辑文本后的效果

步骤8：选择智能图形，在"设计"功能选项卡中单击"更改颜色"按钮，在打开的列表框的"彩色"栏中选择第1个选项，如图10-141所示。

步骤9：在"设计"功能选项卡中的"智能图形样式"列表框中选择最后1个选项，如图10-142所示。

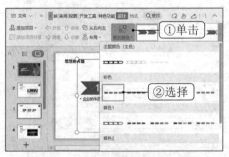

图10-141　更改智能图形的颜色

图10-142　更改智能图形的样式

5. 绘制与编辑形状

下面在"入职培训"演示文稿中绘制并编辑图形，其具体操作如下。

步骤1：选择第6张幻灯片，复制并粘贴幻灯片，删除标题外的内容，然后在左上方插入文本框并输入文本，设置字体格式为思源黑体、20。

步骤2：在"插入"功能选项卡中单击"形状"按钮，在打开的列表框的"基本形状"栏中选择"椭圆"形状，如图10-143所示，按住【Shift】键，在幻灯片编辑区的右下方绘制一个圆形，如

图10-144所示。

图10-143　选择形状

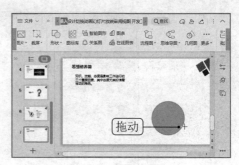

图10-144　绘制圆形

步骤3： 在"绘图工具"功能选项卡中单击"填充"按钮右侧的下拉按钮，在打开的列表框中选择"标准色"栏中的"浅蓝"选项，如图10-145所示。单击"轮廓"按钮右侧的下拉按钮，在打开的列表框中选择"无线条颜色"选项，如图10-146所示。

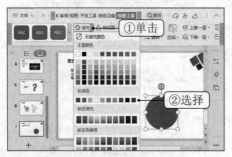

图10-145　设置形状填充颜色

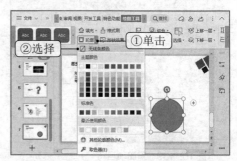

图10-146　取消形状轮廓颜色

步骤4： 在圆形上单击鼠标右键，在弹出的快捷菜单中选择"编辑文字"命令，然后在其中输入"态度"，将字体格式设置为华文楷体、48，如图10-147所示。

图10-147　输入文字

步骤5： 复制两个圆形，将其分别调整到合适的位置和大小，分别设置填充色为"浅绿"和"深红"，再对圆形中的文本进行修改，然后在圆形下方绘制3个文本框，并在其中输入相应的文本，效果如图10-148所示。

步骤6： 使用插入文本和图片的方法制作第8张幻灯片，效果如图10-149所示。

步骤7： 选择第8张幻灯片，在"幻灯片"窗格中单击"新建幻灯片"按钮，在打开的列表框中选择"片尾"版式幻灯片，如图10-150所示。

步骤8： 在新建的幻灯片的副标题文本框中输入"创新科技"，然后将标题文本和副标题文本的字体分别设置为"隶书""华文行楷",效果如图10-151所示。

图10-148 绘制和编辑其他圆形

图10-149 第8张幻灯片的效果

图10-150 新建片尾幻灯片

图10-151 片尾幻灯片效果

6. 设置动画

下面在"入职培训"演示文稿中通过"自定义动画"窗格为幻灯片中的文本、图片等对象添加动画效果,其具体操作如下。

步骤1: 选择第1张幻灯片中的所有占位符,在"动画"功能选项卡中单击"自定义动画"按钮,打开"自定义动画"窗格,如图10-152所示。

步骤2: 单击"添加效果"按钮,在打开的列表框中选择"进入"栏中的"缓慢进入"选项,如图10-153所示。

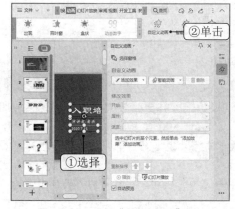

图10-152 打开"自定义动画"窗格

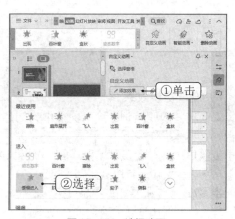

图10-153 选择动画

步骤3：为占位符添加动画效果后，在"速度"下拉列表框中选择"慢速"选项，如图10-154所示。

步骤4：选择第2张幻灯片，选择左侧的两个占位符，为其添加"飞入"动画，并将动画播放速度修改为"快速"，如图10-155所示。

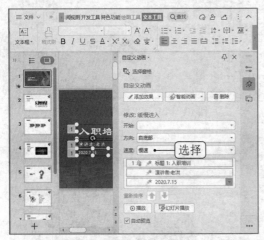 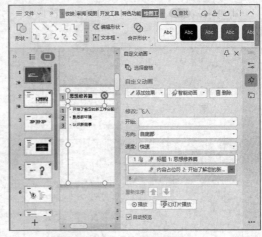

图10-154　修改动画播放速度　　　　　　　　图10-155　设置动画（1）

步骤5：选择第2张幻灯片右侧的图片，为其添加"擦除"动画，在"开始"下拉列表框中选择"之后"选项，在"方向"下拉列表框中选择"自左侧"选项，如图10-156所示。

步骤6：按照设置动画的方法为其他对象设置动画。

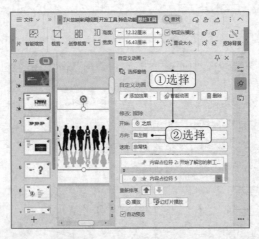

图10-156　设置动画（2）

7. 设置切换效果

下面在"入职培训"演示文稿中为幻灯片添加切换效果，并更改效果选项，为其添加切换声音，其具体操作如下。

步骤1：选择第1张幻灯片，在"切换"功能选项卡的"切换方案"下拉列表框中选择"百叶窗"选项，如图10-157所示。

步骤2：为该张幻灯片添加切换效果后，单击"效果选项"按钮，在打开的列表框中选择"垂直"选项，如图10-158所示。

步骤3：在"声音"下拉列表框中选择"照相机"选项，如图10-159所示。

步骤4：单击"应用到全部"按钮，如图10-160所示。

图10-157　选择切换效果

图10-158　更改效果选项

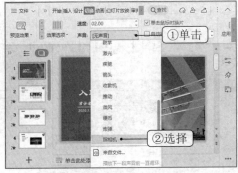

图10-159　设置切换声音

图10-160　应用到全部幻灯片

8. 放映演示文稿

下面将从头开始放映"入职培训"演示文稿，并在放映过程中手动定位幻灯片，添加注释标记，其具体操作如下。

步骤1：在"幻灯片放映"功能选项卡中单击"设置放映方式"按钮下方的下拉按钮，在打开的列表框中选择"设置放映方式"选项，如图10-161所示。

步骤2：打开"设置放映方式"对话框，在"放映类型"栏中单击选中"演讲者放映(全屏幕)"单选项；在"放映选项"栏中的"绘图笔颜色"下拉列表框中选择"深红"选项；在"换片方式"栏中单击选中"手动"单选项；单击"确定"按钮，如图10-162所示。

图10-161　执行"设置放映方式"

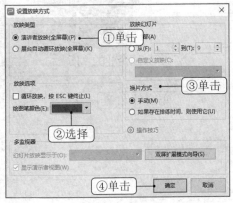

图10-162　设置放映方式

步骤3：按【F5】键从第1张幻灯片开始放映，单击鼠标查看动画效果，如图10-163所示。

图 10-163　放映演示文稿查看动画效果

步骤4：动画播放完后，单击鼠标右键，在弹出的快捷菜单中选择【定位】/【按标题】命令，再在弹出的子菜单中选择第3张幻灯片对应的命令，如图10-164所示。

图 10-164　定位幻灯片

步骤5：第3张幻灯片内容播放完成后，单击鼠标右键，在弹出的快捷菜单中选择【指针选项】/【水彩笔】命令，如图10-165所示。

图 10-165　选择"水彩笔"

步骤6：拖动鼠标指针在"您的态度"文本周围绘制注释标记，如图10-166所示。

图 10-166　绘制注释标记

步骤7：再次单击鼠标右键，在弹出的快捷菜单中选择【指针选项】/【箭头】命令，退出注释状态。然后继续放映幻灯片。

步骤8：放映至最后一张幻灯片，按【Esc】键，在打开的对话框中单击"保留"按钮，保留添加的注释标记，如图10-167所示。退出放映后，按【Ctrl+S】组合键保存演示文稿。

图 10-167　保留注释标记

10.3 工具与网络应用篇

本篇将进行计算机安全维护和网络应用与设置的操作。下面分别进行具体讲解。

综合应用实训一：计算机安全维护

网络带给用户一个广阔的空间，可是另一方面，网络也让计算机面临被攻击和被病毒感染的风险。因此，用户在享用网络带来的便捷的同时也需要让计算机不受病毒的侵害，做好计算机的安全维护工作。

本次实训将具体讲解使用360杀毒、360安全卫士和一键Ghost等软件对计算机安全进行维护，主要涉及查杀病毒并过滤弹窗、清理系统、查杀木马、优化加速、开启系统防火墙、备份系统等方面的操作。

微课：计算机
安全维护

1．查杀病毒并过滤弹窗

下面使用360杀毒软件查杀病毒并开启自动查杀功能，然后过滤弹窗，其具体操作如下。

步骤1：启动360杀毒软件，在其主界面单击"快速扫描"按钮，如图10-168所示。

步骤2：开始扫描指定位置的文件，将疑似病毒的文件和对系统有威胁的文件显示在打开的界面中，如图10-169所示。

图10-168　快速扫描　　　　　　　　　　　　　　　图10-169　扫描文件

步骤3：扫描完成后，单击选中要清理的文件前的复选框，单击"立即处理"按钮，如图10-170所示，在打开的提示对话框中单击"确认"按钮确认清理文件。清理完成后，打开的对话框提示本次扫描和清理文件的结果，并提示需要重新启动计算机，单击"立即重启"按钮。

图10-170　清理文件

步骤4：在360杀毒软件的主界面右上角单击"设置"超链接，打开"360杀毒-设置"对话框。

步骤5：单击"病毒扫描设置"选项卡，在"定时查毒"栏中单击选中"启用定时杀毒"复选框；在"扫描类型"下拉列表框中选择"快速扫描"选项；单击选中"每周"单选项，将扫描时间设置为"每周、周日、22:00"，单击"确定"按钮，如图10-171所示。

步骤6：单击"实时防护设置"选项卡，在"发现病毒时的处理方式"栏中单击选中"发现病毒后通知我，由我来选择处理方式"单选项，单击"确定"按钮，如图10-172所示。

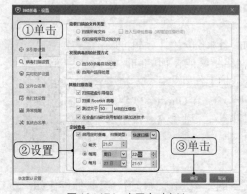 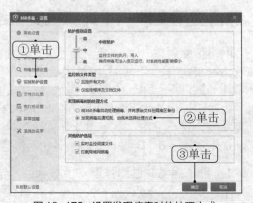

图10-171　启用定时查杀　　　　　　　　　　　　　　图10-172　设置发现病毒时的处理方式

步骤7： 单击360杀毒软件主界面底部的"弹窗过滤"按钮，在打开的界面中单击"添加弹窗"按钮。打开"360弹窗过滤器"对话框，单击选中弹窗对应的复选框，单击"确认过滤"按钮，如图10-173所示。

图10-173　过滤弹窗

2. 清理系统

下面使用360安全卫士进行垃圾清理、插件清理、注册表清理等系统清理操作，其具体操作如下。

步骤1： 启动360安全卫士，在其主界面单击"电脑清理"选项卡，然后单击"单项清理"按钮，在打开的列表框中选择"清理垃圾"选项，如图10-174所示。

步骤2： 扫描系统垃圾后，单击"一键清理"按钮，如图10-175所示。

图10-174　选择"清理垃圾"选项

图10-175　清理垃圾

步骤3： 清理系统垃圾后，单击"完成"按钮，返回"电脑清理"界面，再次单击"单项清理"按钮，在打开的列表框中选择"清理插件"选项。

步骤4： 扫描完成后，将鼠标指针移到"可选清理插件"选项上，单击"详情"按钮，在打开的对话框中单击选中需要清理插件对应的复选框，然后单击"清理"按钮，如图10-176所示。

步骤5： 清理插件后，在扫描界面中单击"返回"超链接，返回"电脑清理"界面，单击"单项清理"按钮，在打开的列表框中选择"清理注册表"选项。

步骤6： 开始扫描注册表，扫描完成后，单击"一键清理"按钮，如图10-177所示。

图 10-176　清理插件

3. 查杀木马

下面使用360安全卫士查杀木马，其具体操作如下。

步骤1：启动360安全卫士，单击"木马查杀"选项卡，然后单击"按位置查杀"按钮。

步骤2：打开"360木马查杀"对话框，在"扫描区域位置"栏中单击选中查杀位置对应的复选框，单击"开始扫描"按钮，如图10-178所示。

图 10-177　清理注册表

步骤3：开始扫描木马，单击选中"扫描完成后自动关机(自动清除木马)"复选框，如图10-179所示。

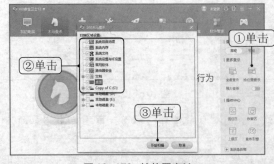

图 10-178　按位置查杀

图 10-179　设置扫描完成后自动关机（自动清除木马）

4. 优化加速

360安全卫士主要从"开机加速""软件加速""系统加速""网络加速""硬盘加速"等方面进行加速优化，其具体操作如下。

256

步骤1：启动360安全卫士，在其主界面单击"优化加速"选项卡，然后单击"单项加速"按钮，在打开的列表框中选择"开机加速"选项，如图10-180所示。

步骤2：扫描开机加速项后，根据需要单击选中开机自启动选项对应的复选框，单击"立即优化"按钮，如图10-181所示。

图10-180 选择"开机加速"选项

图10-181 开机加速

步骤3：开机加速优化后，单击"返回"超链接，返回"优化加速"界面，单击"单项加速"按钮，在打开的列表框中选择"软件加速"选项。

步骤4：扫描完成后，将根据需要单击选中软件加速选项对应的复选框，单击"立即优化"按钮，如图10-182所示。

步骤5：软件加速后，利用相同方法进行"系统加速""网络加速""硬盘加速"。图10-183所示为进行系统加速优化的页面。

图10-182 软件加速

图10-183 系统加速

5. 开启系统防火墙

防火墙是协助用户确保信息安全的硬件或者软件，使用防火墙可以过滤掉不安全的网络访问服务，提高上网安全性。Windows 10提供了防火墙功能，用户应将其开启。下面启用Windows 10的防火墙，其具体操作如下。

步骤1：在桌面上双击"控制面板"图标，打开"控制面板"窗口，切换至"大图标"视图模式，在其中单击"Windows Defender防火墙"超链接，如图10-184所示。

步骤2：打开"Windows Defender防火墙"窗口，单击"启用或关闭Windows Defender防火墙"超链接，如图10-185所示。

步骤3：打开"自定义设置"窗口，在"专用网络设置"和"公用网络设置"栏中单击选中"启用Windows Defender防火墙"单选项和"Windows Defender防火墙阻止新应用时通知我"复选框，单击"确定"按钮，如图10-186所示。

图 10-184　单击"Windows Defender
防火墙"超链接

图 10-185　单击"启用或关闭 Windows Defender
防火墙"超链接

图 10-186　开启防护墙

6. 备份系统

下面将使用一键Ghost备份经过病毒查杀、木马查杀、系统清理的系统，并在备份前转移个人文件，其具体操作如下。

步骤1：在桌面双击"一键Ghost"快捷方式图标，或在"开始"菜单中选择【一键Ghost】/【一键Ghost】命令，启动一键Ghost。

步骤2：在一键Ghost软件主界面的菜单栏中，选择【工具】/【个人文件转移】命令，如图10-187所示。

步骤3：打开"个人文件转移工具v1.8"对话框，首先单击选中需要转移的个人文件对应的复选框，然后在"目标文件夹"栏中设置文件的转移位置，单击"转移"按钮，如图10-188所示。在打开的提示对话框中单击"确定"按钮，确认转移文件。

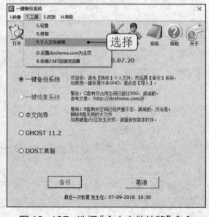

图 10-187　选择"个人文件转移"命令

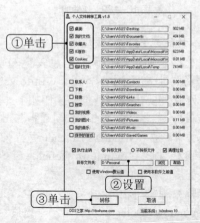

图 10-188　转移文件

步骤4：完成文件转移后，在一键Ghost软件主界面选中"一键备份系统"单选项，单击"备份"按钮，备份系统。

综合应用实训二：网络应用与设置

在信息社会，掌握常见的网络应用与设置是人们必备的现代化办公技能之一。需要注意的是，计算机网络不等同于因特网，因特网是一种使用最为广泛的计算机网络。但是普通用户提到计算机网络一般是指因特网。

微课：网络应用
与设置

本次实训将具体讲解网络应用与设置，主要涉及设置无线路由器、连接无线网络、设置网络位置、配置IP地址、开启网络共享、Microsoft Edge浏览器应用与设置、文件传输等方面的操作。

1. 设置无线路由器

用户想要组建无线局域网，使用无线网络，需要学会设置无线路由器。下面进行无线路由器的设置，其具体操作如下。

步骤1：在连接因特网的计算机中启动Microsoft Edge浏览器，在地址栏中输入路由器地址"192.168.1.1"，按【Enter】键登录路由器设置界面。

步骤2：选择"设置向导"选项，打开"设置向导"界面后，单击"下一步"按钮，如图10-189所示。

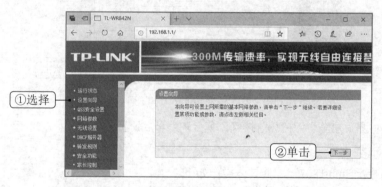

图10-189 进入设置向导

步骤3：打开"设置向导-上网方式"界面，保持默认设置，单击"下一步"按钮，如图10-190所示。

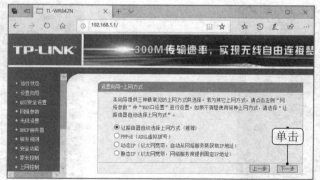

图10-190 选择上网方式

步骤4：打开"设置向导-PPPoE"界面，在"上网账号"文本框中输入宽带账号用户名，在

"上网口令"和"确认口令"文本框中输入密码，单击"下一步"按钮，如图10-191所示。

图10-191　输入宽带账号用户名和密码

步骤5：打开"设置向导-无线设置"界面，在"SSID"文本框中输入无线网络的名称，如"tpm1867"，在"PSK密码"文本框中输入无线网络的密码，单击"下一步"按钮，如图10-192所示。

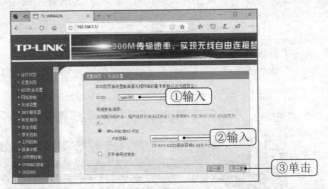

图10-192　设置无线网络的名称和密码

步骤6：在打开的界面中单击"完成"按钮，重启路由器后设置生效。

2．连接无线网络

下面连接无线网络"tpm1867"，其具体操作如下。

步骤1：在任务栏的通知区域单击网络图标，在打开的面板中选择"tpm1867"选项，单击选中"自动连接"复选框，单击"连接"按钮，如图10-193所示。

步骤2：在打开的界面中输入无线网络的密码，单击"下一步"按钮，如图10-194所示。

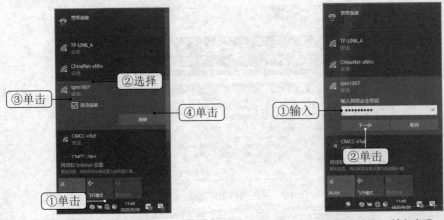

图10-193　连接无线网络　　　　　　　图10-194　输入密码

3. 设置网络位置

下面将"tpm1867"的网络位置设置为"专用"方案，其具体操作如下。

步骤1： 在任务栏的通知区域中单击网络图标，在打开的面板中单击"网络和Internet设置"超链接，打开"设置"窗口，单击"更改连接属性"超链接，如图10-195所示。

步骤2： 在打开界面的"网络配置文件"栏中单击选中"专用"单选项，如图10-196所示。

图10-195　单击"更改连接属性"超链接

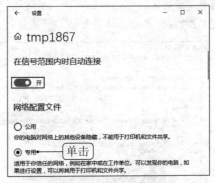

图10-196　设置"专用"网络

4. 配置IP地址

下面在计算机中配置IP地址，其具体操作如下。

步骤1： 在控制面板中单击"网络和共享中心"超链接，打开"网络和共享中心"窗口，在"查看活动网络"栏中单击无线网络的超链接。打开"WLAN状态"对话框，单击"属性"按钮。

步骤2： 打开"WLAN属性"对话框，在"此连接使用下列项目"列表框中双击"Internet协议版本4（TCP/IPv4）"选项，如图10-197所示。

步骤3： 打开"Internet协议版本4（TCP/IPv4）属性"对话框，单击选中"使用下面的IP地址"单选项，输入IP地址，单击"确定"按钮，如图10-198所示。

图10-197　双击协议属性选项

图10-198　设置IP地址

5. 开启网络共享

下面在计算机中开启网络共享功能，其具体操作如下。

步骤1：在控制面板中单击"网络和共享中心"超链接，打开"网络和共享中心"窗口，在左侧单击"更改高级共享设置"超链接。

步骤2：打开"高级共享设置"窗口，单击"专用（当前配置文件）"选项，在展开的界面中单击选中"启用网络发现"单选项，单击选中"启用文件和打印机共享"单选项，如图10-199所示。

步骤3：单击"来宾或公用"选项，在展开的界面中单击选中"启用网络发现"单选项，单击选中"启用文件和打印机共享"单选项，如图10-200所示。

步骤4：单击"保存更改"按钮。

图10-199 开启专用网络的共享功能

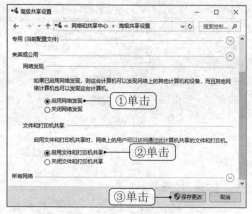
图10-200 开启公用网络的共享功能

6. Microsoft Edge 浏览器应用与设置

下面讲解Microsoft Edge浏览器应用与设置，包含浏览网页、设置主页、保存网页中的资料、下载资源、使用历史记录、使用收藏夹、使用流媒体和网上求职等功能。

（1）浏览网页

下面使用Microsoft Edge浏览器打开网易的官网首页，然后进入"旅游"专题，查看其中的内容，其具体操作如下。

步骤1：单击任务栏上的Microsoft Edge图标启动浏览器，在地址栏中输入网易的官网网址，如图10-201所示，按【Enter】键，打开该网页。

步骤2：网页中有很多目录索引，当鼠标指针移动到"旅游"超链接上时，变为 🖑 形状，单击，如图10-202所示。

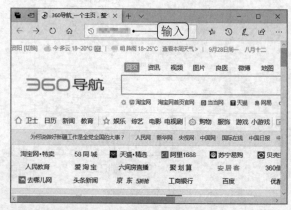
图10-201 打开网页

图10-202 单击"旅游"超链接

步骤3：打开旅游专题，滚动鼠标滚轮上下移动网页，找到感兴趣的内容的超链接，再次单击，打开的网页中将显示其具体内容，如图10-203所示。

图10-203　浏览具体内容

（2）设置主页

启动Microsoft Edge浏览器后默认打开的网页称为主页，用户可对其进行修改，其具体操作如下。

步骤1：在Microsoft Edge浏览器的工具栏中单击"设置及其他"按钮，在打开的列表框中选择"设置"选项，如图10-204所示。

步骤2：打开"常规"面板，在"自定义"栏的"Microsoft Edge打开方式"下拉列表框中选择"特定页"选项，并在其下方的文本框中输入设置主页的网页地址，然后在其右侧单击"保存"按钮，如图10-205所示。

图10-204　选择"设置"选项　　　　　　　　　图10-205　设置主页

（3）保存网页中的资料

Microsoft Edge浏览器为用户提供了信息保存功能，当用户浏览的网页中有自己需要的内容时，可将其长期保存在计算机中，以备使用。

下面在打开的网页中将所需文本内容复制到WPS文档中保存，然后将所需图片保存到计算机中，其具体操作如下。

步骤1：在打开的网页中选择需要保存的文字，在被选择的文字区域中单击鼠标右键，在弹出的快捷菜单中选择"复制"命令或按【Ctrl+C】组合键，如图10-206所示。

步骤2： 启动WPS Office 2019，进入WPS文字工作界面，新建空白文档（或打开已有文档），在"开始"功能选项卡中单击"粘贴"按钮下方的下拉按钮，在打开的列表框中选择"只粘贴文本"选项，把网页中复制的文字无格式粘贴到WPS文档中，如图10-207所示。

图10-206 复制文本　　　　　　　　　　　　图10-207 无格式粘贴

步骤3： 执行保存操作，保存文档。

步骤4： 在需要保存的图片上单击鼠标右键，在弹出的快捷菜单中选择"将图片另存为"命令，如图10-208所示。

步骤5： 打开"另存为"对话框，设置图片保存路径和文件名后，单击"保存"按钮，如图10-209所示。

图10-208 另存图片　　　　　　　　　　　　图10-209 设置保存

（4）下载资源

Microsoft Edge浏览器集成了下载功能，用户即使不使用专门的下载工具也可完成网络文件、程序等的下载。下面将"搜狗拼音输入法"下载到计算机中，同时，设置Microsoft Edge浏览器默认下载文件的保存位置，其具体操作如下。

步骤1： 打开搜狗输入法官方网站，单击"立即下载"按钮，在浏览器的下方将打开提示框，在其中单击"保存"按钮右侧的下拉按钮，在打开的列表框中选择"另存为"选项，如图10-210所示。

步骤2： 打开"另存为"对话框，设置文件的保存位置，保持默认文件名，单击"保存"按钮，如图10-211所示。

图10-210　另存文件

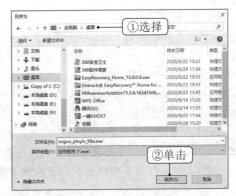

图10-211　设置保存位置

步骤3：开始下载"搜狗拼音输入法"，下载完成后，单击"运行"按钮，可直接运行程序安装软件。单击"打开文件夹"按钮，如图10-212所示，则可打开下载文件的保存位置查看文件，如图10-213所示。

图10-212　打开文件夹

图10-213　查看下载的文件

步骤4：在Microsoft Edge浏览器的工具栏中单击"设置及其他"按钮，在打开的列表框中选择"设置"选项。

步骤5：打开"常规"面板，在"下载"栏中单击"更改"按钮，如图10-214所示。

步骤6：打开"选择文件夹"对话框，打开保存下载文件的文件夹，单击"选择文件夹"按钮，如图10-215所示。

图10-214　更改下载保存位置

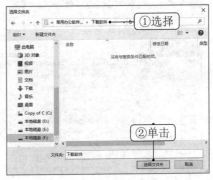

图10-215　设置下载文件的保存位置

（5）使用历史记录

用户使用Microsoft Edge浏览器查看过的网页，将被记录在Microsoft Edge浏览器中，当需要再次打开该网页时，可通过历史记录找到该网页并打开。下面使用历史记录查看浏览过的网页并打开该网页，其具体操作如下。

步骤1： 在Microsoft Edge浏览器的工具栏中单击"历史记录"按钮，或者单击"设置及其他"按钮，在打开的列表框中选择"历史记录"选项。

步骤2： 打开"历史记录"面板，网页浏览的历史记录将以日期列表集合呈现，选择"过去1小时"选项，在展开的子列表框中列出过去1小时内查看的所有网页，如图10-216所示。

步骤3： 单击网页的超链接，即可在网页浏览窗口中显示该网页的内容。

图10-216　查看历史记录

（6）使用收藏夹

可以将需要经常浏览的网页添加到收藏夹中，以便快速打开。下面将"京东"网页添加到收藏夹的"购物"文件夹中，其具体操作如下。

步骤1： 在Microsoft Edge浏览器的地址栏中输入京东的网址，按【Enter】键打开该网页，在工具栏中单击"收藏夹"按钮。

步骤2： 打开"收藏夹"面板，单击上方的"创建新的文件夹"按钮，在新建文件夹的文本框中输入"购物"文本，如图10-217所示。

步骤3： 在地址栏中单击"添加到收藏夹或阅读列表"按钮，在打开面板的"保存位置"下拉列表框中选择"购物"选项，单击"添加"按钮，如图10-218所示。即可将京东网页收藏到新建的文件夹中。

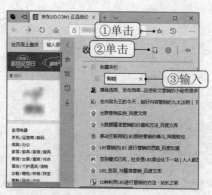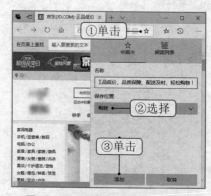

图10-217　创建收藏文件夹　　　　　图10-218　添加网页到收藏文件夹

（7）使用流媒体

现在很多网站提供了在线播放音频/视频的服务，如优酷、腾讯和爱奇艺等。它们的使用方法基本相同，但每个网站中保存的音频/视频文件各有不同。下面在爱奇艺网站中欣赏一部视频文件（动画片），其具体操作如下。

步骤1：在浏览器中打开爱奇艺网站，单击首页的"儿童"超链接，打开少儿频道。

步骤2：依次单击超链接，选择喜欢看的视频文件，视频文件将在网页的窗口中显示，如图10-219所示。

步骤3：在视频播放窗口下方拖动进度条或单击进度条上的某一个点，可从该点所对应的时间开始播放视频文件，如图10-220所示。在进度条下方有一个时间表，表示当前视频的播放时长和总时长。

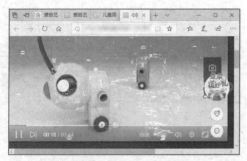

图10-219　显示视频文件

图10-220　播放任意时间点的视频

步骤4：单击▮▮按钮可暂停播放视频文件，单击▷按钮可继续播放视频文件，单击"全屏"按钮▣，将以全屏模式播放视频文件。

（8）网上求职

随着互联网的发展，许多企业选择通过互联网平台开展招聘工作，这样不但可以节约成本，而且人员的选择范围也更广。因此，很多求职人员会通过互联网平台的招聘求职网站求职，如智联招聘、前程无忧和猎聘网等，要通过这些网站进行求职，首先需要注册成为该网站的用户，并创建电子简历。

下面在前程无忧招聘网站中注册账号，填写简历，并投递简历，其具体操作如下。

步骤1：在浏览器中打开前程无忧网站，在右侧单击"邮箱注册"选项卡，在下方的文本框中输入邮箱地址和密码，单击"免费注册"按钮，如图10-221所示。

步骤2：在打开的页面中根据提示输入相关的注册信息，然后单击"注册"按钮，如图10-222所示。

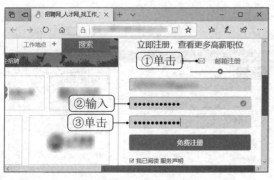

图10-221　进行免费注册

图10-222　填写注册信息

步骤3：完成注册后，打开的提示对话框提示创建简历，单击"马上创建简历"超链接，在打开的窗口中根据提示信息填写简历的基本信息，单击"下一步"按钮，如图10-223所示。

步骤4：在打开的窗口中根据提示填写工作经验，单击"下一步"按钮，如图10-224所示。

图10-223　填写基本信息

图10-224　填写工作经验

步骤5：在打开的窗口中根据提示填写求职意向信息，单击"创建完成"按钮，完成简历的创建，如图10-225所示。

图10-225　完成简历创建

步骤6：在前程无忧网站首页右侧单击"已有账号，去登录"超链接，输入登录信息，然后单击"登录"按钮登录网站，在网页中的导航栏中选择"地区频道"选项，在打开的窗口中单击"成都"超链接，如图10-226所示。

步骤7：在打开的页面搜索框中输入"编辑"文本，单击"搜索"按钮，如图10-227所示。

图10-226　选择求职城市

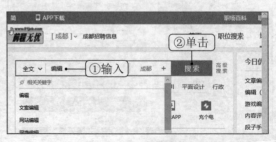
图10-227　搜索职位

步骤8： 此时将根据搜索的内容显示职位，单击需要职位的超链接，如图10-228所示。

步骤9： 在打开的窗口左侧可浏览该职位的相关介绍，在右侧单击"申请职位"按钮，如图10-229所示。

图10-228 单击职位超链接

图10-229 申请职位

步骤10： 稍等片刻后，"申请职位"按钮将变为"已申请"，如图10-230所示。

步骤11： 在网页上方的用户名处单击，在打开的列表框中选择"我的51Job"选项，在打开的页面中可以查看职位的申请情况和反馈意见等，如图10-231所示。

图10-230 完成申请

图10-231 查看申请和反馈

7. 文件传输

下面首先在百度网盘中分享文件，然后通过QQ将创建的分享链接和提取码发送给好友，其具体操作如下。

步骤1： 在"开始"菜单中选择【百度网盘】/【百度网盘】命令，打开百度网盘客户端，输入用户名和账号密码登录百度网盘，单击"全部文件"选项，双击"初级会计职称考试"文件夹图标，如图10-232所示。

步骤2： 打开"初级会计职称考试"文件夹，选择"初级会计实务.zip"文件，如图10-233所示，在上方单击"分享"按钮。

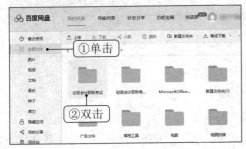

图10-232 打开文件夹

图10-233 选择文件并分享

步骤3：打开"分享文件：初级会计实务.zip"对话框，单击"私密链接分享"选项卡，单击选中"有提取码"和"1天"单选项，单击"创建链接"按钮，如图10-234所示。

步骤4：在打开的页面中单击"复制链接及提取码"按钮，如图10-235所示。

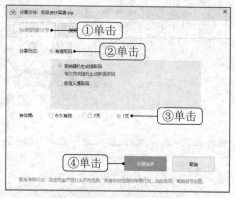

图10-234　创建私密分享

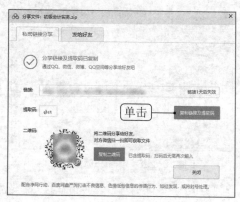

图10-235　复制链接和提取码

步骤5：登录QQ，在其主界面中双击好友图标，打开会话窗口，在下方的文本框中按【Ctrl+V】组合键粘贴链接和提取码，然后单击"发送"按钮，如图10-236所示。

图10-236　发送信息

思考·感悟

知行合一、务实创新，用奋斗实干弘扬爱国精神。

课后练习

1. 文件资源管理

按照以下要求，管理计算机中的文件资源。

（1）在系统盘外的磁盘分区中创建"办公软件"文件夹。

（2）在网络中搜索搜狗拼音输入法、一键Ghost、360杀毒、360安全卫士，将这些软件下载到新建的"办公软件"文件夹中。

（3）在计算机中安装下载的软件。

（4）在Microsoft Edge浏览器中将百度设置为主页，将默认下载文件的保存位置设置为"办公软件"文件夹。

（5）通过控制面板卸载不需要的软件。

2. 系统清理与维护

按照以下要求，对计算机安装的操作系统进行清理维护。

（1）进行清理磁盘、整理磁盘碎片、检查磁盘的操作。

（2）开启系统防火墙。

（3）使用360杀毒快速杀毒。

（4）使用360安全卫士进行系统清理、漏洞修复、木马查杀、优化加速的操作。

（5）完成以上步骤后，重启计算机，使用一键Ghost备份系统。

3. 编排"岗位说明书"文档

按照以下要求编排"岗位说明书"文档（配套资源：素材\第10章\岗位说明书.docx），最终效果如图10-237所示（配套资源：效果\第10章\岗位说明书.docx）。

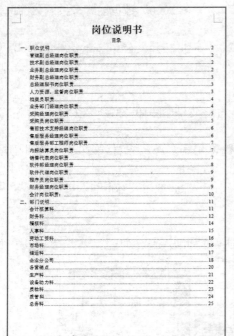
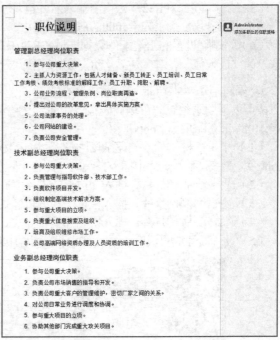

图10-237 "岗位说明书"文档效果

（1）在"岗位说明书.docx"标题下方添加"一、职位说明"文本，在第9页"会计核算科"前添加"二、部门说明"文本。

（2）为"一、职位说明"文本应用"标题1"样式。

（3）新建一个名为"标题2"的样式，设置样式类型为"段落"、样式基准为"标题2"、后续段落样式为"正文"；设置文字格式为"黑体""四号"；设置段前段后间距为"5磅"，行距为"单倍行距"。依次为其余各个标题应用样式。

（4）在文档标题下方提取目录，应用"自动目录"样式。

（5）在"一、职位说明"文本后定位鼠标指针，插入批注"添加各职位的任职资格"文本。

4. 管理“楼盘销售信息表”表格

按照如下要求管理“楼盘销售信息表”表格，最终效果如图10-238所示（配套资源：效果\第10章\楼盘销售信息表.xlsx）。

（1）打开“楼盘销售信息表.xlsx”工作簿（配套资源：素材\第10章\楼盘销售信息表.xlsx），通过调整行高和列宽、合并单元格、设置底纹和边框等美化表格。

（2）选择C2单元格，然后在【数据】/【排序和筛选】组中单击“排序”→“自定义排序”按钮。打开“排序”对话框，设置“主要关键字”为“开发公司”选项，将“次序”设置为“降序”选项，并按“笔画顺序”排列。

楼盘销售信息表

行	楼盘名称	房源类型	开发公司	楼盘位置	开盘均价	总套数	已售	开盘时间
5	都新家园三期	预售商品房	都新房产	黄门大道16号	¥5,200	100	10	2021/6/1
6	世纪花园	预售商品房	都新房产	锦城街8号	¥5,500	80	18	2021/9/1
7		都新房产 最大值			¥5,500		18	
8	碧海花园一期	预售商品房	佳乐地产	西华街12号	¥5,000	120	35	2021/1/10
9	云天听海佳园一期	预售商品房	佳乐地产	柳巷大道354号	¥5,000	90	45	2021/3/5
11	碧海花园二期	预售商品房	佳乐地产	西华街13号	¥6,000	100	23	2021/9/10
12		佳乐地产 最大值			¥6,000		45	
13	典居房一期	预售商品房	宏远地产	金沙路10号	¥6,800	100	32	2021/1/10
15	都市森林二期	预售商品房	宏远地产	荣华道13号	¥5,000	100	55	2021/9/3
16	典居房二期	预售商品房	宏远地产	金沙路11号	¥6,200	150	36	2021/9/5
17	典居房三期	预售商品房	宏远地产	金沙路12号	¥6,500	100	3	2021/12/3
18		宏远地产 最大值			¥6,800		55	
21	万福香格里花园	预售商品房	安宁地产	华新街10号	¥5,500	120	22	2021/9/15
22	金色年华庭院三期	预售商品房	安宁地产	晋阳路454号	¥5,000	100	70	2022/3/5
23	橄榄雅居三期	预售商品房	安宁地产	武青路2号	¥5,800	200	0	2022/3/20
24		安宁地产 最大值			¥5,800		70	
25			总最大值		¥6,800		70	

楼盘信息

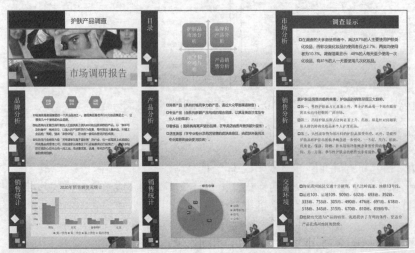

图10-238 “楼盘销售信息表”表格效果

（3）分别在E21和E22单元格中输入“开盘均价”和“>=5000”数据内容，按照该筛选条件，筛选出开盘均价大于等于5000的房源记录。

（4）先删除设置的筛选条件数据区域“E21:E22”，根据“开发公司”分类，设置“汇总方式”为“最大值”，对“开盘均价”和“已售”进行汇总。

5. 编辑“市场调研报告”演示文稿

按照以下要求编辑“市场调研报告”演示文稿，最终效果如图10-239所示（配套资源：效果\第10章\市场调研报告.pptx）。

（1）打开素材文件“市场调研报告”演示文稿（配套资源：素材\第10章\市场调研报告.pptx），在第2张幻灯片中插入并编辑“网格矩阵”智能图形。

（2）选择第4张幻灯片，插入六边形，设置填充颜色，然后使用文本框输入文字。

（3）选择第7张幻灯片，插入柱形图并编辑样式。

（4）选择第8张幻灯片，插入饼图并编辑样式。

（5）设置幻灯片的切换动画以及各张幻灯片中对象的动画效果。

图10-239 “市场调研报告”演示文稿效果